Walking Sideways

カニの不思議

THE REMARKABLE WORLD OF CRABS

Judith S. Weis

ジュディス・S・ワイス

長野 敬＋長野 郁
訳

青土社

図版 1.　ヤシガニ（*Birgus latro*）
Photo from rareanimalblogspot, Wikimedia.

図版 2.　大西洋イチョウガニ（*Cancer irroratus*）
Photo from U.S. Geological Survey.

図版 3.　アオガニ（*Callinectes sapidus*）
Photo from South Carolina Department of Natural Resources.

図版 4.　カラッパ（「顔隠しガニ」、*Calappa* sp.）
Photo by Oliver Mengedoht/Panzerwelten. de.

図版 5.　オオイワガニ（「速足のサリー」、*Grapsus grapsus*）
Photo from fvqg.info, Wikimedia.

図版 6.　ムラサキオカガニ（*Gecarcinus lateralis*）
Photo © Gregory C. Jensen.

A

B

図版 7　二枚貝の宿主の中の雌と雄のマメツブガニ（*Pinnotheres pisum*）
A. トリガイ、B. マテ貝
Photo by Carola Becker.

図版 8.　オカヤドカリ（*Coenobita* sp.）　Photo by ZooFari, Wikimedia.

図版 9.　イカを食べるコシオリエビ（Galatheid）
Photo from NOAA.

図版 10.　イソギンチャクの中にいる陶器ガニ（アカホシカニダマシ、*Neopetrolisthes* sp.）　Photo by Phil Sokol, all rights reserved.

図版 11.　サンゴの中にいる防御ガニ（*Trapezius* sp.）　Photo by Keoki Stender, www.MarinelifePhotography.com.

図版 12.　傘ガニ（*Cryptolithodes sitchensis*）
Photo © Gregory C. Jensen.

図版 13.　赤い深海ガニ（*Chaceon quinquedens*）　Photo by Joseph Kunkel.

図版 14.　金色のカニ（*Chaceon fenneri*）
Photo from NOAA.

図版 15. 羽ボアケルプの上の北ケルプモガニ（藻蟹）（*Pugettia producta*）
Photo by Kristin Hultgren.

図版 16. サルガッソー藻の中にいるサルガッソーガニ（湾海藻のカニまたコロンブスガニともいう）（*Planes minutus*）
Photo by Susan DeVictor/Southeastern Regional Taxonomic Center.

図版 17. 茶色の雄（上）と小さな緑色の雌（下）が交尾しているミドリガニ（*Carcinus maenas*）
Photo by Mark Bowler, markbowler.com.

図版 18. シオマネキ（*Uca chlorophthalmus*）
Photo by P. Weis.

図版 19.　イソギンチャク（*Calliactis polypus*）と一緒のヤドカリ（*Dardanus* sp.）　Photo by Nick Hobgood, Wikimedia.

図版 20.　イソギンチャクと一緒のボクサー（またはポンポン）ガニ（*Lybia tessellata*）　Photo by Andrew J. Martinez.

A

B

C

図版 21. A. B. C.　脱皮しているアオガニ（*Callinectes sapidus*）　Photo from NOAA.

図版 22.　戦っているレモンイエローの鋏をしたシオマネキ（*Uca perplexa*）　Photo by P. Weis.

図版 23.　クリスマス島で移住しているアカガニ（*Gecarcoidea natalis*）
Photo by J. Jaycock, © Commonwealth of Australia.

図版 24.　ヒドロ虫のコロニーでほとんど完全に覆われた殻と一緒のヤドカリ（*Pagurus dalli*）
Photo by Dave Cowles,
http://rosario.wallawalla.edu/inverts.

図版 25.　漁民埠頭にある像
Photo from NOAA.

図版 26.　モナコの水族館の床のモザイク（モナコ海洋学博物館）
Photo by Alan Woollard.

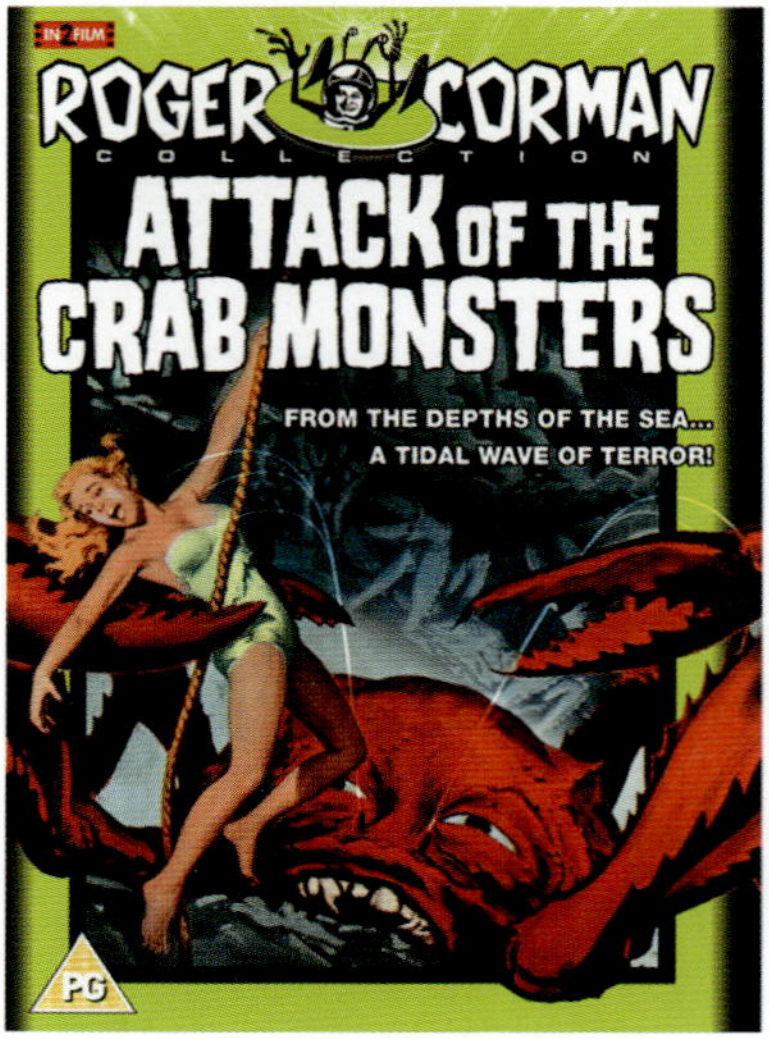

図版 27.『カニ・モンスターの攻撃』のポスター（1957）

カニの不思議　もくじ

カニの不思議

序文

もしカニを親しく知ることのないまま地球上で一生を過ごしたら、私たちは良い付き合いを一つ見逃してしまったことになる。

ウィリアム・ベーブ、一九三二年

カニの研究は魅力的だし、その観察も私は大好きだ。生物学者でない人たちも、いろんな理由でカニには興味があるようだ。カニをとりに行くのが好きだったり、水族館やスキューバダイビングの時に見たり、あるいは単に食べるのが好きだったり。なかにはひどく挟みつけるカニもいるので、少し怖がられているかも知れない。我々とかけ離れて違いがあるように見えることから、人びとはカニの生活に興味がある。たびたび脱ぎ捨てる甲羅の中で生活したらどんなふうだろうか。大洋の海底での生活はどんな具合なのか。何本もの脚を、どう調和させて動きまわるのだろうか？　この本で私が企てたのは、我々とたいへん違う世界で生きている魅力的な生物について、情報を提供しようということだ。私はまた多くの現代の科学情報も含む基本的な生物学的情報を、一般読者が理解できるレベルで提供しようとも企てた。

七歳の時ニューヨークのシェルター島での夏休みに、私は今も続いている海の生物への魅力を発見した。ある日、浅い水に立っている時、フジツボや海藻やボートシェルや、その他付着性の海の生物に覆われたエゾバイに収まって歩いているヤドカリに出くわしたのだ。水中を歩いているこの生物コレクション全体は、もっとも驚くべきもののように見えた。それは母やいとこや友人には、私ほど驚嘆すべきもの、興奮すべきものには見えなかった、しかしこの幼い時期に形作られた経験が、私を海の生物学者となるよう導いたのかもしれない。この経験の中では、カニ［ヤドカリ］が主人公であったにもかかわらず、海の生物学者としての私の早期のキャリアはそれらの研究には費やされず、代わりに魚を研究した。エヴリン・ショウ博士は、私が（魚について）最初の研究を行ったウッズホール海洋研究所での学部学生の夏の研究を引き受けてくれた。翌年ユージン・オダム、ハワード・サンダーズ、ローレンス・スロボドキンらの指導によって教わった海洋生物学研究室の海の生態学コースが、魚やカニを含む海岸の生態学について私の知識を拡大してくれた。コーネル大学での学部学生として、またNYU（ニューヨーク大学）での大学院生としての研究の仕事では、魚に焦点を当てた。私の興味が魚を超えてカニに拡大したのはほんの数年後、ラトガーズの研究室でのことである。今は現存しないモントークのニューヨーク海洋科学研究所で一夏を過ごした際に、私は、当時大学院生でシオマネキを研究していたジム・シアングと知り合った。彼は私を、沼地での採取場所である「シラミ点」と呼ばれるアカボニック海岸での採取に案内してくれた。カニが動きまわり穴を掘り、干潮時には空気の中を歩きまわっているのを見ていて、私は興味を掻き立てられた。私はためらいながら研究を始めたが、ほとんど何も知らないので不安だった。しかし、全キャリアを通じて「カニ婦人」を自称していた古い友人のリンダ・マンテルの助力と励ましによって、私はカニをよりよく知るようになった。それからはカニ（特にシオマネキ）が、魚とともに私の研究プログラムの重要な部分となり、そして「シラミ点」は研究とレクリエーション両方にとって重要な場所となった。カニと魚が環境に応答するやり方がどのように似通い、どのように異なっているかを見るのは魅力的なことであった。

この本のアイデアは最初、私が『魚は眠るか』を書いている時に生まれた。その本では、魚の生物学に関するすべての観点をカバーするのに一問一答Q＆Aの形式を用いた。そのとき私は心中で「これをカニについてもできたら」と思い続けていた。本書はQ＆A形式ではないが、その時と同じトピックの多くも取り上げている。基本的な生物学の情報、カニが住む場所の莫大な多様性、どうやってそれらが生活し環境に適応しているのか、その驚くべき行動、信じがたいほどの移住、直面する危険、生態学、色を変える仕方、コミュニケーション、繁殖などの情報が盛り込んである。人間とカニの相互作用や、どうやってカニを捕まえ、食べるかについても（いくつかの有名な献立と特徴とともに）章が設けられている。いくらかのスペースはカニ漁の持続性とその保護の企てに関する論点のために、読者がこれらの重要な論点についてよりよく情報が得られるように割かれている。技術的でなく読みやすいスタイルで書いたこの本だが、カニの魅力的な生活への熱中を伝え、読者にさらに多くを学ぶ刺激を与えるとともに、これらのすばらしい生物の保護の寄与となることを望む。

1　カニを紹介する

南イースター島の深海の熱水噴出孔を海中で探索する研究に従事している科学者たちは、二〇〇五年に驚くべき発見をした。海底で彼らは、その脚や爪先が毛で覆われた普通でない大きなカニ（六インチもある）を見つけたのだ。それから彼らは、およそ七二〇〇フィートの深さを中心に、より多くの奇妙なカニに気がついた。多くは岩の下や後ろに隠れていて、科学者たちが見ることができたのは突き出た腕の毛先だけだった。

カニは熱水が海底から湧き出てくる新しい溶岩流の上に暮らしていた。熱水噴出孔はしばしば熱い溶岩が湧き上がってくる中央海嶺の近くに形成される。そして地殻に割れ目を入れ、海底から熱水を噴出させる。一九七〇年代に深海の熱水噴出孔が新しい地質学的な地形として発見されてからというもの、海洋生物学者は、真っ暗で酸素の乏しい深海底で繁栄するユニークな動物たちに引き付けられてきた。深海熱水噴出孔に特有の多くの種が発見され記録されてきた。こうしたカニの発見を目立たせたものは、その大きさと並はずれた毛だらけの姿だった。たいていのカニは、硬くて光沢のある殻を持っているからである。科学者たちが一部のカニを採集し、同定のために持ち帰ったとき、彼らは新種（*Kiwa hirsuta* と名付けられた）を発見しただけでないことに気付いた。ヤドカリの遠い親戚だが、知られているどんなカニともあまりに違うので、完全に新しい分類群とされた。その毛むくじゃらの脚から、そのカニは、ヒマラヤの毛むくじゃらの忌まわしい雪男イエティにちなんで、「イエティガニ」とあだ名された。

カニをカニとして認識させるものは何だろうか。大半の人びとにとって、カニは一般に硬い甲羅と、最初の一対が鋏として機能する一〇本の脚を持つものである。しかしこの点はまた、ザリガニやエビについてもあてはまる。カニは通常は（常にではないが）縦の長さよりも横幅が広く、このことは、横歩きの習性に多少役立っているのかもしれない。体型は腹側から見た時を除いては、はっきり区別できる大きな尾の区画を持っていない。尾の区画は、動物体の主要部分に沿って畳み込まれているからだ。カニははっきり特徴のある生物で、このサイズの動物のグループでいまだに発見が、ことに深海域で続いていることは注目すべきことだ。

八〇ヵ国の研究者からなる巨大なネットワークである「海洋生物調査」は、世界の海洋生物の多様性、分布、豊富さにわたる調査で一〇年に及ぶ研究に従事してきた。彼らは極地（北極と南極）、大陸の沿岸、大陸棚、深海、サンゴ礁、中央海嶺、海山、熱水噴出孔での現地調査や、クジラの減少、浸水林、海岸域での調査を主導した。二七〇〇人を超える科学者が九〇〇〇日以上を五四〇回以上も海での調査旅行や、さらに研究室や図書館でそれ以上の日々を費やした。遠隔操作調査艇（ROV）や自動海底調査艇（AUV）、またソナーやイメージングシステムの近年の技術の進歩を用いることにより、科学者たちは、大洋のもっとも深くもっとも暗い地域を含む、以前は到達不可能だった場所も探索できた。

二〇一〇年に行われた世界最初の包括的な海洋生物の調査は、何千もの新しく発見された種を含んでいた。その大半は深海からのものである。およそ六五のカニの新種が見つかった。その多くは、深海の泉や熱水噴出孔に棲息するガラテア科のもの（コシオリエビ）だった。およそ五〇〇〇の追加の標本が、まだ名付けられず分類されていない。科学企画委員会の副議長であるミリアム・シバートによれば、「調査は知られている世界を拡大した。見てきたいたる所で、生命は我々を驚かせた。深海では極端な環境にもかかわらず、豊かな生態系が見いだされた。新種と新生息地の発見は科学を進歩させるとともに、その異常な美によって芸術家をインスパイアした。新しく発見された一部の海の種は、スケートボードに描かれたイエティガニのように大衆文化に入った」。

一年早く、タラバガニ科の四種が発見された。タラバガニの類は最大級のカニなので、今ではもっともよく知られていると思うだろう。しかし深海では、多くはまだ知られていないし、新種の一つは、ガラパゴス諸島の近くの浅い海に棲んでいる。それゆえ、この種がこれまで知られていなかったことが、特に驚きである。あらゆる種類の海洋動物のうちさらに多くの種が、発見されるのを待っていることは明らかである。ニュージーランド、オーストラリア、ロス海（南極）地域のタラバガニ類について、別の研究では二三種の新種が発見された。それは世界のこの地域から以前知られていた種の倍の数である。五つの新種はもっぱらニュージーランドから、五つはオーストラリアから、そして四つは両地域に共通である。一つの新種（*Paralomis stevensi*）は二〇〇六年に南極歯魚（Antarctic toothfish（ライギョダマシ））の腹から見つかった。

北太平洋のおよそ二マイルの深さで、当時アラスカの国家海洋漁業サービスと一緒だった生物学者ブラッド・スティヴンスは、二五〇マイル南のアラスカ・コディアックを潜航可能なアルビンでパットン海山を探索している時に新しいカニを見つけた。大きな驚きだったのは、一般名はなく *Macroregonia macrocheira* と呼ばれているクモガニを発見したことで、なぜならそれはとても珍しいものだったからである。それは一九七九年にハワイの北方の海山で最初に記載されていた。それゆえアラスカの近くでそれが発見されたことは驚きだった。こんなに北では、それまで一度も見られることがなかったのだが、パットン海山ではもっとも豊富なカニであることが判明した。このクモガニはおよそ一フィート半もあるとても細長い脚を持っている。スティヴンスは、このクモガニは北太平洋の海底に広く生息しているが、とても深い住み場所なので稀にしか見られないのだと考えている。それは北太平洋の海底全体にわたって広く存在し、おそらく何世代もかけて大洋を横切って歩いてきたのだろうというのが、彼の考えだ。

二〇〇八年には、南太平洋の共和国バヌアツの小さな島への遠征で、多くの新種のカニを含む何百もの新種が発見された。二〇カ国から来た一五〇人以上の科学者が、調査の一環として、洞窟、山地、サンゴ礁、浅瀬、森を研究して種を集めた。国立台湾海洋大学から来た海洋生物学者は、二〇一〇年の一月に南台湾の海岸線から遠い沖合でカニの新種を発見した。小さな白い斑点と光沢のある赤い殻を持っているので、そのカニは大きな苺に似ている。科学者たちは、この新種が以前見つかっていたハワイ、ポリネシア、モーリシャスの土着種 *Neoliomera pubescens* に似ていると言った。しかし甲羅は幅が広くて（一インチ）ハマグリの形をしているところから、新種のカニとして区別された。

二〇一二年には、光沢のある色をした四種の新しい淡水産のカニが、フィリピンのパラワン島で見つかった。パラワンでは生物種全部の約五〇パーセントがこの島に特有で、他のどこにもいない。そのカニは、海水中での幼生の段階を飛ばして、発生段階を全部淡水に依存しているので、他のどこにも広がれなかったのだ。それらは新しく発見されたものだが、既にいくつかの鉱業プロジェクトに脅かされていた。

二〇一一年にスミソニアン研究所からの調査員は、熱帯のサンゴ礁地帯の全域を二〇・六平方フィートに区切って調査し、ヨーロッパの全海域と同じほどのカニの種を記載した。研究陣は通常の採集方法の代わりに、DNAバーコード法で手早く総計五二五種の甲殻類（一六八種のカニの種を含む）を、インド、太平洋、カリブ海を含む熱帯の七ヵ所から得た死んだサンゴ塊を使って同定した。サンゴ礁の生態系で見られる生物多様性を反映して、三分の一以上の種はただの一度だけ見いだされ、そして八一パーセントはただ一ヵ所から発見された。今ここで書いたような、最近の多くのカニ種――典型には大型で同定の容易な動物――の発見から、これら横歩きする甲殻類についての我々の知識は、今も活発に豊富に膨張していることが明らかである。

甲殻類の紹介

カニを紹介するには、まずもって甲殻類と節足動物というのを最初に紹介しなくてはならない。甲殻類はカニ、ザリガニ、エビ、オキアミ、フジツボまたそれらの関連種を含んでいる。多くは微小な浮遊プランクトンである。およそ四万種の甲殻類があり、ほとんどは水生である。その大きさはほとんど顕微鏡的なものから、一〇ポンド以上にまでわたる。甲殻類は、昆虫やムカデやクモを含む節足動物門の中で、おもに水生の大きなグループであり、他の節足動物と同様に体節に分かれた全身、関節のある脚、そしておもにキチンと呼ばれる丈夫な素材でできた外殻（または外骨格あるいは外皮）を持っている。大型の種の大半では、外骨格は炭酸カルシウムで補強されている。この外骨格は動物体全体を覆っており、消化管の前後端をも裏打ちしている。硬い外骨格があるので甲殻類は古い殻を脱ぎ捨てる脱皮の後で、新しい外皮が固まるまでの間、周期的にしか成長できない。他の節足動物と同様にカニも分節化した身体を持っているが、それはつまり繰り返し区画からなっているということだ。この区画は他のタイプの節足動物では明瞭だが、カニの場合には下側から覗いた時にのみ見られる。

甲殻類（綱）という区分けの中に、十脚類（目《もく》）という一群がある（目の学名Decapodaは「十本の脚」）。十脚類はカニ、ザリガニ、エビを含み、大きくて多岐にわたるグループである。一〇本の脚に加えて二対の触角と、大顎と呼ばれる一対の噛むための顎がある。十脚類は一万五〇〇〇種を含み、その多くはカニである。海産の十脚類ではもっとも多くの種が、赤道のすぐ北の熱帯域で見られる。この地域では、世界の他地域で見られない多くの科が存在する西インド洋から太平洋にかけてもっとも多くの変異がある。カニも他のすべての動植物の種と同様に、二つの部分からなる学名を持っている。一般にラテン語で書かれてイタリックで表記されるもので、大文字で記す属名と、小文字の種小名であり、たとえば*Callinectes sapidus*は合衆国東岸に普通のカニである［英語名は‘commom blue crab’だが、該当する和名はない］。学名がついていれば世界中の誰でも、どの種を指しているのか正確に知ることができる。通称——あるいは一般名——は、そのような目的には役立たないもので、たとえば「泥ガニ」。同様に、一つの種が二つ以上の通称を持つこともある。たとえば合衆国の「green crab（ミドリガニ）」やヨーロッパの「shore crab（海岸ガニ）」など［green crab はしばしば、ワタリガニの一種で実験動物としても使われる *Carcinus maenas* を指す］（green crab といっても常に緑色ではないので、ヨーロッパの名前の方が良いだろう）。

甲殻類はいろいろな特徴によって分類される。重要なものとしては、体がいくつの部分に仕切られ、まとまっているかということがある。原始的な甲殻類では、体節どうしの間にほとんど違いがない。またとえば十脚類（カニを含む）では、頭胸部と腹部が融合している。他のあるグループは全体が頭部、胸部、腹部という三つの領域に区分けされている。またカニの頭部には、感知して餌をとるための付属物がついている。頭部にある五対の付属物は小触角（第一触角。化学的検知器がついている）、第二触角（または単に触角。触って感知する）、大顎、そして食事に用いる二対の小顎である。頭部にはまた、可動の柄の先についた眼がある。胸部には八対の付属物がある。食事にも使われる三対の顎脚、そして最初の対に鋏をそなえて鋏脚ともいう脚と、そしてそれに続く四対の歩脚。外骨格の硬い部分は頭胸部の上面や、また横の鰓部分を覆って、甲殻（または甲皮）となる。いわゆる甲羅であって、消化系や心臓、生殖器官、排泄器官など胴部に収められた生命維持に必要な器官を保護している。腹部には腹脚（または泳脚）という小さな付属物がついている。そして尾部［第七腹節］は尾節と呼ばれ、ザリガニやエビでは、ここに容易に見分けられる尾びれ（「尻尾」）がついているが、しかしカニにはそれは欠けている。十脚類には三つのサブグループがある。一つはロブスター、エビ、ザリガニを含み、その腹部は後ろに伸びている。このサブグループには本書では、時たまの参照以外にはあまり立ち入らない。残りの二つのサブグループがこの本の焦点、そしてカニの二つのタイプである。

カニの二つのグループというのが、「真のカニ」で、短尾類（六七〇〇種以上と見積もられる）と、異尾類（約二五〇〇種と見積もられる）である。腹部（尻尾）が、後ろに大きく堂々と伸びた器官となっているロブスターの場合と違って、真のカニの腹部はとても退化しており、胴体の下面にたくし上げられている。それゆえ上からでは甲羅だけが見える（**図1・1**参照）。胴体は長さよりもむしろ幅が広く、触角は小さめである。胴体は概して丸いか角張っているが、しかしいくつかは普通でない形をしていて、**図1・1**に示したカニのように、横に長く突起が出ているのもある。ロブスターやエビが、五対の遊泳脚を腹に持ち、それらを泳ぐのに使うのに対して、カニでは、下に折り込まれて小じんまりした腹を伴っていて、交尾と抱卵だけに使う遊泳脚（**図1・2**には示されていない）はたいへん小さい。大半のカニは海生だが、淡水や陸上で暮らすものもいる。短尾類［ふつうに言われる「蟹類」］は、甲殻類のうちでももっとも高度に特殊化が進んだグループである。

異尾類は海、淡水、陸の十脚類の中で多様な変異を示す大きなグループである。ほとんどは「カニ」と呼ばれるが、一部のものはロブスター（ウミザリガニ類［近縁のイセエビは"spiny lobster"］）と呼ばれる。この類は一七の科、二〇〇の属、そして二五〇〇近い種を含んでいて、半分以上は巻貝の中に住むヤドカリである。異尾類の腹部は、（ロブスターのように）まっすぐ伸びているのでも、（カニのように）完全に折り畳まれているのでもない。種によっては腹部は非対称的でカーブしており、柔らかくて、硬い殻では守られていない（**図1・3**参照）。それらの多くが、空き家になった巻貝の殻に住みついており、「ヤドカリ」と呼ばれる理由はここにある［英語名'hermit' crabは「隠遁」カニの意味］。異尾類には、はっきり区別された二つの型がある。巻貝の殻に住むヤドカリと、真のカニ（短尾類）に表面上似て見えることからそ

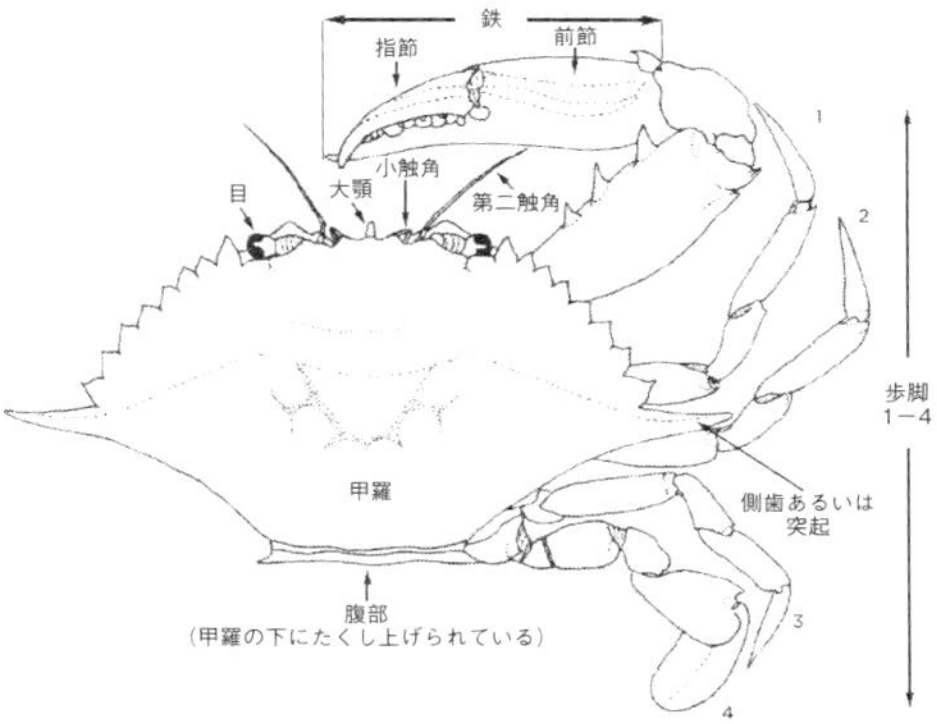

図 1.1　bracuyuran「真の」カニの解剖学、背面
Illustration from UN FAO.

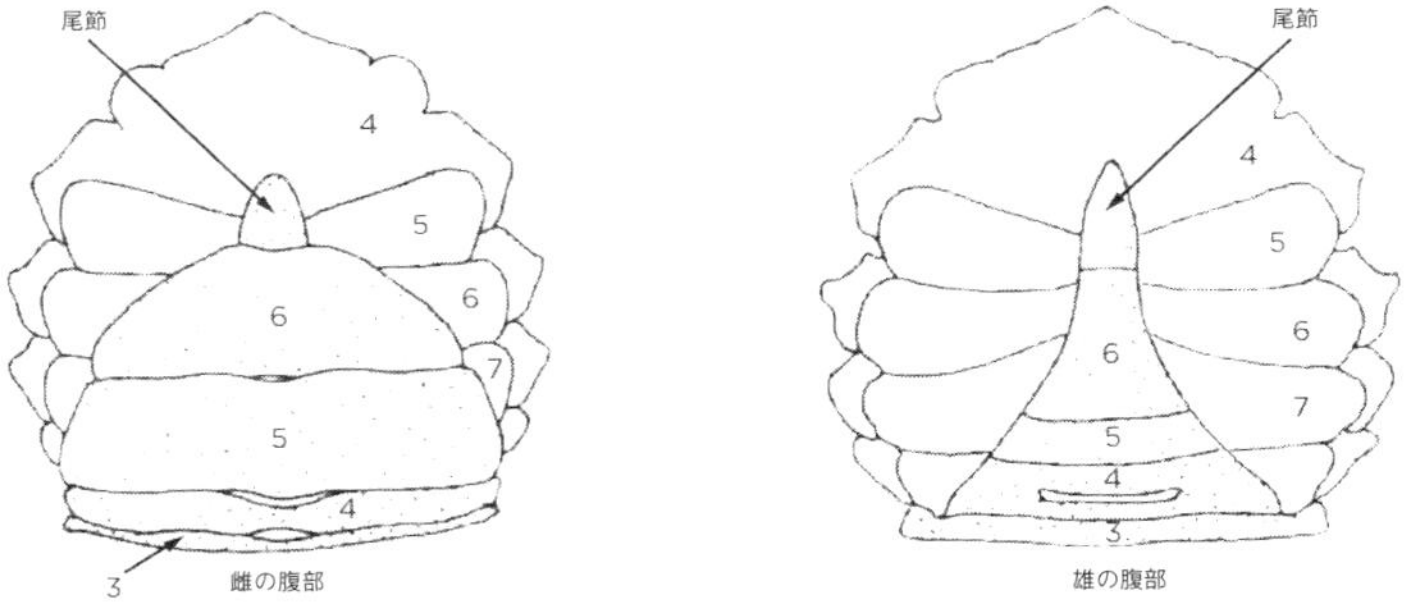

図 1.2　brachyuran「真の」カニの解剖学、腹面。数字は胸部と腹部の節
Illustration from UN FAO.

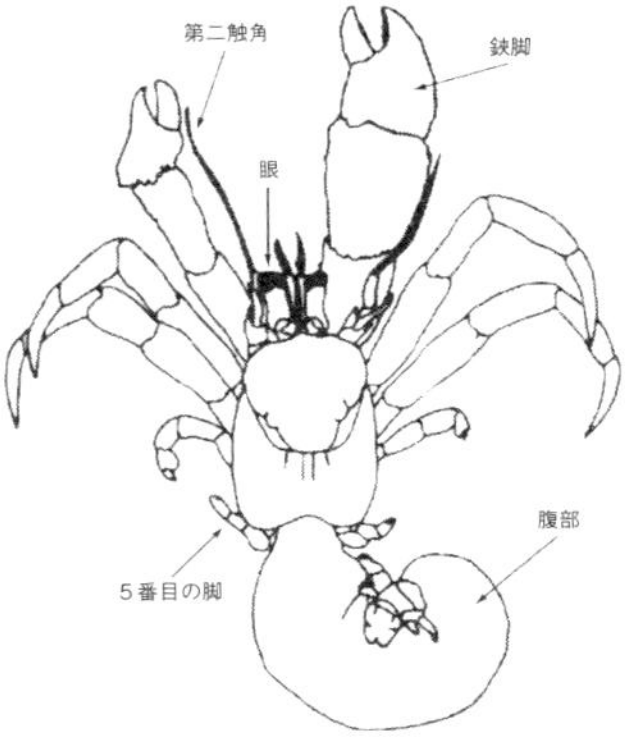

図 1.3　Anomuran　ヤドカリ（異尾類）の解剖学
Illustration by Joanne Taylor, Museum Victoria.

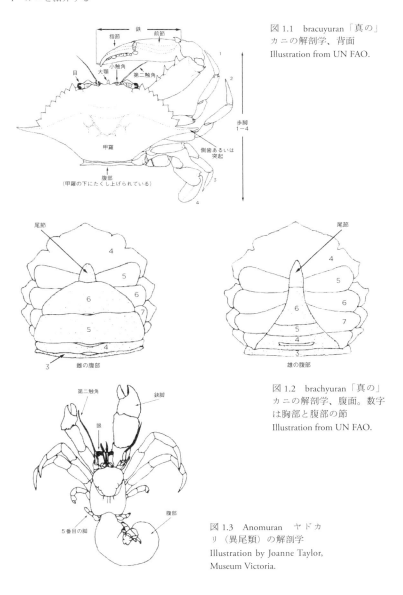

う呼ばれる「偽の」カニである。異尾類ではどちらの型のものも、五番目の脚はひどく退化して、移動に用いるには小さすぎ、他の仕方で機能を果たす。「偽の」カニでは歩くのに三対の脚を使う。退化した一対は（甲羅の下の）鰓室に隠されていて、鰓をきれいに掃除するのに用いられる。ヤドカリでは、二対だけの脚（および鋏）が歩くのに使われ、他の（小さな）歩脚は内側から巻貝の殻をしっかり保持することに用いられる。「偽の」カニにはカニダマシ［英語名 porcelain crab は殻に光沢があって陶器を思わせることから］、タラバガニ、スナホリガニ［類縁種の英語名に sand crab（スナガニ）や mole crab（モグラガニ）など］などがあり、これらはどれも脚を数えれば短尾類と区別できる——最後の対は退化していて、八本でなく六本の歩脚を持つように見えるのだ（図1・4参照）。腹部は短尾類のようにたくし上げられているが、平らではない。タラバガニは殻は硬いが、腹部は柔らかくて球根状で、そして後ろ向きに砂に穴を掘って入る。モグラガニもまた（スナホリガニとしても知られる、図1・5）後ろ向きに穴を掘り、砕ける波頭が海岸を走り下る開けた砂の海岸に自分を埋めるために、その尻尾と歩脚を使う。メクラガニは丸いすべすべしたお椀型の甲羅と、動いている海水から餌を濾し取るのに使う大きな羽のような触角を持っている。カニダマシもまた、プランクトンとか岩くずを海水から濾し取ることで餌を得ているが、この場合には触角よりも第二顎脚を使う。コシオリエビ科のカニは表面上はよりロブスターに似ていて、ときどき「蹲《うずくま》りロブスター」と呼ばれたりする異尾類だ。コシオリエビ科のある種のもの（赤色ガニ red crabs）は、大洋の表面近くで群れをなすが、一方他の多くは深海底に見いだされる。赤色ガニは大きな魚にとって重要な餌となるだろう。

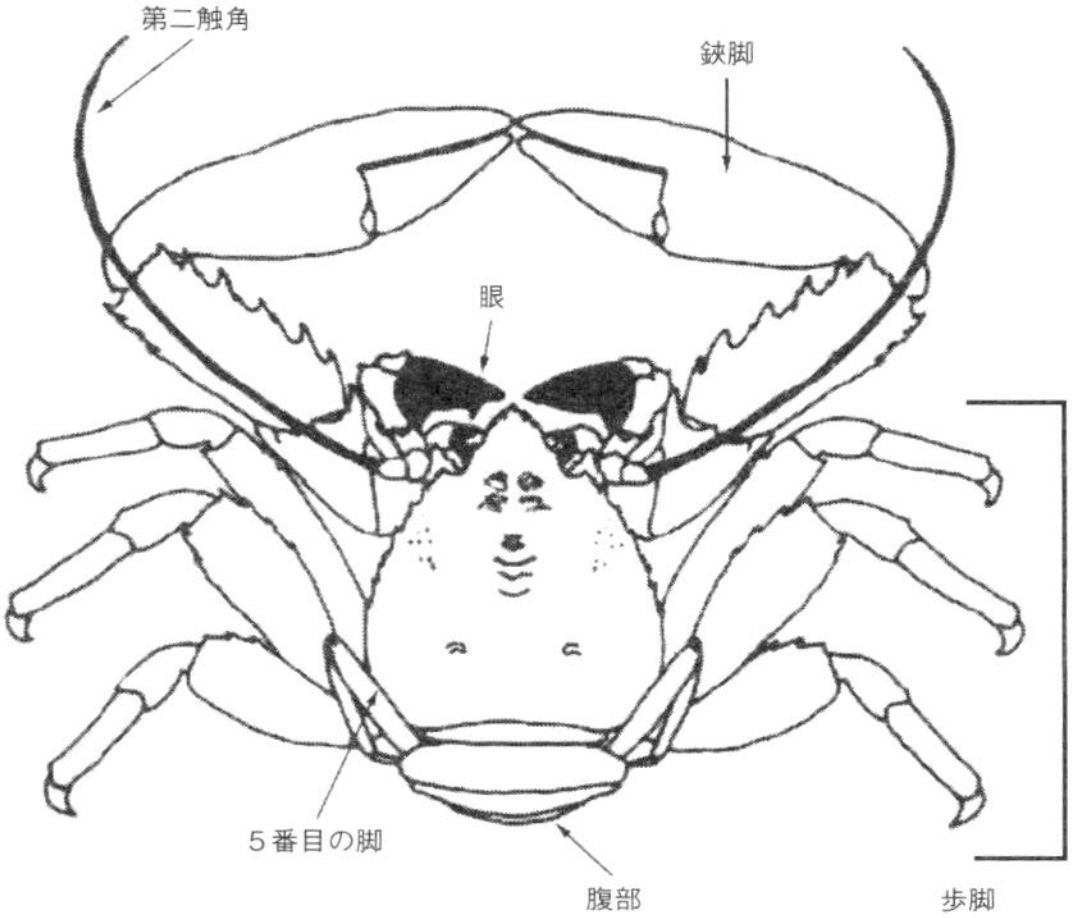

図 1.4　Anomuran　カニダマシ（異尾類）の解剖学　Illustration by Joanne Taylor, Museum Victoria.

図 1.5　手に一杯のモグラガニ（*Emerita talpoida*）　Photo by S. bland, North Carolina Division of Parks and Recreation.

十脚類の起源

カニはどこから来たのだろうか？　甲殻類の祖先はおそらく海生の小さいもので、カンブリア紀の始めころ（五・四二億年前〜四・八八億年前）に、三葉虫に似た祖先から生じてきたものだろう。三葉虫には殻があるので、化石記録の中でよく保存されている。最初期の十脚類はエビに似ていて、デボン紀後期（四・一六億年前〜三・五九億年前）に進化を遂げ、そして何百万年かの間に近代的なエビとロブスターへと進化した。そのはるか後で、ロブスターのグループが異尾類へ、そしておそらくそこから短尾類へと進化した。最初期の明確なカニの化石は、ジュラ紀（約一・九九億年前〜一・四五億年前）ころのものだが、それより早い石炭紀の化石として、甲殻だけが知られているイモカリス *Imocaris* というのが、おそらく原始的なカニだったかもしれない。

カニがたくさんに分かれたグループへと放散していったのは白亜紀（一億四五〇〇万年前〜六五〇〇万年前、恐竜の時代）のことだった。初期白亜紀に、アンモナイト（オウムガイのような螺旋形の殻を持つ軟体動物の絶滅したグループ）と一緒に完璧に保存されたヤドカリの化石が見つかっている。ヤドカリは進化するにつれて、その尻尾が柔らかくなり、傷つきやすい腹部を殻の中に保護することが必要になるにつれて、保護のカバーをアンモナイトや腹足類（巻貝）の殻に頼るようになった。一般的な軟体動物がアンモナイトから巻貝へと移行するにつれて、ヤドカリはそうした新しい殻に住みつくように共進化した。

異尾類は最初は浅い水中で進化したものらしく、その後もっと深い水に移動した。巨大なタラバガニ

ロブスターについて少しばかり

400 種のロブスターは甲殻類の十脚類のうちで、ザリガニと並んでウミザリガニ科に属している。この底生生物は、全世界の海で発見されているのみならず、ザリガニが普通に存在する汽水域や淡水からも見いだされる。カニに似て、ロブスターにも 10 対の付属肢があり——2 本の鋏と 8 本、4 対の歩脚——、甲殻が胸部を覆っている。ロブスターとカニのおもな解剖学上の相違は、ロブスターでは腹部（「尻尾」）が後ろにまっすぐ伸びているのに対して、カニでは腹部が腹側に巻き込んでいることだ。ロブスターはその「尻尾」で素早く後退することができる。捕食されるかもしれない相手から逃げるのに、もっともよく使われる動きである。またカニと同様ロブスターも、柄のついた複眼の眼と、化学的な検知をする触角と、体のいろいろな部分に生えていて接触と動きを探る感覚毛を持っている。触角は特に敏感であり、食物や、隠れている仲間あるいは敵を示す化学的な手がかりに反応する。

これまでに記録されたもっとも大きなロブスターは、カナダのノヴァ・スコティアの海岸で捕獲されたアメリカンロブスター（アメリカウミザリガニ）であり、重さ 44.4 ポンド、体長は 4 フィートに達した。科学者は、これは少なくとも 100 歳に達していると考えている。「とげロブスター」（イセエビ）は鋏がずっと小さいが、体長は 3 フィートかそれ以上まで育つ。ノルウェーのロブスター（*Nephrops norvegicus*）はもっと小型のロブスターで、眼から尾先まで 10 インチしかない。

は、水温が氷点のすぐあたりの深い水中に見られる。ごく冷たい一部の水中でゆっくり、おそらくたいへん高齢になるまで生きているのだろう。極地近くの冷たい水の中でのみ、タラバガニは浅い水中で見つかる。それらは明らかに、海岸あたりで生きているよく知られたヤドカリから、進化したものだろう。

ヤドカリ類の祖先はまた、コシオリエビ類も生じてきた。ヤドカリとタラバガニは大違いのように見えるが、解剖学と行動の詳細から、両者の関係がわかってくる。ヤシガニ（ココナッツガニ）は、若い時には柔らかい腹部を持ち巻貝の殻の中に住むが、成体は自由生活し体が硬い。こうしたことを考慮してみることで、ヤドカリの祖先がどうやって大きな自由生活をするカニになったのか、思い描くことができる。解剖学的には、ヤドカリの腹部は巻貝の殻に合うようにねじれている。タラバガニへの進化の中で腹部は短くなり、胴部の下側に巻き上げられたが、形は非対称のままである。この系統関係は近年のDNAの証拠でも補強されている。柔らかい体をした、しかし貝殻に頼らず自由に暮らす中間形態は、日本、アラスカ、西カナダの浅い水でのみ見つかる。サザンプトン大学出身のシャル・ホールとスヴェン・サージャは、柔らかい体の形態は硬い体の形態よりも高い温度で生きることができるが、生殖できる温度はどちらも華氏三四〜五九度の間に限ることを見いだした。この制約された生態から去って世界に広範に広がってゆくためには、現在深い海にいるグループも祖先は浅い水中にいたものが、深海に潜って、冷たい生活に適応せねばならなかった。

陸に棲むヤドカリは化石記録ではさらに最近、白亜紀後期あたりに現れた。その大半は明らかに海縁部に棲んでいる種から進化してきたが、しかしその一部のグループは最初まず淡水に移住してから陸に移動した。海から直接やってきたグループは今でも海岸の地域で見つかり、幼生期は海で暮らす。それゆえ成体も次の世代への引き継ぎのために海岸に戻らなければならない。淡水から陸に上がった種類はもっと内陸で見つかり、再生産のために海を必要としない。彼らは卵の中で幼生期をやり過ごし、ミニチュアの成体として孵化してくる。海から陸に移動した陸生のヤドカリ［オカヤドカリ］や、また大きなヤシガニ（**図版1**）は、陸生のヤドカリから二次的に、巻貝の利用をやめて進化したものと信じられている。幼生はその柔らかい腹を保護するのに巻貝の殻（または壊れたヤシやフィルムの缶）を使うが、成体ではキチン質が沈着して腹部が硬くなっている。

短尾類（カニ類）は、十脚類の甲殻類のうちでもっとも多様なグループであるが、それらと他の十脚類との関係、またその起源や進化はいまだ議論の中にある。過去二〇年間、生きているグループと化石に関する解剖学や分子生物学面の研究で、短尾類の主要グループの進化的な疑問が調査されてきた。それらが異尾類かロブスターに似た祖先か、いずれから進化してきたのかはまだ明らかでないが、短尾類が広い分化を伴っており、元来の浅い水の海岸環境を去る能力を得た十脚類のもっとも進歩したグループであることは疑いない。白亜紀の終わりまでに「高等な」カニの多くが形成され、その時期の海の動物相で優勢なグループの一つになっていた。短尾類の体構造は、生態と住み場所の変化と関連して、多くの手直しを被ってきた。

際に、受精にまんまと成功していることを発見した。衛星オスがメスの周りでつきまとう、その位置取りが成否の機会に大きく影響している。

カブトガニの産卵に伴って何十万羽という海鳥が、南アメリカから北へ、夏の繁殖地へと移住する。赤羽シギを含む多くの種が、北極への長い旅を完遂するその道中で、必要なエネルギーを得ようと、カブトガニの卵を食べに立ち寄る。餌を使うカブトガニ漁（バイ貝やウナギによる）は鳥の食物量を減らすだろうと懸念されていて、それゆえ漁業はニュージャージーとデラウェアでは取り締まられている（デラウェア港は、渡り水鳥にとって特に重要な「補給」地）。水鳥に食べられなかった卵は２週間のうちに、尾のないカブトガニのミニチュアに似た幼生に孵化し、入り江に泳ぎ出す。それらは最初の年のうちに５～６回脱皮する。しかし 16 ～ 17 回脱皮して成熟に達するまでには 10 年かかる。脱皮するときの個体は、頭の下の縁に沿って殻を割って這い出てくる。空のカブトガニの殻は海岸沿いで普通に見つかる。

図 1.6　カブトガニ（*Limulus polyphemus*）　Photo by P. Weis.

カブトガニ　カニではなく生きた化石

カブトガニ（たとえば唯一のアメリカ種は *Limulus Polyphemus*、図1・6）は真のカニでなく、甲殻類でさえない。むしろクモその他のクモ形類（蛛形類）に近い。彼らは「生きた化石」であり、恐竜時代よりはるかに以前の３億5000万年前に進化してきたと見積もられ、その間ほとんど変化していない。カブトガニは港や浅い海岸底で、貝や虫を食べながら大半の時間を費やしている。この動物は長い尖った尾や、甲殻の周囲に沿って生えた鋭い棘から恐ろしげに見えるが、無害である。ドーム形の甲殻が動物体を保護している。しかしこの「カニ」は上下さかさまに、おそらく波によって浜に打ち上げられると、脚は上向きにもがくだけで、広がった甲殻は、ひっくり返す助けに使えないので大問題になる。裏返しを戻すための摩擦を砂に対して得るには、尻尾だけが唯一使える部位なのだ。カブトガニの甲殻上面にある大きな複眼は光を探り当て、海岸から離れて地上で冬籠りする往来移住の案内の助けになる。上面の甲羅中央近くにはもっと小さい一対の単眼があり、紫外線に反応して検出する光スペクトルを追加する。単複どちらの眼にも、甲殻類の場合のように柄はついていない。

５月と６月になり水温が上がると、満月と新月につれて春の潮がとても高くまた低くなったときに、カブトガニはつがいをつくる。小さなオスには、メスにしがみつくための助けとなる特別な切れ目のある鋏があって、こうしてつかまってくるオスを引き連れてメスは水から出て、砂浜の海岸に歩いて上がる。近年の証拠ではカブトガニは生殖のために、生まれた海岸に戻ってくるらしいと示唆されている。天然の砂浜から採ってきた砂がないと、研究室では生殖が成功しないからである。メスは満潮線付近に、砂に８インチの深さに達する穴を掘り、そこに緑色がかった数千個の卵をまとめて産みつけ、そこにオスが受精させるために精子を放つ。フロリダ大学のジェーン・ブロックマンはメスの周りに追加のオスがしばしば割り込んで放精し、いくらかの卵を受精させるらしいと記載している。ジェーンは遺伝子研究を通じて、つがいになっていない「衛星オス」も実

カニの分類

全甲殻類のおよそ六分の一の種がカニである。短尾類の（「真の」）カニは異尾類に比べて三倍の種を持ち、カニの中で最大のグループである。短尾類には九三の科がある。**表1**に、おもな科のいくつかを示す。

異尾類には、**表2**に示すように七つの科があり、これらのうち三つは巻貝に住むヤドカリである。

最大のカニ、最小のカニ、そしてもっとも奇妙なカニ

世界一大きなカニは日本のタカアシガニ（**図1・14**）で、直径（甲羅の幅）が一三〜一四インチ、脚の差し渡しが一二フィート、重さは四〇ポンド以上にもなる。タカアシガニはもっとも大きなカニであるばかりでなく、大きなロブスターほどの重さはないにしても、世界で最大の節足動物でもある。このカニはオレンジ色で、脚に沿って白い斑点がある。典型的には日本近くの深い太平洋に生息し、藻、植物、ヒトデ、甲殻類、死んだ動物など海の底で見つけられるものは何でも食べる。一〇〇年生きるとも推測されているが、しかし知るのは難しい。こんなに長く生きることで、巨大なサイズになることは説明できるだろう。カモフラージュして自分をタコなどの捕食者から守るために、カイメンその他の動物を甲羅に貼りつけることが知られている。彼らは最大の節足動物の一つではあるが、明らかにまだ防御を必

表1.　Brachyurans（真のカニ）の科

科	特　徴	例
Majidae （クモガニ）	浅深両方で見いだされる多様な海生の科。甲羅は幅よりも長さが長く、先端が尖る。脚が長大な種があり、クモガニの名前の由来。外骨格は凸凹で剛毛あり（クモガニ、図1.7）	オオズワイガニ（*Chionoecetes bairdi*, 図8.1） ズワイイガニ（*C. opilio*） 脚長が世界最大なのは日本のタカアシガニ（図1.14）
Cancridae （イチョウガニまたは岩ガニ）	捕食性。商業的に重要な多くの種あり。大部分は冷水中に棲む。甲羅は卵円形か六角形、前縁に歯（刻み）あり。第一触角は縦に折り畳まれている（図版2）	アメリカイチョウガニ（*Metacarcinus magister*（以前は *Cancer magister*, 図2.5）） 大西洋イチョウガニガニ（*Cancer irroratus*, 図版2）
Portunidae （ワタリガニ）	第五脚対は遊泳用の扁平な櫓になる。鋭い鋏あり。攻撃的な捕食者。多くの種が商業的に重要。	アオガニ（*Callinectes sapidus*, 図版3） タイワンガザミ (*Portunus pelagicus*, オーストラリアと太平洋） 「淑女ガニ」［ヒラツメガニ］（*Ovalipes ocellatus*） ミドリガニ（*Carcinus maenas*, 図1.8）
Xanthidae （「泥ガニ」、「イシガニ」、「黒爪ガニ」）	卵円形〜六角形、前方が広い（図1.9）。鋏先端が暗色。熱帯の水に普通。有毒の種あり。	イシガニ（*Menippe mercenaria*, 図1.10） 合衆国の商業的種。鋏だけを収穫する。 カキの主要な捕食者。
Calappidae （箱ガニ、「恥ずかしがり」）	丸い、ドーム型の甲羅が脚を覆う。広く平らな鋏と甲羅が一緒になり、恥ずかしがって顔を隠すかのように顔の前で折り畳まれる。	カラッパ（*Calappa*）、大きな、輝く色をした穴居性のカニ（図版4） 平らな砂地に普通。鋏に似た鋏を缶切りのように使ってヤドカリを引き開ける。
Grapsidae （沼地、海岸のカニ）	角張り、平たく、前縁が幅広い。眼は甲羅前縁の隅。 入り江や海岸、湿地の岩の間（図1.11）にいる。一部は半陸生。	「速足のサリー」（図版5）、岩場の浜辺で半陸生 湿地ガニ（*Sesarma reticulatum*）は塩性湿地（図1.11） サルガッソーガニ（*Planes minutus*）は大洋上で浮いている海藻上に住む（図版16）
Gecarcinidae （オカガニ）	陸の生活用に、鰓を覆う甲羅は血管ネットワークともに拡大。肺のように空気から酸素を得る。 一般に巣穴に住むが、幼生放出のために海に戻らなくてはならない。	*Gecarcinus lateralis*（図版6） オカガニ（*Cardisoma* spp.）（図2.8） シオマネキ（*Ucides* spp.）（図8.3）
Pinnotheridae （ピンノ「マメツブガニ」）	小さく柔らかい体。片利共生的か寄生的。 二枚貝（カキ、ハマグリ等）の外套腔の中や、多毛類の巣管の中で生活。	*Pinnotheres* spp. 例：マメツブピンノ（*Pinnotheres pisum*, 図版7a, b）
Cryptochiridae （サンゴヤドリガニ）	サンゴの上／中に住む小さなカニ。幼若体はサンゴの窪みの中に陣取り、サンゴはその周囲に虫こぶあるいは小嚢を作り、水が循環できる開口を残す。 虫こぶは雌のみが住みつき、小さな雄は自由生活だが、雌と組んでつがいを形成。	サンゴヤドリガニ（*Hapalocarcinus marsupialis*）
Ocypodidae （シオマネキとツノメガニ（ユウレイガニ））	半陸生、角張った形。眼柄は長く甲羅前端近くで近接。 砂質の浜辺、泥の平地、マングローブの湿地。 穴居して多数がコロニーをなす。	シオマネキ（*Uca* 属約100種）、入り江周縁の湿地また図はマングローブに住み巣穴を掘り、干潮時に活動（図2.1, 図4.1） ユウレイガニ（*Ocypode* 属）、砂の浜辺にいる（図2.3）［薄暮時など動き敏速で確認しにくいので 'ghost crab' の通称。和名ユウレイガニ科 *Retroplunidae* とは異なる］

表 2.　異尾類（Anomurans）の各科

科	特　徴	例
Coenobitidae オカヤドカリ	陸生、熱帯と亜熱帯が中心だがインド洋と太平洋でも見られる。	ヤシガニ（*Birgus lator*, 図版 1） オカヤドカリ（*Coenobita* spp., 図版 8） *Coenobita* のいくつかの種はペットとして普通に売られる。
Paguridae ホンヤドカリ（右巻きのウミヤドカリ）	腹部は右巻き。カニは後部の歩脚と左側尾肢を内側から貝殻に引っかけて固定。 右側の鋏は大型で平らとなり、殻の入り口を塞ぐドアの役目。海岸と深い水にいるウミヤドカリ（図 1.12）	*Pagurus* 属は浅い水中に普通。 *Pagurus longicarpus*（図 1.12） *Pagurus dalli*（図版 24）
Diogenidae （左巻きのヤドカリ）	体は左巻きで、右でなく左の鋏が大きい。 大部分は熱帯のウミヤドカリ。いくつかは陸生。	ヨコバサミ類（*Clibanarius* spp.） サンゴヤドカリ類（*Calcinus* spp.）
Lithodidae （タラバガニ）	しばしばたいへん大きい（甲羅の幅が 1 フィートなど）。 ヤドカリに似た祖先から派生したと思われ、それが非対称性を説明する。 北太平洋など冷水域の大規模な漁業を支える。	タラバガニ（*Paralithodes camtschaticus*, 図 1.13） アブラガニ（アオタラバガニ、*P. platypus*、図 8.2） イバラガニモドキ（キンイロタラバガニ、北洋イバラガニ、*Lithodes aequispinus*） キタイバラガニ（シュイロタラバガニ、*L. couest*）
Garlatheidae （コシオリエビ）	体は平たく、腹部は典型的には多少下に畳まれ、前脚は長い鋏を伴って大きく伸びている。 歩脚の最終対は甲羅の下の鰓室に隠され、それゆえ一見一〇本でなく八本の脚しか持たないように見える。表層水と、熱水噴出孔も含むたいへん深い海（図版 9）。	熱水噴出孔のカニ（*Bythograea thermydron*）
Porcellanidae （カニダマシ［陶器］ガニ、図版 10）	小さく、体幅 0.5 インチかそれ以下。コンパクトで扁平なのは岩の下で生きるための適応。 カイメンやイソギンチャクと共生的。大きな鋏は縄張り争いに使用。引っ込んだ第五歩脚は、鰓室の清掃に使用。 「カーシニゼイション（カニ化）」の例、カニに似ない形のものが（この場合コシオリエビの親戚）真のカニらしい形の動物に進化する。	アカホシカニダマシ（*Neopetrolithes maculosus*）、イソギンチャクと共生。
Hippidae （スナガニ、モグラガニ）	高いドーム状の丸い甲羅、横幅よりも前後が長い。明瞭な分節を持った腹部が胸部の下に巻き上げられる。 浜辺の砂に後ろ向きに巣穴を掘り、引き波の都度水からプランクトンを濾し取る。	スナホリガニ（*Emerita talpoida*, 図 1.5）大西洋の浜辺にいる。

図 1.7　ヒキガニ（*Hyas araneus*）、クモガニ科　Photo from NOAA.

図 1.8　Anomuran　カニダマシ（異尾類）の解剖学　Illustration by Joanne Taylor, Museum Victoria.

図 1.9　泥ガニ（*Hexapanopeus* sp.）　Photo from South Carolina Department of Natural Resources.

図 1.10　イシガニ（*Menippe mercenaria*）　Photo from NOAA.

図 1.11　イワガニ（*Sesarma reticulatum*）　Photo from South Carolina Department of Natural Resources.

図 1.12　ヤドカリ
(*Pagurus longicarpus*)　Photo by P. Weis.

図 1.13　タラバガニ
(*Paralithodes camtschaticus*)　漁業研究生物学者のセラ・ペルセリンおよびブラッド・スチーブンスとともに
Photo by NOAA (Kodiak Lab).

図 1.14　タカアシガニ
(*Macrocheira kaempferi*)、クモガニ科
Photo by Volker Wurst, Wikimedia.

図 1.15　イェティガニ (*Kiwa hirsuta*)
Photo by A. Fifis, Wikimedia.

要としているのだ。公共の水族館での例としては、クラブジラと名付けられた差し渡し一二フィート以上もある雌のカニが、オランダのハーグのスケベニンゲン海洋生物センターにいて、おもなアトラクションになっている。彼女は三〇ポンド以上もあり、捕獲された種のうちで最大の一例である。三三ポンドあり鋏の差し渡しが一〇フィートある「カニコング」が、東京の南西の小さな海岸の漁師によって捕まえられ、ウェイモウスの水族館で展示するためにイギリスに送られた。タカアシガニは、その驚くばかりの長い脚によって巨大に見える。世界で二番目に大きな種は、巨大なタスマニアのキングガニ *Pseudocarcinus gigas* である。これは実際には全然「キングガニ」でなく cancer（短尾類）のカニであるのだが。タスマニア東海岸から離れて大陸棚の縁、オーストラリアの南方の深い水域で豊富である。重さは二八ポンド以上、胴体の差し渡しは一五インチあり、大きな鋏を持った一八インチの長さの脚を持つ。商業的に漁獲されている種である。

もっとも小さなカニはおそらく、殻の幅が四分の一インチしかないカクレガニ類の「マメガニ」だろう（図版7aとb）。これらは生きたハマグリ、カキ、ムラサキガイの貝殻の中に住むので小さい必要がある（第6章を見よ）。サンゴの虫こぶの中に住むカニも小さい。サンゴが育つにつれて結局カニを閉じ込めてしまい、カニは守られているが閉じこめられ、育つ余地がない。

「もっとも奇妙な」カニを選ぶのはもっと主観的なことになる。なぜなら奇妙と考えられるたくさんのカニがいるからである（この本全体を通じて見られるとおり）。しかしもっとも奇妙なものの一つは、おそらく深い海溝の生物調査で発見されたカニだろう（図1・15）。それはコシオリエビ類と関係のある異尾類の一種である。七五四〇フィートの熱水噴出孔のすぐ近くに棲んでいる *Kiwa hirsuta* と名付けられた盲目の白いカニは、黄色いバクテリア（硫黄細菌）の繁殖を手助けする毛の生えた腕のせいでイエティガニ［雪男にちなむ］と呼ばれている。

なぜ「キャンサー」はカニと病気の両義なのか

'*Carcinus*' の辞書の語義

1. 天文学：カニ座、黄道の北のふたご座としし座の間の星座
2. 病理学：悪性で浸潤性の成長あるいは腫瘍、特に上皮内の、切除後に再発し他の場所に転移しがちのもの

Carcinus はまた、カニの有名な属である（*Carcinus maenas* はワタリガニの一種で食用および実験動物、英語名 green crab、日本には産しない）。そして *carcinology* は甲殻類を研究する動物学の一分野として定義される（crustaceology とも呼ばれる）。*carcino-* という接頭語は、carcinoma（がん腫）や carcinogen（発がん物質）の場合のように、この病気を指す。

この二重の意味は、ラテン語で *cancer* がカニを意味したところまで長く遡る。カニのイメージが、この病気を描写する言葉の用い方として連想をさそった。医師であるガレノス（129 ～ 199）が「この病気では脈管が、体部のあらゆる場所からカニの脚のような形にひろがる」と書いた時、この語を作り出した。これより早くヒポクラテス（紀元前約 460 ～約 370）も、いくつかの種類のがんを、ギリシア語の *carcinos*（カニ／ザリガニ）を引き合いに出して描写している。その言い方は、「腫瘍を切った面では脈管が、あらゆる方向にカニが脚をひろげているように広がった見かけを呈している」ことから来ている。

ドイツ語でも、*Krebs* という語はカニとがんの双方を意味する。

2　生息地

カニは海岸から深海、入り江、そして真水の環境、さらに陸まで、あらゆる生息地に見いだされる。ほとんどのカニは海と入り江（河口や湾のように真水と海水が混ざる場所。汽水域）に棲んでいる。他方、ほんの少しの特殊化したものが（たとえばオカガニ科のものやオカヤドカリ類）、真水や陸上に棲んでいる。むしろ多くの種類が深い水よりも浅い水中に棲んでいる。あるグループ――すなわちイワガニやスナガニ（シオマネキや「ユウレイガニ」）――は、浅い水そして潮干帯（海岸線、引き潮の時は水に浸かっていない）の領域に棲む傾向がある。イワガニ類（広い正面、短い目、そしてほぼ四角い形の甲羅を持つ）は、干潟やマングローヴ、岩の海岸などを含むいろいろなタイプの海岸の生息地で見つかる。それらの一部のものは続けて何時間も水から出ることができる。スナガニ類は、干潟や泥の浅瀬、砂浜などのように底が柔らかい場所（泥や砂質）でのみ見つかる傾向がある。

潮の干潟とマングローヴ

シオマネキは潮の干潟と、干潟が供給する住処と餌の利益に密接に関連付けられている。潮の干潟は、塩分濃度(塩の含量)が大洋近くの高さから淡水近くまで変化する潮汐内の入り江の海岸に沿って生じる。塩分濃度と、干潟が波で水に浸かる頻度と程度が、そこで見つかる植物と動物のタイプを決める。低い干潟の領域は通常一日に二回水に浸かる。一方、高い干潟は嵐や普通でない高潮の時にのみ浸水する。特定の帯域(ゾーン)に棲む動植物は、それらがどのくらい高い干潟の乾燥した条件、または低い干潟の湿った条件に耐えうるかにかかっている。イネ科の植物で葉が平滑で紐状のスムーズコードグラス(*Spartina alterniflora*)は、合衆国東部の海岸の常に水に浸かっている低い干潟によく見られる。たくさんの種類のカニが、紐状の草や他の干潟の植物の茎や葉や根が、食物や敵からの避難所を提供してくれる潮の干潟に棲んでいる。若い他の種のカニは潮の干潟を育児場所として使う。

合衆国では、潮の干潟のおもなカニはいろいろな種類のシオマネキだ(**図2・1**)。これらのカニは海の生物としては例外的だが、干潮の時には干潟の表面で活発であり、潮が満ちてくると巣穴に籠もって不活発となる。他の重要な干潟の種としては、半陸生のイワガニである沼地のカニ(アカテガニ近縁種[**図1・11**]や*Armases cinereum*)がある。それらは初めはシオマネキと間違われるかもしれないが、もっと重くてがっしりしており、眼のついている柄は、顔の真正面中よりはむしろ殻の縁寄りに位置している。これらのカニは満潮のとき活発になり(海の動物に期待されるとおりに)、そしてしばしば夜行性である。もっと小さな「泥ガニ」である***Panopeus***や***Eurypanopeus***[イソオウギガニの類]の種は、潮間帯の低位のところに多くいて、東海岸の干潟の縁に上がってくる。ガザミと近縁の「アオガニ」(図版3)は湿地の入り江に棲んでいて、そこらにある豊富な資源を餌とするために、寄せてくる波に乗って干潟の表面を遡行できる。「ミドリガニ」(図1・8参照)もまた、ホンヤドカリ(図1・12参照)と一緒に干潟で見つかる。インド太平洋域(インド洋と熱帯太平洋)の干潟と泥の平地には、さらに追加のタイプのカニたちがいる。ヤマトオサガニの類(図2・2)は、シオマネキの親類でそれとよく似て見えるが、中ぐらいのサイズで左右対称の鋏を持っている。この類もシオマネキのように、潮干域に巣穴を掘り、餌屑となるかけらや、小さな虫類を食べている。

カニは干潟を利用しているだけでなく、干潟の植物の役にも立っている。巣穴は、酸素をたくさん根のあたりに取り入れさせることによって、沼地の草の手助けをする。「アオガニ」と呼ばれるガザミ類は、ブラウン大学のブライアン・シリマンとマーク・バートネスが発見したように、直接的でないやり方でも干潟の草の役に立っている。南部の干潟からこれらのカニを取り除いたところ、そのおもな餌食の一つだったタマキビガイが繁殖、増殖して、コードグラスをすべて平らげてしまった。植物が沈積物をつなぎ止め、野生の生物を守っていないと、干潟の生態系は消え失せ、ただの泥の平地になってしまったのだ。このことは、合衆国南東では「アオガニ」のような巻貝捕食者の消滅が、干潟の死絶に影響する重要な要素であることを示唆している。

熱帯地域では、入り江辺縁の潮間帯の湿地である海水による沼地を、マングローヴの森が置き換えている。マングローヴは、熱帯および亜熱帯にかけて潮間帯で育つ耐塩性の木である。それらは保護された海岸線に位置していることが多く、河口のずっと奥の方まで続いて見いだされる。マングローヴの木にはいくつかの種類があり、なかでも赤マングローヴ（ヒルギ、*Rhizophora*）は低い位置にあって大部分の時間は水面下にあるので、生態学的にはコードグラスに近い。赤マングローヴは、干潮の時には空気中に出る竹馬とか支柱根とも呼ばれる気根を持っている。こうした根はそれ自体がまた、湿地の動物に他のタイプの住処を供給している。

マングローヴのカニは（約二七五種ある）、多くの異なった科に属していて、それぞれ異なった生態学的な役割を演じている。たとえば、陸ガニ（マングローヴガニ、*Ucides cordatus*）は湿地から大量の葉屑を取り除く。ドイツのベルリンの海洋熱帯生態学センターから来たインガ・ノルトハウスと共同研究者は、マングローヴによる屑ものの生産と、カニによる屑の消費量がほぼ見合っていることを見いだした。カニは密度が高く、一方マングローヴの森が波に浸される頻度は低いからである。こうした事情から、カニは長期間にわたって途切れることなしに餌を得続けることができる。屑ものの大半を処理することで、このカニその他の種はマングローヴの生態系の中での食物とエネルギーの維持を手助けしているのだ。

「腕木信号ガニ」*Heloecius cordiformis* はオーストラリアの泥質の入り江に棲むごく普通の赤い色のカニで、マングローヴのもとでその密度は非常に高く、その一帯は巣穴だらけで、ハチの巣のようになっている。こうした穴掘り全体はバイオターベーション（生物による掘り返し）と呼ばれる過程によって泥をかきまぜ、通気することになる。半陸生のカニによる穴掘りは（大半はスナガニとイワガニの類による）、このことが生態系を手直しし、生態系の中で他の種にとっての食物や隠れ場所、避難所の利用可能性と質を修正するので、彼らは「環境エンジニア」と呼ぶことができる。これらのカニは土壌の表面の下で、水や分解された養分や空気を運ぶ暗渠のシステムとして機能する巣穴のネットワークを掘っている。マングローヴ

図 2.1　シオマネキ（*Uca pugilator*）　Photo by P. Weis.

図 2.2　オサガニ（「歩哨ガニ」、*Macrophthalmus* sp.）
Photo by Saka Yoji, Wikimedia.

には一部、泳ぐカニもいる（ガザミ類ことにノコギリガザミは商業的に重要）。しかし大半は半陸生か陸生で、巣穴を掘るカニである。

砂浜

砂浜の環境は生活しやすい場所ではない。そこには掴むことのできる硬い物質もなく、砕ける波、変わる潮位、季節ごとに変わる砂浜、そして海、空中、陸からの捕食者に対処しなくてはならない。この環境で生きる動物は砂に埋まっている例も多い。スナガニ類（異尾類に属する。**図1・5**参照）はどの時間にも、波打ち際で波が届くもっとも低い位置からもっとも高い位置まで分布して生息する。帯域の分布は潮位によって変わってくるので、カニは砂浜を上がったり下がったりしなくてはならない。カニの脚は泳ぎ、這い、穴を掘ることを許すが——すべて後ろ向きに行われる。後ろ向きに穴を掘る時、カニの眼柄は砂の上に突き出ている。触角の一番目の対も呼吸のために砂から突き出ている。そして羽に似た形の二番目の対は、カニが水中のプランクトンを食べる時に広がる。潮位に合わせて浜辺を上がったり下がったりすることに加えて、カニたちは浜辺の横方向にも、長い浜辺の海流とともに移動する。

世界の暖かい地方では、海岸を高い方へ上ってみると、シオマネキの親戚のスナガニが見つかる（**図2・3**）。その一種の *Ocypode quadrata* は、アメリカ東海岸のすべてのカニのうちでももっとも陸に適応していて、ごくたまに鰓を濡らしに水に戻るだけである。歩脚の根元近くの細い毛を使って、毛管現象

図 2.3　スナガニ（ユウレイガニ、*Ocypode* sp.）
Photo from U. S. Fish and Wildlife Service.

図 2.4　兵士ガニ（*Myctyris longicarpus*）
Photo by Liquid Ghoul, Wikimedia.

で湿った砂から水を抽出して、鰓を湿らせることもできる。スナガニは概して夜行性なので、午後の遅い時間になるまでは見かけることは稀である。それらは夜に餌をとることで、海岸の鳥やカモメなど目に見える捕食者に食べられるのを防ぐ。もしまた仮に昼間に巣穴を離れる場合には、砂に合わせて色を素早く変える能力（カメレオンのような）によって、目につく機会は低く抑えられる。彼らの掘る巣穴の深さは四フィートに達し、海から四分の一マイル奥に入った満潮線の近くでも見つかる。

インド‐太平洋の熱帯と亜熱帯では、砂の住人に追加のタイプのものが見つかる。Dotillidae はスナガニの親類で、「砂泡ガニ」（コメツキガニや *Dotilla*）など六〇種ほどを含む。彼らは間潮帯に巣穴を掘り、砂浜に硬い砂の塊の目立つ丸い「泡」を残す。世界のこの地域では、ミナミコメツキガニの仲間（図2・4）が普通である。それは砂時の入り江やマングローヴ帯の潮の泥平地に棲んでいる。体は平らというよりも丸くて、横歩きでなく前に歩く。湿った砂から有機物材料を取り出して餌とするのだが、潮がそうした食物を供給してくれないと、シオマネキと同様に巣穴から出てくる。それらの名前はおそらく、浜辺を下って同じ方向に行進する何百何千のカニが群れをなす傾向から来ている。英語では「兵隊ガニ」という名前がついていて、それは数百とか数千匹が群れをなして、海岸を同じ方向に行進する傾向があるところから来ているのかもしれない。

巣穴

干潟、マングローヴ、砂浜の多くのカニは巣穴を掘ってそこに住む。とりわけスナガニ科の仲間（シオマネキやスナガニ）は、こうした生活をする。彼らは巣穴を避難所、捕食者からの逃げ場所、交尾のさいや脱皮後の隠れ家として使う。巣穴はまた極端な温度変化から守ってくれる。巣穴は夏には表面より涼しく、冬には氷結点より高温であるだけの深さがある。スナガニは一日のうちもっとも暑い時期には、周期的に口を砂で閉める。そして寒い月の間は巣穴の中に留まっている。

歩脚で掘られた巣穴は単純なトンネルのこともあるし、いろいろ違う入口を持ち、分岐して複雑なこともある。スナガニ（**図2・3**参照）の巣穴は、上の分岐腕の一本が表面に口を開き、他の一本は砂浜の表面から短い距離の行き止まりを持ったY字型をしている。脅かされた場合に捕食者から逃げるには、盲端の上方の砂を突き破って脱出する。巣穴が四五度の角度で傾いていて、湿った砂の粒で潰れないように構築されていることもある。いくつかの種のスナガニが巣穴を作ったり補修したりするのを観察してみると面白い。鋏いっぱいの砂を持ち上げると、入口から六インチないし一二インチの遠さまで放り投げる。そのあと、カニは鋏で砂を軽く叩いて表面を平らにする。他の種では、小さな球の形をした砂を持ち上げて入口付近にばら撒いて残す。巣穴掘りの活動は沈殿層の上下を逆に耕して、深い層（四フィートに達する）から表面へと、栄養分を持ち上げる効果があるだろう。巣穴掘りはまた沈殿層の深い部分に酸素や栄養分を供給して、小動物や湿地の草の根の環境をより好適にすることもできる。

水中の酸素濃度がたいへん低くて、ヒポキシア（低酸素）と言われる状態の場合には、満潮時に巣穴で問題が生じることがある。カニは酸素消費が低下させられても、代謝に必要な酸素量を満たすことができる。なぜならカニの呼吸色素は酸素に対して親和性が高く、限られた使用可能な酸素を効果的に使うことができるからである。カニの鰓室の壁にはガス交換が増やせるようにたくさんの血管が走っており、湿っていれば空気からも酸素を獲得することができる。多くのイワガニ科のものは実際に、甲羅で水を吸い出し鰓孔に再度取り込むことで、巣穴の水を再利用し再酸素化している。

いくつかのカニは巣穴を作らず、スナホリガニ（**図1・5**参照）のように体を埋めてしまう。ガザミやワタリガニの類などの多くの種が、捕食者から隠れるために砂の下に潜る。そして冬の間埋まって冬眠する。陸のヤドカリも枯死した植物の下に、脱皮に先立って、また寒い天気の間、深く巣穴を掘ることがある。

水生植物

いくつかのカニは、熱帯や亜熱帯地域のウナギソウ（*Zostera*）やカメソウ（*thalassia*）のような水に浸かった水生植物（SAV）と共同で生きている。アメリカイチョウガニ（*Metacarcinus magister*［公式には *Cancer magister*: **図2・5**］）は甲羅の差し渡し八インチになる商業的にたいへん重要な種だけれども、低い潮間帯から六〇〇フィートの深さの泥質ないし砂質の底と同様ウナギソウの床にも生きており、アラスカのアリューシャン列島からサンフランシスコの南までの合衆国東海岸で見いだされる。水に浸かった水生の植物は、光合成するのに十分な太陽光を受けられる澄んだ浅い水中に生い茂る。沈んでいる泥や、余った栄養分のせいで増えたプランクトンによって水が濁ったり曇ったりしている場所では、SAVはそれ

図 2.5　アメリカイチョウガニ（'Dungeness crab', *Metacarcinus*［公式には *Cancer*］ *magister*）　Photo © Gregory C. Jensen.

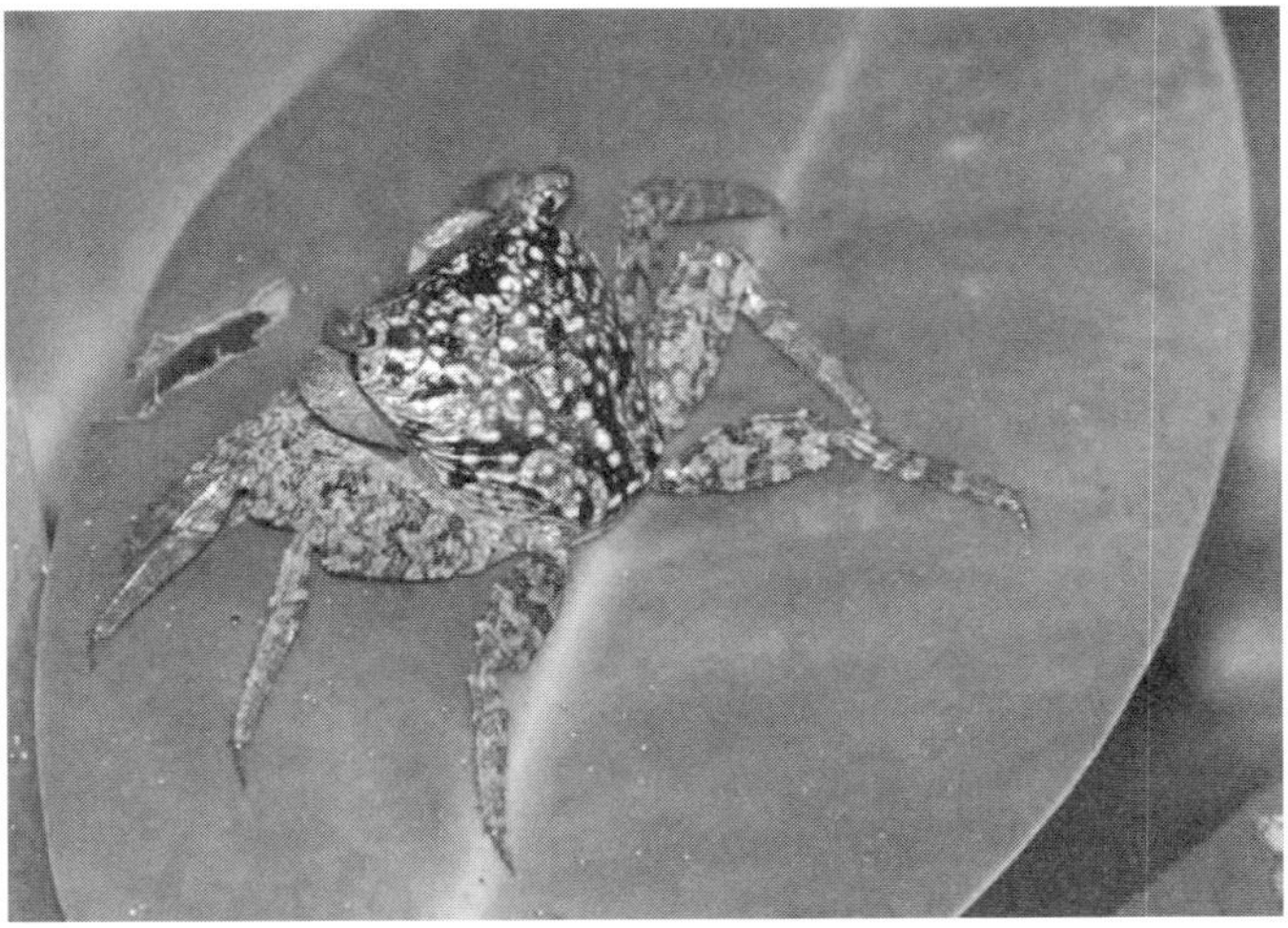

図 2.6　マングローヴの葉上のマングローヴガニ
（*Aratus* sp.）　Photo by Ianare Sevi, Wikimedia.

に依存している動物とともに減少する。

イワガニのいくつかの種は、陸に登ってマングローヴの木の中で、空気中で生きる。それらは木の中で生きることへの適応に異なった程度を見せている。ほんの少しの種のみが、新鮮な葉で食事し樹冠の中で繁栄している。*Aratus* 属のカニはおもにマングローヴの木の幹や枝で見つかる（図2・6）。彼らの脚の先（dactyls）はよく掴まれるように剃刀のように鋭い。それらのカニは定期的に水に入ったりマングローヴの根を使う。だが大半の時間はそれらは水面より上にいる。

岩の水溜まりと岩場

イワガニやミドリガニは岩のプールに住むことがあり、そこは巣穴のように低酸素の期間に見舞われることがある。酸素が低いと、それらはもっと多くの酸素を得ようとして鰓に流れる水流を増やす。ミドリガニは浅い水中に移動し、胴体を水から上に持ち上げ、水を空気に触れさせるために鰓室に空気を引き込む。岩上の水溜まりにいる動物も、潮干帯の巣穴にいるのと同様に、潮の状態や天気が変わるにつれて、塩分と温度の変化に対応しなければならない。こうしたカニは塩分と温度の変化に耐えられる傾向がある。

カキ礁

カキ礁は、とりわけ水が三〇フィート以下の深さの河口の近くで、入り江や海岸付近の場所に見いだされる。商業的に重要であることに加えて、カキ礁は生態学的にも重要である。それは多くの種に対して重要な住み場所を供給し、ここを濾過した水による給餌は水質を改善し、このことは底部の領域を安定させて水の循環に影響する。カキが定着して発生を続け育つにつれて、カキ礁は、いろんな異なった種類の動物にとっての住処として多くの片隅と隙間を提供しながら、さらに高度に複雑になる。カキ礁を利用するカニには、泥ガニ（図1・9参照）やガザミに近縁の *Callinectes* 属の泳ぐカニが含まれる。合衆国東岸にもっとも普通のオウギガニの仲間である泥ガニ（ヒメイソオウギガニ、*Panopeus herbstii*）は育っても二インチ以下の大きさだが、しかしたいへんがっしりした強い鋏を持っていて、若いカキの殻を割って美味な軟体動物を平らげることができる。これより年を取ったカキや一年もののカキは、アオガニの餌食となる。商業的に重要なオウギガニ（フロリダイシガニ、*Menippe mercenaria*：図1・10参照）は、若いものも成体もカキ礁に住んでいる。

サンゴ礁

サンゴ礁は、暖かく澄んでいて、栄養分をほとんど含まない水中に見いだされる、小動物が何百万も集まったコロニーである。この小動物であるサンゴ虫（イソギンチャクの親類）は、自分の周囲に炭酸カルシウムの骨格を分泌する。「海の熱帯雨林」と呼ばれることもあるとおり、こうして形作られる礁は地球上でもっとも多様で美しい生態系だ。サンゴ礁で見られるすべての種のうち三分の二以上からなる、もっとも普通の種のうちに数えられる。これらのカニはしばしば光沢のある色をしているが、小さくてよく隠れているので、礁の魚ほどは目立たない。サンゴ礁のカニは、水族館の営業ではサンゴ礁の魚と同様に人気がある。サンゴ礁では一〇〇以上の異なったカニの種が見つかる。これらのカニは、住んでいる基盤物質を自分の隠れ家および餌場として利用しているので、礁の複雑な自然は、彼らにたくさんのふさわしい場所や避難所や栄養源を提供する。生態系が複雑であるほど、そこではより多くのカニの種が見つかる。ローレンス・アベルはフロリダ大学にいる時に、サンゴ礁を含む多くの異なった海の生態系から有機体をサンプリングして、環境条件とそのエリアの基盤物質（基質）のいろいろな種類を記録した。彼が見いだしたことは、あるエリアで見つかる種の数が（驚くべきことに）温度の範囲や、塩分の範囲や、潮に晒される程度には大きく影響されず、利用可能な基質の数にもっとも大きく影響されているということだった。おそらく異なった種は異なった構造を使うので、それゆえ各タイプ間の競合は減少するのだろう。

いくつかのカニは、サンゴ礁の上のイソギンチャクの中に住んでいる。もっと有名なドウケウオ（「Nemo」）のように、アカホシカニダマシは、つがいでイソギンチャクの中に住んでいる（**図版10**）。イソギンチャクの刺胞が、捕食者から守ってくれる。このカニダマシは漉し取って餌を得るのだが、この餌をとるのはイソギンチャクの触手の中からである。

ホンヤドカリ科、キンチャクヤドカリ属の礁ヤドカリは、他のヤドカリと違って巻貝の殻の中には住まず、むしろ礁の表面を塗り固めて石灰性の管を作る虫管の中とか、サンゴの孔それ自体の中に住みついている。羽根状の触角がプランクトンを漉し取って餌にすることができるのは、無理のあるこの定住生活への適応である。水の流れが遅い時には、カニは触角を前後にゆする。流れが速ければ、カニは触角を流れに対して垂直に、プランクトンをとらえるふるいのような形に保つ。このヤドカリは、複雑なサンゴ礁の生態系の中で特殊化した自分の生態学的ニッチを確立しているのだ。

サンゴ礁は多くのカニに避難所と食糧を与える。研究者は、いくつかのカニの種が礁を守るうえで鍵になる役割を演じていることを見いだしている。ハンナ・スチュワートとカリフォルニア大学サンタ・バーバラ校の共同研究者によれば、南太平洋のサンゴ礁に住む小さなカニは、サンゴ礁にとって決定的に重要な定常的な家政サービスを提供している。これは、二つの異なる生物種の相互作用が双方とも利益を得るという共生の一例である。サンゴガニ（**図版11**）はわずか半インチの大きさだが、枝分かれしたサンゴにそれらの住処を作り、サンゴに降りかかってくる沈殿物を取り除いている。研究者がカニをサンゴの枝分かれしたところから取り除いて、沈殿物が蓄積するに任せたところ、一か月以内に大半のサンゴが死滅した。

開けた海

大半のカニは海岸かその近く、またはもっと深い水底に棲んでいる。しかしオキナガレガニまたは「ホンダワラガニ」として知られる小さなカニ（**図版16**）は、海の浮遊物に乗って上の開けたところに住んでいる点で変わっている。何世紀にもわたって、もっとも豊富な浮遊物といえばサルガッソー海と大西洋のメキシコ湾流で豊富なホンダワラなので、それゆえこのホンダワラの名が、上に住んでいるカニに与えられた（ある種のガザミの仲間もホンダワラに関連して見つかるので、これもまた「サルガッソーガニ」と呼ばれるけれども）。またイワガニが、流木のような他の浮いている物質の上や、またウミガメやクラゲのような浮いている生物の上にも見つかる。ウミガメの上に住んでいる間に、このカニはいくらか付着した有機物を食べて、そうやってただ乗りの代わりにカメに清掃サービスを提供しているようにも見える。これはサンゴ礁で研究された共生の話、つまり宿主であるサンゴから沈殿物をきれいに取り除いてくれるカニや、またある種の魚やエビが他の魚の外側についている寄生虫を食べる話を思い出させる。スミソニアン博物館のマイケル・フリックによると、カメに住みついているサルガッソーガニは、流水から得るものに加えてカメの甲羅についている有機物もかじって食べるので、生物でない漂流物（流木など）に住んでいるカニよりも変化に富んだ餌を食べていたという。非生物的な漂流物に住んでいるカニは、カメに住むものよりも食べる藻の量が多く、また共食いの見られる例が多かった。最近ではサルガッソーガニの多くが、太平洋でも大西洋でも、おもにプラスチックからなる莫大な浮遊ごみの寄せ集めに住んでいることから、人間社会のゴミから利益を引き出す動物の実例を提供している。

深海

いくつかのカニは海底のたいへん深いところに棲んでいる。アラスカの漁獲量で主要なものの一つである異尾類のタラバガニは、食物の比較的乏しい深い水中での生活に対応する特別な適応を進化させてきた。大半のカニは卵から孵化するとすぐに、泳ぐ幼生としてプランクトンの餌で食事を始める。タラバガニ（**図1・13**参照）も同じだが、ただし底生のカニになるより前に、食べることをまったく必要としない段階を通過する。成体と違って若いタラバガニは、季節によって水温が違い日長も変化する比較的浅い水に棲む。若いカニは単独生活性で、丸石や小石、貝殻などのような大きさの粗大な基質や、またコケムシ（サンゴに似た小動物）のような生きた基質を必要とする。二〜四歳までの間、タラバガニは何千匹もの群れを作る傾向にある。群れを作ることは一般的に、その後成体に加わって九〇フィートより深い水中で定住する四歳（約二・五インチの大きさ）まで続く。別属であるイバラガニは、より深く六〇〇フィートから一五〇〇フィートの深さに棲み、そして季節変化に晒されない。その結果両者は、同時どころか同じ季節にさえ増殖しない。イバラガニの卵はタラバガニの卵の二倍の大きさがあり、そして何ヵ月も後に底生の幼生になって完全に卵黄なしで生き延びさせられるだけの卵黄を含んでいる。この適応によって、幼生は、食べられる餌のプランクトンがほとんどいない深い水底でも、生きてゆくことができる。イバラガニとまた別種のものは、それよりもさらに深く、二〇〇〇フィートより下に棲んでいる。その長くて細い脚と大きな鰓室は、この深さやその近く、また酸素極小地帯の低酸素に対する適応のように見える（海の酸素の分布は典型的には、酸素極小地帯に達するまで深さとともに減少し、そのあと増加する）。

異尾類と短尾類のどちらのカニでも、より深くに棲むものほど鰓室が大きい。ワシントン大学のデーヴィッド・サマートンと全国海洋漁業者サーヴィスは、大きくなった鰓室や鰓は酸素極小地帯の近くに棲んでいることへの適応であることを明らかにした。細い脚は、使うエネルギーが少ないので酸素の要求量が少なくて済む。その他の深さへの適応としては、赤い色、孵化が年間のいつでも可能なこと、卵が大きいという事実などがある。深海の甲殻類の赤い色については長らく議論されてきた。一般的には、赤い色は防御的であるということで意見は一致している。日光が水を通って差し込んでくるとき、赤スペクトルから最初に取り除かれるので、赤いカニは深いところでは姿が見えにくく、捕食者に対してのカモフラージュと防御を提供していることになる。

アラスカ湾でもっとも深いところにいるカニは、真のカニ［短尾類］であって鋏の大きなタカアシガニだ。その胴幅は差し渡し四ないし五インチだが、脚は長さ二フィートに達する。成体オスの鋏の部分は一フットより大きい。彼らは一万一〇〇〇フィートより深い完璧な闇の中に棲んでいる。しかしなお、彼らは眼を持っている。何のためだろうか？　おそらく深海で各種の生物が発する生物発光を検知するのだろう。このカニの生物学については、ほとんどわかっていない。海の底を横切って長い距離を歩けるようには見えるが、そこには多くの食物は落ちていないから、上の水面から落ちてくるクジラ、アシカ、また大きな魚など死んだ動物を食べているのだろう。彼らは長い期間食べないでもやってゆける。そして食糧源を見つけたならば暫くはそれで食いつなぎ、それからまた別のを探す旅を続ける。

深海のオオエンコウガニの類も（図版13）、もう一つの商業的種だが、北西大西洋の大陸棚の縁に沿って、またマイン湾とメキシコ湾に棲んでいる。それらは三〇〇～五〇〇〇フィートの深さで、水温およそ華氏四〇度の泥や砂地や硬い海底に棲んでいる。オスは商業的な大きさに育つまでに五～六年かかると信じられている。そして一五年以上かけて、甲羅殻の幅七～八インチという最大の大きさに達する。メスは五インチ位にしかならない。メスは腹板の下に九ヵ月にわたって卵を抱く。孵化した幼生がプランクトンとして過ごす期間はさまざまだが、それは大陸斜面の基部あたりに落ち着き、若いカニは成熟するにつれて斜面を登ってゆく。深海の生物の典型であるこのカニは機会的食餌者であり、沈殿物の中で見つけたり海底面からつまみ上げたりするいろんな底生の無脊椎動物（たとえばカイメン、ヒドロ虫、軟体動物、虫類、甲殻類、ホヤなど）を餌としている。彼らはまた魚やイカの死骸（トロールの残滓など）も清掃する。エンコウガニの類が大西洋のタラやサメによって捕食されたという若干の記録もある。このカニの親戚である熱帯のエンコウガニ（図版14）は、一九八〇年代に始まった商業的漁業によって人間の食物として漁獲される。このカニは一般にメキシコ湾と大西洋の熱帯ないし亜熱帯地域の深い海底（約三〇〇〇フィート）で見つかる。このカニは金色または淡黄色で、夕食の皿ほどの大きさの六角形の甲羅をしており、軟体動物や虫などの底生生物を食べる。

接した、大陸棚沿いの海底の住処である。「金色」タラバガニの若い個体にとってのＥＦＨは、大陸からの斜面全体でＢＳＡＩ沿いの、サンゴや丸石や垂直の壁や棚や深海の峰のような垂直で起伏のはげしい場所である。成体の「金色」タラバガニにとってのＥＦＨも、幼若個体と同様の起伏がはげしく垂直な基質を伴った外洋の大陸棚、坂全体、そしてＢＳＡＩの基底部に沿った海底の住処である。後期の幼若個体や、また成体のアラスカの「タナー」ガニ、メキシコ湾のイシガニのＥＦＨは、おもに泥からなる基質で構成されている、大陸棚全体に沿った海底である。

イシガニ（図１・10参照）のＥＦＨは合衆国とメキシコの境からサニーベル、フロリダへと広がっている、60フィート以上の深さの汽水から来たメキシコ湾の水と基質である。そしてサニーベルからメキシコ湾漁業管理評議会と南大西洋漁業管理評議会がカバーする領域の境界まで、90フィート以上の深さから来た水と基質は広がっている。

アオガニにはＥＦＨがない、なぜなら汽水域の種として、連邦政府よりも個別の州で管理されているからだ。

ロブスターの住処

成体と幼若なアメリカンロブスターは岩の裂け目や、植物の生活や、巣穴を掘ったり覆って防御するためのボウル型の窪みを掘ったりできる、柔らかい沈殿物が形作る隠れ家を伴った底でもっとも豊富だ。これらの隠れ家は部分的にロブスターを捕食や他のロブスターからの攻撃から守る。ロブスターは一五〇〇フィート以下の深さの浅い水から見つかり、岩がちから沈泥や泥の底までいろいろな基質を占める。

イセエビと同属の「トゲロブスター（spiny lobster)」は1650フィート以下の浅い水から見つかる。それらは濃く茂った植生、特に海藻の中に陣取って変態する。そして幼若個体は、0.6～0.8インチになるまでそこに住む。その後はカイメンの裂け目とか柔らかいサンゴ、穴などの隠れ場所で1.5インチの大きさになるまで暮らしている。２～３インチくらいになると、海岸の育児用の住処からサンゴ礁その他の外洋の場所に引っ越しを始める。

本質的な魚の生息地

商業用に漁獲される種のために、いくつかの生息地は保護されている。合衆国では持続的な漁業のための条例（マグヌソン－スティーヴンス保護および管理条例、ふつうマグヌソン－スティーヴンスと言及される）が魚類（甲殻類を含む）の生息地の消失を止め、また回復することを狙っており、そして管理された種にとって本質的な生息地の確認とその生息地の保護を要求している。国家海洋漁業局（ＮＭＦＳ）、地方の漁業管理評議会、そして他の合衆国の出先機関は、「不可欠の魚の生息地」を守り、保全し、増やすために協力しなくてはならない。議会は合衆国で管理された魚種の不可欠の生息地（ＥＦＨ）というのを、「その水と基質が産卵、繁殖、給餌、成熟までの生育に必要……であるような生息地」と定義した。これはカニ（およびその他の甲殻類）の商業的な種にも、魚と同様に適用され、そこにはガザミの類縁種で 'blue crab' と呼ばれるもの、タラバガニとその仲間、アラスカの「タナー」ガニ、メキシコ湾のイシガニその他を含んでいる。いくつかの生息地は特定重要生息地域（ＨＡＰＣ）に指定されていて、そのことで、もっとも影響を受けやすい生息地が、いっそう焦点を合わせた保護対策が受けられる。

深海性のオオエンコウガニ（図版 13）のＥＦＨは大陸棚の縁、合衆国東海岸斜面、大半が 600 ～ 5000 フィートの合衆国東海岸斜面で、エメラルドバンク、ノヴァスコティアからマイネ湾とメキシコ湾への大陸斜面に沿う部分である。幼生と幼若期の初期についてはほとんど分かっていないけれども、幼若期の後期と成体に達した時期は主として沈泥（シルト）や粘土からなる柔らかい海底に関連づけられている。

タラバガニ（図１・13）の幼生や幼若早期のＥＦＨもまた知られていない。しかし幼若後期までは、ベーリング海からアリューシャン列島（ＢＳＡＩ）まで続く大陸棚全体に沿った海底にいる。そこでの基質は岩や小石や砂利と、そして（「赤」タラバガニにとっては）コケムシやホヤや貝などの生物からなっている。成体の「赤」タラバガニのＥＦＨは海岸近くの海底、そしてＢＳＡＩの内側、中間、外側を通じての大陸棚で、そこには砂、泥、丸石、砂利の基質がある。「青」タラバガニの成体のＥＦＨは、砂や泥の基質を伴い、岩が多く、また貝殻が分散しているような領域に隣

熱水噴出孔

冷たく暗い深海の「典型的な」環境に加えて、テクトニックプレートの境界には地球内部から硫黄を含んだ熱水が湧き上がっている場所がある。こうした熱水噴出孔は、そこで繁栄するが他のどこにも見られない生命体の独特の生態系を養っている。こういう生態系はこの地球上でも、日光と光合成に全然依存していない点でもっとも稀なものである。彼らは海水中から、またそこで見られるいくつかの動物（巨大なチューブワームなど）の体内に共生している細菌が、噴出孔から出る硫黄を利用することによる化学合成の活動から、エネルギーを得ている。これが食物連鎖全体を力づける。この噴出孔でもっとも目立つ動物は一〇フィート以上の高さがある巨大なチューブワームだ。そこにはまたコシオリエビ（異尾類）や、いくつかのタイプの短尾類のカニがいる。熱水噴出孔のカニの一種の *Bythograea thermydron* は、太平洋の噴出孔の頂点に立つ捕食者だ。このカニはとても高密度で存在しているので、科学者は自分たちが活動的な噴出孔の領域に近づいていることの指標として利用している。噴出孔のカニは硫黄を解毒する特別な酵素を持っていて、これによって硫黄中毒を避けている。噴出孔のカニは典型的にはチューブワームの密な群れの中で、深さは平均一・七マイルのあたりで、水温はチューブワーム群中での華氏七七度から噴出孔周辺の華氏三六度まで持ちこたえる。噴出孔のカニが見つかるのはたいへん深いところで、我々が体験するものの二五〇倍の気圧になる。噴出孔のカニの若いものは、研究室の気圧のもとでも数ヵ月ほど生きられるが、成体は深海と同じ高い気圧下に置いておかないと死ぬ。別種の噴出孔のカニである *Xenograpsus testudinatus* は、台湾沖合の比較的浅い水の硫黄に富んだ噴出孔の周りの、養分の乏しい酸性の環境に住む。彼らは噴出孔の硫黄のプルームで殺された動物プランクトンを食べるためにその割れ目から外側に群がっている。この環境は熱くて有毒で、低酸素でもある。しかしこのカニは低酸素に耐久性があり、一二時間もまったく酸素なしで生き続ける。

深海はあまり知られておらず、またそのわずか一パーセントがこれまで探検されただけなので、新しい種――時には新しい科――がしばしば発見されることも驚くにあたらない。二〇〇五年に深海調査船アルヴィン号の科学者たちは、南太平洋で七〇〇〇フィートを超える深さの噴出孔の水域に住んでいる白くて目がなく長い毛の生えた腕と脚のあるカニにスポットを当てた（図1・15参照）。これは新種どころか、異尾類のうちのまったく新しい科に属することが判明した（第1章参照）。このイエティガニは体を包んでいる毛の具合から *Kiwa hirsuta* と名づけられた。毛は無数の細菌の住処となっている。イエティガニがどうやって熱水噴出孔の生態系に適応しているのか、正確にはまだわかっていないが、割れて殻の開いたムラサキガイを食べるところが見かけられたが、しかしその毛の生えた鋏を熱水噴出口からの熱水の流れにかざしているのも見受けられたので、カニは細菌を食物源として「養育」しているのかもしれないとも、科学者は思っている。

噴出孔は暗く、生体発光する動物はいない。そして成体の噴出孔ガニは一般に眼を欠いている。しかし中深度の水の領域では、多くの動物が生体発光を生ずるし、噴出孔のカニの幼生も含めて多くの中深度の動物がそれを検知する眼を持っている。

冷泉

もう一つの普通でない生息地は、エネルギーの豊富な化合物（たとえば硫化水素、メタン、アンモニア）が深い貯留から海底へと湧き上がってくる深海の冷泉である。ここでも熱水噴出孔と同様に、これらの化合物を使う細菌の化学合成によってエネルギーが引き出され、そしてこれが食物連鎖の基礎となっている。深海の滲出泉では（噴出孔でも）、こうした化学合成活動が、太陽と光合成に頼らない異例の環境を共有しているすべての高等動物に向けてエネルギーを供給している。冷泉の細菌のうちには、やたらに大きくて目に見えるスパゲッティ状の紐を作っているものがある。これらの細菌はメタンと油を反応の燃料として使い、硫酸塩を硫化物に変える。メキシコ湾では、メタンと油が一緒に海底から滲出する場所がある。沈殿物を通って油とガスが湧き出してくるうちに、微生物が油とメタンを二酸化炭素に変え、その過程でまた硫酸塩は硫化水素に変えられる。このような生息地はそれ自身のチューブワームと二枚貝と巻貝とエビとカニを持ちあわせている。カニのうちあるものは、熱水噴出孔のものに似たコシオリエビ類である。そして一部のものはクモガニの仲間の「タナー」ガニである。タラバガニ科のものが黒い沈殿物の中で食事するところも観察されている。冷泉でのカニは四つの異尾類の科と、一四の短尾類の科に属し、多くは他のどこにも見いだされない種類で多種多様である。色は概して白く、多数が群がっている。冷泉のムラサキガイの床面が、文字通り白いカニによって敷き詰められている写真も撮られている。種の多くはまだ命名されず記載もされていない。こういう場所の生態系についてはまだほとんどわかっていないのだが、そこに住むカニの大方はゴミ処理か捕食者であると考えられている。イエティガニの二番目の種（*K. puravida*）が三三〇〇フィートの深さの冷泉で発見され、鋏をメタン泉の流れの中で前後に振っているのが見られている。一見したところ細菌に「施肥している」、あるいは栄養を与えているようだ。この種は、細菌を鋏から削り取って口に掬い入れる特別なムチ状の器官を持っている。

海山

海山というのは深海にそびえている高地で、変わった深海性のサンゴや生物集団がその上で生きている。それらの生物には、キンイロガニ（**図版14**）やコシオリエビの類（**図版9**）も含んでいる。これらのサンゴは浅い水域の種と違って、冷たい水中に棲み、共生する藻を持っていない。こういう生態系に関係するカニの多くは、噴出孔や冷泉で見つかったものの親類である。海山では近年、漁獲が目立つようになっていて、サンゴや、ひいてはそこに棲んでいる種の生息地を破壊する漁獲技術（たとえばトローリング）について、懸念が高まっている。

淡水

一部のカニは一生の一部分ないし全部を、世界のうちの暖かく湿った場所である淡水のもとで暮らす。

約八五〇種が淡水か陸生か半陸生であり、それらは熱帯、亜熱帯を通じて見られる。アオガニとチュウゴクモクズガニ（**図2・7**）は淡水の上流地帯で生息できる。しかし幼生は塩水でないと生き延びられないので、繁殖のためには塩分濃度のもっと高いところへ戻って行かなくてはならない。他の種類は、一生の全部を淡水で過ごす。それらは流れのゆるやかな川や、流れの激しい山地の川や、滝や水溝や湖や池、プール、沼でも見られる。乾いている季節には巣穴を掘ったり、岩や石や木の陰に隠れたりしていることも多い。淡水のカニは熱帯地方で重要な小規模漁業の対象で、現地の人の主要なタンパク質源となっている。それは魚や他の動物にとっても重要な食物である。最近では人気のある水槽のペットになってきた。

多くの淡水ガニは、おもに東南アジアで見つかるサワガニ科に属する。彼らは自由生活する幼生期を持たず、その代わりにミニチュアの成体型のものとして卵から孵ってくる。彼らは比較的数の少ない大きな卵を産む。そして幼生は、メスの広い腹板に孵化後数週間留まっている。*Barytelphusa* 属の種は、干上がりかねない池に住んでいるが、鰓室内に水を貯えていて、鰓の周りで水をリサイクルできる。いくつかの熱帯の島では淡水のカニは山地の水流や洞窟や湿った岩の破片や水の溜まった巻貝の殻、そして水で満たされたブロメリアの葉軸にさえ見つかる。ブロメリアというのはパイナップルの親類筋で、他の植物の、通例は樹木の上で育つ「やどり木植物」、つまり寄生植物で、大気中から栄養と湿気を摂ることができる。ブロメリアのカニはこうした空中の植物に溜まった雨水の水溜まりに住み、繁殖し、子孫も増やす。

洞窟に住むカニ（短尾類と異尾類と両方いる）には多くの異なる科のものがあるが、色素を失ない、脚が長く、眼柄が退化しているなど似た適応を示す。色の白い点は深海に住むカニを思い起こさせる。一部

図 2.7　チュウゴクモクズガニ（*Eriocheir sinensis*）
Photo from Smithonian Environmental Reserch Center.

図 2.8　オカガニ（*Cardisoma* sp.）
Photo by Hans Hillewaert, Wikimedia.

のものでは眼が完全に失われているが、他のものは小さな眼を留めている。眼のないカニもその眼柄を残していて、それはおそらく、重要なホルモンがそこで作られ蓄えられるからだろう。眼のない洞窟のカニは食物をもたらす水を求めて、しばしば小さな入り江の近くに住んでいる。

熱帯のある地方では淡水のある種のカニは、陸に移動して水中と同様に空気を呼吸する能力を発達させた。アフリカの陸生の淡水のカニで *Globonautes macropus* のように空気呼吸するいくつかの種では鰓の数の減少が見られる。この陸生の種は、鰓室の上方で多数の血管のある膜からなる「にせの肺」で空気呼吸を行い、しかし鰓室の下方では、機能する鰓を持っている。

陸

オカガニ科のカニは、水に浸けられるとストレスを受けてしまう真に空気呼吸する陸のカニである。それゆえ彼らは、蒸散で失う水分を補うには雨や露を使う。彼らは熱帯雨林やマングローヴの森や、また乾いた平原でも山の斜面でも見つかる。オカガニの一種（*Gecarcinus lateralis*: **図版6**）は、内陸に一～二マイル入った内陸の巣穴とか裂け目に住んでいる。このカニは芝生や庭に巣穴を掘るので、農業上の有害動物かもしれない。巣穴は生殖の場所（誘い込みと交配）、そして防御の役に立つ。これより大型で色彩の少ない親戚種（*Cardisoma* 種、**図2・8**）は、地下水脈まで行けるもっと深い巣穴を掘る。体の幅四～五インチの *Cardisoma guanhumi* は、落ちたココナッツ、マングローヴの葉、穀物、ごみなどを食べる処理係の動物である。プエルトリコには、それらに対する「漁業」がある。陸のカニも産卵と海で生活する幼生を持つことから、水へと移住をせねばならない。

オカヤドカリ科——ヤシガニ（図版1）や、オカヤドカリ（図版8）を含む——もまた木に登ることができるが、それらはむしろ熱帯や亜熱帯の海岸や島の地上で頻繁に見られる。オカヤドカリ科の中でもある種は海に定期的に入り、他の種は完全に陸で生活する。さもなければ腐ってしまう死んだ有機物を消費することで、有用な機能を演じている。何人かの科学者とキャンパーが発見したとおり、彼らの食餌は多岐にわたり、食べ物の容器を開けてほじくり出すこともできる。インド太平洋で見つかったヤシガニは、ココナッツをとるためにヤシの木にも登る。オカヤドカリもその海の親類に似て、軟体動物の殻を占有する。これらの殻は捕食者からの防護だけでなく、同時にまた必要な水を持ち運ぶ手段を提供してくれるので、陸への適応を容易にする。しかし新しい殻が必要でも、遠い内陸では少しの巻貝の殻しか利用できないので、どのくらい遠征して内陸に棲めるかが制限される。ヤシガニは大きく育つと巻貝の殻の中に留まっていないけれども、腹部の表皮が厚くなって防護と水の損失防止に役立つ。もしかすると彼らが殻を諦めた一つの理由は、内陸には大きな貝殻がたいへん少ないことにあったのかもしれない。このカニは、それが住んでいる地域では人々の貴重な食糧となっている。

カニにもさまざまに違うものがいるので、多種多様な生息地に見いだされることは驚くにあたらない。しかしカニが海の動物として出発したことを考えると、どうやって淡水に、陸に、さらには木の上に住むためにどんな適応に対処してきたかということは印象的である。海の他の生物グループは、これほど多くの異なる生息地への適応に成功してこなかった。

3　形と機能

カニの解剖学と生理学は多くの面で他の動物に似ているけれども、いくつかの側面には驚くべきところもあるだろう。興味深く、時折りは奇妙で、青い血、脚先の味蕾《みらい》、頭にある腎臓などもそうした事例である。

カニの基本的な解剖学

上面から見えるのはカニの甲羅だけだが、しかし腹側から眺めると（図1・2参照）、主要な解剖学的な特徴に気付く——頭と胸部の境目、また同様に、胸部とそこについた脚の間に区切がある。頭胸部は一般に短くて幅広く、そしていくつかの場合には横に広がっている。他の十脚類のように、最初の二本（一対）の脚は、餌を捕えたり防御したりするための大きな鋏である（鋏脚とも呼ぶ）。他の八本の脚が歩くのに使われる——常にではないが、通常は横に歩く。五対の付属肢が小さなスペースに取り付けられ

ているので、脚がもつれそうな前への動きよりも、横歩きの方が容易なのだ。

左右二本の鋏は対称的なことも、非対称なこともある。種によっては一方の鋏は砕くのに使われ、もう一方は切るのに使われる。砕く鋏は切る鋏よりも機械的に優位で筋肉の量も多いので力強い。脚は六個の関節からなる。基節、座節、長節、前節、腕節、指節である（図1・1参照）。カニは、柄のついた眼を持ち、また二対のセンサーになった小さめの触角がある。最初のものは小触角、第二のものが大触角（または単に触角）と呼ばれる。鰓は呼吸に使われ、食物は、いくつものつながっている口器で処理される。小顎と顎脚が食物を取り扱い、大顎がそれを飲み込めるように砕きつぶす。

異尾類もまた一〇本の脚を持っている。ただし最後の一対は大きさが退化して甲羅の下、鰓室の中に隠されていて見えない。これは鰓をきれいに保つのに使われる。ヤドカリの最後の二対の小さな歩脚は、内側から巻貝の殻を保持するのに使われている（図1・3参照）。

消化

口の部品は、食物を保持して扱う三対の顎脚と二対の小顎、そして食物を食道へと送る一対の下顎を含む。腸（消化器系）は基本的には前方の口から後方の肛門へとつながる管である。管は前方の腸に分かれている。それは単純な通り道（食道）のこともあり、または食物を削ったり濾したりして消化を始める構造としてもっと複雑な場合もある。前方の腸には一般に小骨と呼ばれる小さな構造物があり、そここには消化管前方を攪拌する筋肉がついている。それに続く部分には胃としての粉砕装置――小板（歯）を伴い、食物小片を砕いて消化液と混ぜる構造――がある。中間部は、中腸腺からの管が胃に入ってくるところから始まる。消化は部分的には消化管の前方部分でも始まるが一部はそれに続いて、いくつかの葉を持つ中間部分で起きる。食物は続いて化学的消化を受けて、栄養分が抽出され吸収される消化管の中間部（肝膵臓［中腸腺］）に入っていく。腺は消化酵素のほとんどと吸収に責任がある。この中間部には、さまざまな外部のポケット（栄養分を吸収する表面積を増大させる岐腸や、消化酵素を分泌する盲端の袋）を含む。未消化の物質は中腸腺の各葉の間を縫って走る後腸に送られ、肛門で終わる。その長さはいろいろだがキチン質で裏打ちされている。

動物の腸のサイズは食餌の質を反映している。質の低い食物を食べる動物は、十分な栄養を摂るために多くの量を食べなくてはならないわけだ。サウスカロライナ大学のブレイン・グリフィンとハリー・モスブラックは一五種の異なった東海岸のカニについて消化管の解剖学を研究し、その形態が種や個体の食物の好みを反映していることを見いだした。選ばれた種は、ほとんど完全な肉食からほとんど完全な草食まで幅ひろい「雑食性」の戦略を示していた。研究者たちは各種のオスとメス、そしていろいろ異なったサイズの腹部を調べて、その大きさからカニの草食性の度合いを予言できること、草食性の種は相対的に大きな腹を持っていることを発見した。腹部のサイズはまた、実験で観察された個々のカニの相対的な消費の度合いも反映していた。

呼吸

カニの両側の甲羅のすぐ下には、鰓を中に含んだ鰓室があり、これは歩脚の付け根の出っ張りである。鰓は羽のような形をしたガス交換用の構造で、その表層は、ガス（酸素と二酸化炭素）が容易に出入りできるようにたいへん薄い。顎舟葉または「鰓の汲み出し手［ベィラー］（gill bailer）」と呼ばれる構造物が、後ろの開口部から水を引いたり押したりして煽ぐことで、鰓室内の水に流れを作る。水は室内を循環し、手前の開口から去ってゆく。水が鰓の上を流れると、水中に溶けている酸素が鰓を通って血液に入り、血液内の二酸化炭素は水中に入る（時間を置いてベィラーが方向を変え、それで水流の方向を変えて鰓のゴミの掃除を助ける）。すると酸素は血液中の色素と結合して体中に運ばれる。血液の色素はヘモシアニンと呼ばれる銅を含んだ分子で、鉄を含んだヘモグロビンが人体内で果たすのと同じ機能を果たしている。しかし細胞の中（赤血球中の［ヘモグロビン分子］の鉄のように）にあるのではなく血液に溶けており、色は赤色でなくて青い。カニの循環系は解放系と呼ばれるシステムで、心臓から動脈へと送られた血液は、細い枝に分かれていった最後には、壁の薄い毛管として終わる。血液は体内の器官を浸すが、静脈に閉じ込められることなしに、心臓へと戻ってゆく。この心臓というのは単室の筋肉の嚢であり、胸部の消化器系の上のところに位置している。心臓には戻ってきた血液が流入するいくつかの開口部があり、心臓の収縮が血液を前方では頭部や各器官へ、また後方では腹部へとポンプ送りにする。

カニが必要とする酸素量は、その活動レベルと水温にもよる。水中酸素量が少ないと、動物は必要な酸素量を維持するために呼吸量を増やす。底性のカニは、水面近くを泳ぐ動物に比べて低酸素状態に出

カブトガニの血液

カブトガニ（図１・６参照）――真のカニではない（26、27 ページの「カブトガニ」参照）――の血液は、アメーバ様細胞という血液の細胞を持っていて、これは病原体から組織を守ることで、脊椎動物での白血球のような役割（殺菌）を果たしている。1960 年代に、マサチューセッツのウッズホール海洋生物学研究所で働いていたフレドリク・バン博士は、海の細菌をカブトガニの血液に注入するとかさばった集塊が生ずることを発見した。これは、のちに細菌のエンドトキシン（内部毒素）と呼ばれることになった化学物質が原因で、それがカブトガニのアメーバ様細胞に集塊を作らせるきっかけとなること、そしてこの過程は試験管内でも起こることが示された。カブトガニアメーバ様細胞溶血液（ＬＡＬ）と名付けられた細胞のない産物が、カブトガニの血液から取り出したアメーバ様細胞を使って開発された。ＬＡＬは、製薬会社や医療機器産業によって、その生産物である静脈注射用の薬剤やワクチンや医療装置が細菌に汚染されていないことを確認するために使われている。ＬＡＬは生きた細菌と死んだ細菌を区別できず、また細菌毒素の種類を識別できないけれども、ＬＡＬ試験は病原性グラム陰性菌からの毒素を探知し、ヒトの泌尿器系の感染症や脊椎の髄膜炎などの状態を素早く診断するのに利用できる。

生物医学会社は必要な量の血液を抽出するのに多量のカブトガニを必要としているが、そのためにカニを殺さねばならないとは限らない。その代わりに、捕まえたカニから３分の１ほどの血液を取り出してから、もとの野生に戻す。大半のカニが、こうした目に遭っても生き延びる（７～８割と見積もられている）。そしてカニが取り去られた血液を補充するには 30 日ほどかかると見積もられる。ＬＡＬ試験は費用がかさみ、またカニ血液中のタンパク質と相互作用する季節性その他の要因の影響も受ける可能性もある。液晶（コンピュータの平面スクリーンモニターやテレビ画面に使われるのと同じ素材）を使う新しい試験も開発されてきて、ＬＡＬ製造にカブトガニの血液が必要とされる結果、彼らの死亡率が高まるという事態が防がれるかもしれない。

遇いやすい。ところが汽水域（河口）はしばしば低酸素状態になりやすい。ノースカロライナ大学のジョフリー・ベルと共同研究者は、アオガニ（米国沿岸などのガザミ類縁種）の非常な低酸素状態への反応を研究した。これらのカニは深刻な酸素欠乏に耐えるけれども、酸素欠乏に長時間晒されるほど、また酸素濃度が低いほど、そして温度が高いほど、生存の見込みは低くなり、生存の個体差はカニの大きさと関係があった。頻繁に低酸素になる河口域のカニは、低酸素状態を経験していない河口からのカニよりも長く生き延びた。しかしながらヘモシアニンの量ではこうした違いを説明できなかった。低酸素に耐性のあったカニのヘモシアニンは、より高い酸素親和性を与える化学構造を持っていて、このことは、ヘモシアニンの「質」ないし化学構造がその量よりも重要であることを示唆している。

低酸素帯や硫黄に富んだ熱海水が独特の海の生態系を支えている深海の熱水噴出孔近くに棲んでいるカニは、概していつも低酸素の水中にいる。これらの種は、一かきごとに鰓の上に多くの水流を送る大きくなった顎舟葉［第二小顎についた舟型の突起］を持つことが多い。こうした仕掛けは、おそらく頻繁な波打ち動作よりも効果的だろう。噴出孔付近に棲むいくつかの種とは違って、これらのカニは大きく拡がった鰓は持っていない。おそらく、結局は甲羅の中に閉じ込められている鰓室のスペースという制約によることだろう。一部の噴出孔のカニの鰓では表面積も広くなって、能力を高めている。

空気（水に比べて酸素の保有量は三〇倍）の中で時間を過ごすカニは、鰓の組織量は少ないが、鰓の表面は緻密になっている。空気呼吸する種は、水中で暮らすものに比べて酸素消費量が高い傾向がある。陸上のカニは湿った土から水分を拾い上げて、それを鰓室に貯える。鰓室は、空気から酸素を取り出すための多くの血管を伴って大型となり、表面積が拡大して入り組んだ形となっている。短尾類と異尾類のどちらのカニでも陸に棲むものでは、鰓室の壁はガス交換のための付帯的な構造へと進化を遂げてきた。陸のヤドカリの鰓室は陸の短尾類に比べると複雑さが少なく、大型の親戚であるヤシガニよりも甚だしい程度に鰓を使っている。ヤシガニはほぼ完全に、手の込んだ空気呼吸用の鰓室に依存している。ヤシガニは鰓を取り除かれても空気中で生きているが、水に浸けられると本当に溺れてしまう。その肺は特に効果的というのでもないが、空気中では酸素が不足することはないので、そうである必要もないのだ。

代謝率と生体リズム

カニ（その他の無脊椎動物も）の代謝率は水温に依存している。体温が一定に保たれる哺乳類や鳥と違って、こうした「冷血」動物の体温は水温とともに上下する。だから水が冷たいと、カニはその代謝が低くなり不活発となる。しかしすべてのカニが同じではない。「冷水の」カニの代謝（またその活動レベル）は、野生状態の低い水温下でも、同じ冷水に入れられた「暖水の」カニの代謝および活動レベルよりも高い。このことは、カニが温度に適応できる仕方を示している。

フロリダのフィールド旅行からマサチューセッツへの帰途、生物学者ジョン・パルマーはプラスチックの袋に入れた大きな陸ガニをブリーフケースに詰めて、またおまけに、一五〇匹の陸生のカニを入れたボックスを抱えて飛行機に乗っていた。近くに座った人たちがガサゴソ聞こえるのは何かと訊くので、彼は、カニとかその他海の生物の生物時計を研究してるのだと答えた。カニは日中ほとんど動かずおとなしくしていて、活動サイクルは午後六時に始まるのだと彼は説明した。午後七時に飛行機が着陸して敷紙を交換するために彼が箱の蓋を開いたとき、カニはすっかり目覚めて（そして明らかに怒って）大騒ぎ状態であり、大きな鋏を開いて真っ向から旅客たちを威嚇した。

カニは昼／夜に対応する、また浅い水に棲むものにとっては潮汐サイクルに対応する代謝リズムを見せる傾向がある。こうした日周リズムは広く研究されてきた体内の「生体時計」の表現であるが、ただしこの時計は、潮汐や明／暗のサイクルなど環境の変化によってセットされる。リズムは動物が研究室の定常的な環境に保持されていてもしばらくの間は保持されていて、内部に時計があることを示している。リズムはまた色素の変化、活動レベル、生殖活動、そして卵の孵化にさえ見ることができる。月の周期と結びついた生体リズムは普通のことである。海では地球に及ぼす月の引力が潮汐のおもな原因であり、潮位は新月と満月の間に最高と最低になる。多くのカニの種が、この時期に同期して産卵する。

カニは昼と夜の間の一部分を、睡眠と解釈される不活発な状態で過ごす。いくつかの種は昼行性（日中に活発）であり、いくつかは夜行性である。温暖な気候に棲む多くのカニは寒い冬の期間の大部分を、おそらく眠った状態で、沈殿物に埋もれてうずくまって過ごす。ペットのヤドカリは眠るところが観察できる。眠っているヤドカリはたいへんリラックスしていて、眼や触角は垂れさがり、普通その体が殻から半分外に出ている。眠っているカニは人が水槽の近くを歩いたり長い時間見つめていても、動くことも引っ込むこともない。

老廃物の排出

タンパク質や核酸も含めて、窒素化合物は動物の代謝の全局面に関係している。窒素を含んでいるこれらの分子は、代謝の後には老廃物となる。老廃物は鰓を通しての拡散によっても排出できるけれども、しかしまたカニには、窒素を含む老廃物（つまり大部分がアンモニアからなる尿）を排出する特別の器官がある。一対の排出器官（我々の腎臓に似たもの）は、「緑腺」または触角腺と呼ばれ、排出器官といえばむしろ体の後方に位置しているたいていの動物と違って、触角に近い頭のあたりにある。この腺はまた塩類と水のバランスにも関係している。尿を排出して塩類を調節する腺の部分と、大きな排出口を通って排出される前に尿を蓄えておく膀胱がある。排出口の出口は触角の基部にあり、可動の蓋で覆われている。

塩類と水分のバランス

塩類と水のバランスすなわち浸透圧調節は、カニで長らく研究されてきた。いくつかの種は狭い範囲の塩類変化にしか耐えられず、その血液の塩類レベルは周囲の海水と平衡関係にある。他の種では耐性の幅がもっと大きくて、広い範囲の塩類濃度でも充分に機能する。一般に成体のカニは、若い段階のカニよりも広い塩分濃度の変動に耐えられる。一部の種は浸透圧従属者、つまり内部の塩類濃度が住み場所の水分の塩類濃度に見合うようになっている。他方で浸透圧調節者は、体内の塩類濃度を環境の塩類濃度と関係なく維持できる。

その一生を通じて、アオガニ（米国大西洋産のガザミ類縁種、**図版3**参照）は一生のうちに大洋環境からほとんど淡水の環境へと移動し、その血液（血リンパという）中のイオン濃度を調節する。血リンパのイオン濃度は環境塩類の大幅な変化の間にも相対的に一定に保たれている。この能力は、このカニが浸透圧調節者であることを示していて、塩類濃度の広い範囲にわたって耐性があるだけでなく、濃い塩水から淡水へ急に移しても――多くの生物はそれで死ぬが――、生き延びる。浸透圧調節の主要器官は鰓であり、塩類濃度がいろいろ変わるのに合わせて、カニの鰓ではNa^+，K^+-ATPアーゼ［細胞膜に存在し、ATPのエネルギーを使ってNa^+とK^+の能動的な出入りを行う酵素］の活性が変わる。

浸透圧調節は、水および能動輸送――エネルギーを必要とする活動――で出入りするイオンに対する動物の透過性の低下と関係がある。カニを塩類濃度が低い水とか真水（淡水）に入れると、水は動物体内に侵入しようとする（浸透として知られる過程）。淡水性の種は塩類を再吸収し、また余分な水はこれを排出しなくてはならない。このためには水に対する浸透性を低くし、鰓にある特別な細胞で塩類を拾い上げ、そして緑腺では尿の排出量を増やして余分な水を除く。高い塩分濃度のもとでは逆の問題がある。つまり水は動物から逃げ去ろうとするので、動物は水の損失を補償するのに水を取り込むことと併せて、ごく少量だけの尿を生産する。緑腺は尿量の調節と、また尿の塩類濃度の調節によって、多くのナトリウムイオン（Na^+）を再吸収して体内に保持する。

多くの水生生物は皮膚を通して水を取り込む。カニは皮膚でなく外骨格で覆われているので、浸透による交換は主として鰓を通して行われる。特に後部の鰓が、重要な役割を果たす。イオン輸送細胞が、後部の鰓で浸透的調節を受け持つ部分に密集している。ドナルド・ロヴェットと共同研究者は海水中に棲むカニを取ってきて、低い塩分濃度の中に移した。するとこの浸透的な調節部分の大きさと、そこのNa^{+}, K^{+}-ATPアーゼ活性が二四時間後には増加し、移した後六日間にわたって段階的に増加を続けた。このことは低い塩類濃度下での浸透調節においてこの部分と、そこでの酵素の重要性を示している。カニはまたホルモンと消化管系によって、鰓での輸送過程を調節する。消化管の特に前腸部分は、イオンと水の移動で役割を演じている。腸の盲嚢は水の吸収に役立っている。

陸生のオカガニは淡水から海水にまで耐性があり、また乾燥にも耐えられる。彼らは海のカニと同様に尿を生産する。彼らのおもな課題は充分な水を獲得し保持することにある。なぜなら塩類については、それをしっかり保持できるからだ。いくつかの種は（たとえばオカガニ属、*Cardisoma*：図2・8参照）深い巣穴の底で水を手に入れられる。一方他のものは（たとえばムラサキオカガニ属、*Gecarcinus*：図版6参照）、鋏を雨や露に浸けることで能動的に水を取り入れる。半陸生と陸生のカニは、尿の再処理によって塩類の損失を最小限にしている。彼らは尿（血液と同じくらい塩類を含んでいる）を、塩類をほぼ全部取り戻してしまう強力なイオンポンプを備えた鰓の上を通過させることによって、いまや水道水と同じくらいまで希釈された「最終的な排出産物」を外に捨てる（「最終排出産物」は長くて煩わしい語なので、トム・ウォルコットは略語として頭文字Pを割り当てることで、科学論文の中で彼のユーモアのセンスを発揮した［ピー（pee）は通俗用語として「おしっこ」］）。尿（P）は緑線の細孔から鰓室にしたたり落ちることで鰓に届く――これが、体の後方でなく頭に持っている良い理由である。すべての陸生のカニが、その緑線で希釈された尿を生産できない無能さを、この同じ方法で埋め合わせている。

浸透圧調節が得意でない一部のカニは、塩類の変化に対処する一助となる行動を発達させてきた。たとえばイチョウガニの一種(*Cancer edwardsii*)の幼若個体は、雨のあと大量の淡水が流れ込んで塩類濃度が大幅に下がることのある汽水域に住んでいる。この種は、細孔内に水が高い塩分濃度のまま保たれている沈殿物に潜り込むことにより、低塩分のもとで生き延び工夫をしている。ルイス・パルドとチリの共同研究者は、研究室でカニをいろいろな塩分濃度に異なった時間晒して、その様子をビデオテープに収めた。塩類濃度が突然予期せずに低くなる事態に出逢う汽水域で生きるカニにとって、この潜り込み行動は鍵となるの役割を演じていることが発見された。

五感

視覚

カニその他多くの甲殻類は柄の先に、脊椎動物の眼とはたいへん違う複合眼を持っている。眼は柄の先端にあるので、防御のために受け入れ腔に引っ込めることができるし、あらゆる方向に動かすこともできる。浅い水や陸に棲む一部のカニは色覚を持つようだが、他のものは持たない。複合眼は何百何千個の個眼という六角形の単位からなっている。各個眼が受け取った光は、網膜に相当する感桿に焦点を結ぶ(**図3・1**)。カニが見るものは単一の像でなく、各々がいささかぼやけている繰り返し像のモザイ

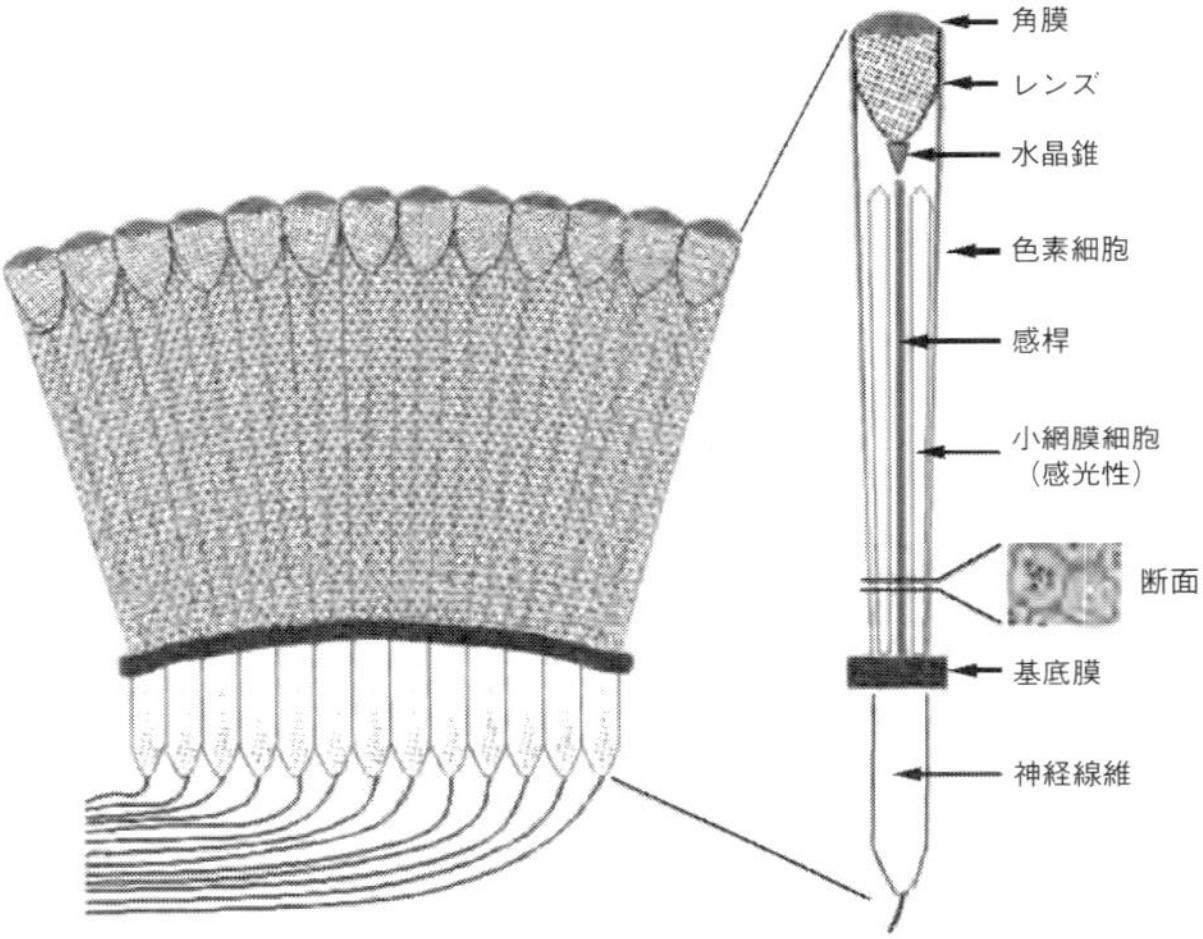

図 3.1　複眼　Diagram from blackspvbiology, Wikimedia.

クである。眼の外表面は、体表の透明な部分である角膜に覆われている。水晶錐はレンズとして作用し、角膜とその下の感桿の光受容体と結びつける。感桿は何千もの密に詰まった管（微柔毛と呼ばれる）からなり、それらが合わさって光を吸収する構造を作り上げる。視覚色素であるロドプシンは微柔毛の膜上にある。おのおの網膜の細胞は神経線維と接応、この神経線維が視神経を構成して脳につながる。

　複合眼にある個眼は何千個だが、数はさまざまに違う。しかし最適な数というものが存在する。なぜなら個眼の数が多ければ細部はより詳細に像を結ぶけれども、各個眼に入ってくる光は少量になってしまうのだ。眼は、各複眼が互いに仕切られたユニットをなして自分の個眼のみから光を受け取ることも、あるいは別個の何個かの個眼が仕切られずに複眼上に焦点を結んで、像の明度が上がるようにすることもできる。各個眼の外側にある黒い色素は上下に動いて、個眼どうしの仕切りを変えることができる。明るい光の中では黒い色素顆粒が水晶錐と感桿の間を仕切って、感桿に到達する光の量を減らすようにしている。光が暗いときには、眼の集光能力が上がるように顆粒は集合して、水晶錐と感桿により多くの光が当たる状態にしている。こうした色素の移動は、眼の明暗の状況への適応を助ける。眼の大きさが増せば感度が増大する。だから深海魚にも例が見られるように、深い水中の動物は相対的に大きな眼を持つ傾向がある。また魚の場合もそうだが、視覚色素と感度は水の色調に合わせたものになる傾向がある。つまり河口域の動物は緑の範囲にもっとも感度が高く、海洋の種は青の範囲により多くの感度をもつ。ただし魚とは違って、深海のカニは、暗い環境のもとで光量を増やす生体発光は進化させなかった。

聴覚

一部のカニは音を使ってコミュニケーションする。カニは音を出せるのだから、また音を聴く手段も持っていることは道理にかなう。ところがカニは、耳と呼ばれるような構造を持ち合わせない。我々が音を聴く時、耳は音波すなわち空気圧の変化を感知する。カニも似たようなことをするが、ただし彼らは、甲羅の全面にある顕微鏡的な毛を使って水圧の変化を拾い上げる。いくつかの違うタイプの毛が神経と連絡し、これらの神経は中枢神経系に結び付けられている。脚に集中している毛が、振動または水圧の変化に反応して聴覚として機能する。

幼生のカニの行動に聴覚が重要な役割を演じることが示されている。サンゴ礁は騒がしいところで、そこではエビがパチンといい、魚がぶつぶつつぶやいたりチューチュー鳴いたりしている。しかし多くの生物の幼若体がこうした音に反応しているかはわかっていない。ブリスタル大学のスティーヴン・シンプソンは魚やサンゴの幼若体が、自分の定住に好ましい場所である礁の騒音に引き寄せられてゆくことを発見した。甲殻類にとっては話が違う。礁から離れたところに一対の罠として、一方は礁の騒音を吹き込み、他方は静かなままのものを設置してみると、大半の甲殻類の幼若体は騒がしい罠を避けた。おそらく捕食者のいない方へ舵を取るとか、自分に適さない生息地を避けることによるのだろう。通常礁に定住するカニ種の幼若体だけが、騒がしい罠の方で豊富だった。静かな罠の中で幼若体が捕えられたタイプのカニは、成体となったとき礁に住みつくよりも、主として開けた海洋とか水底の堆積物の中に住んだ。

嗅覚

カニは水中で鋭い嗅覚があり、匂いを使って少量の化学物質を探知できる。甲羅の外側についた感覚子（sensilla）と呼ばれる小さな構造が、環境中の化学物質の情報を供給する——化学受容と呼ばれる過程だ。感覚子はあちこちに散在しているけれども、一対目の触角、歩脚の最終節、そして口器にもっとも密集している。匂いの知覚を歩脚の先端に持つことで、カニには水底の堆積物（たとえば砂や泥）の中に埋まっている食物を発見する。触角は、水中での化学物質の匂いにとても敏感だ。外骨格の表面から突き出た剛毛上の感覚子は、水中で広範囲の物質に反応する。特に餌となる生物体の抽出物（餌刺激）や性ホルモンに、極端に低濃度で感受性がある——一リットル当たりピコグラムより少ない、ということは一兆分の一！　触角の揺れる動きで、受容器は匂いにいっそうよく接触できる。カニの触角の筋肉は、すべての甲殻類の筋肉のうちでもっとも収縮時間が速い。

陸生のカニは、化学物質の媒体として水よりも空気を使う似たようなシステムを持っている（ただし興味あることに陸生カニの幼若体のものは溶液中の分子を検知できるのに対して、成体は空中でのみ可能である）。この匂いの感覚で、隠れた食物が探知できる。陸生のカニの場合、どうやってそれをやるのだろうか。スウェーデンのマーカス・ステンスマイヤと共同研究者の発見では、成体の陸ヤドカリは、海の甲殻類とかなり違うがいろいろな意味で昆虫とよく似た嗅覚――解剖学、生理学、行動学の点で――を、ただし感度のずっと劣るものを進化させているという。

味覚

匂いと味に対する化学受容器は似ているけれども、触角の感覚子は匂いの器官と考えられている。それらは遠く離れた刺激を検知するからである。他方で口器や脚関節の指節のものは味受容器と考えられていて、なぜなら近接または直接触れているものの刺激を検知するからである。指節に感覚子を持つということは、爪先に味蕾を持つというようなものだ。指節での化学受容は、食物検知に関する主たる感覚になっている。マサチューセッツのウッズホール海洋生物学研究所のトーマス・トロット、レイニア・ヴォクトおよびジェリ・アテマは、シオマネキの指節について、各種化学物質に対する化学受容細胞の反応を研究した。これらの細胞は、海水湿地で自然に生じてくる化合物類に反応することを、彼らは発見した。これらの物質は、たとえば藻や動物体の構成成分、浸出物、分解産物など、カニが餌をあさる堆積物の中で見つけられるものである。

苦痛を感ずる

カニは触覚を持つだけでなく、2009年からの研究が示唆するところによると、それまで信じられていたのと逆に、痛みを感じ、記憶することができる。ベルファストのクイーンズ大学の生物科学校のロバート・エルウッドとミルジャム・アペルは、小さな電気ショックに対するヤドカリの反応を研究した。腹部に小さなショックを与えるような配線を殻に取り付けたところ、ショックを受けたものだけが殻から出てきた。これは、彼らにとってその経験が不快だったことを意味する。しかしながらこの研究のおもな目的は、新しい殻が提供されたときどうなるかを見るために、ちょうど殻を去らせる程度のショックを与えることにあった。たしかに、この弱いショックを受けた後では、カニは古い殻を捨てて新しいものに交換する傾向があった。最初のショックを与えられて、しかし殻に留まっていたカニは、提供されればさっそく新しい殻に引っ越したので、不快な経験を記憶しているように見えた。

触覚

機械受容器とは、機械的圧力やゆがみに反応感受性のある受容器である。カニ体表面の柔らかいところで、機械受容器は表面のたわみに感受性のある神経細胞からなっている。こうした器官は、外骨格の表面から上に突き出した修飾された感受性のある剛毛からなっている。触角はまた、いろいろな種類の機械的刺激――接触や振動――にも感受性がある。こうした刺激は水の動きの情報を提供するけれども。カニはまた筋肉の中に、その筋肉の位置と体の動きの知覚を可能にする機械的受容器を持っている。筋肉の中には、脚の筋肉の収縮程度をモニターする張力受容器がある。

中枢神経系

甲殻類の神経系の基本設計は、体の分節構造を反映している。原始的な甲殻類は神経節（神経細胞の集まり）をおそらく全身の各節ごとに持っていたが、カニではこの設計は修飾されている。各節ごとに分離した神経節はない。むしろ神経節は融合して、わりに少数の大きな神経節を持つようになっている。カニの神経節は一つの集塊として融合し、神経が付属器官へと放射状に出てゆく胸部神経節となっている。胸部神経節は、二つの大きな神経によって脳（食道上部神経節）に結びついている。前腸に神経を提供する胃腸管神経節の位置を示す少しばかりの膨らみによって、それらの位置は示されている。脊椎動

カニの神経科学への利用

カニは、特にニューロン（神経細胞）の機能とそのネットワークに関する研究に関係する神経科学において、医学の「モデル動物」として使うことができる。神経科学は、個々のニューロンの構造と機能がそれらの結合とネットワークを制御する仕方への理解を関心事としている。そして甲殻類の胃消化管神経系はこの研究にとって理想的だ。この神経系は胃消化管神経節（ＳＴＧ）――胃の上側にある 30 個の大きなニューロン――を含んでいて、これらのニューロンは動物から切り取ったときにも、記録したり、リズミカルな運動神経のパターンを維持することが容易で、それゆえ体外で研究できる。この系の研究（ふつう「ジョアンガニ」［イチョウガニ科の一種。Joan crab; *Cancer borealis*］を使う）は、リズミカルな運動神経パターン（広い種類の動物で見いだされる）が生じる仕組みについて、より良い理解をもたらした。カニの神経系は、リズミカルな行動の神経上の基礎を研究するのに優れているだけでなく、ニューロモデュレーション―神経伝達物質（ニューロトランスミッター）と呼ばれる化学物質がニューロンの集団を調節してその興奮度を変える過程―の研究にとっても理想的である。ＳＴＧのニューロンは数は少数だが、そのセロトニンやドーパミンなど多くの神経伝達物質は、人間にも共通している。神経調節（ニューロモデュレーション）によって、神経細胞はさまざまの仕方で反応することができて、神経ネットワークに異なった刺激に対しての異なった振る舞いを許す。各種の違う神経伝達物質の役割を理解することは、神経系の作用の理解にとって重要である。科学者は、より幅ひろい理解が得られてくれば、鬱状態その他セロトニン＝ドーパミンが関係する状態について、より良い洞察とおそらくは治療を発展させられるだろう。

物の場合と違って、神経線維と神経節は背側（上方）でなくて、体の下方、腹側に位置している。

体色とその変化

カニの体色は外骨格か、その直下の表皮中にある色素によって生じている。色素は色を生じるだけでなく、熱と強い放射から守っている。上側（背中）は、しばしば白っぽい下側よりも色素に富んでいる。違うタイプの色素で違う色調が生ずる。カロテノイド（カロテンなど）は真紅、オレンジ色、黄色といった色を生ずる。「カロテタンパク質」は青色、そしてメラニンは体でも複合眼でも濃褐色や黒色を生み出し、そしてグアニンは白を生み出す。メラニンは人間のサングラスと同様に、カニを紫外線（UV）放射の有害な作用から守る。

色素は色素胞と呼ばれる細胞に含まれている。各細胞は中央の領域と、たくさんの放射状でしばしば高度に枝分かれた張り出しの枝部分を持つ。異なる細胞は一般に、違うタイプの色素を含んでいる。たとえばメラニン含有細胞は黒／茶の色素を持ち、白色含有細胞は白を、赤色含有細胞は赤を、黄色含有細胞は黄色を含んでいる。色素の動きは甲殻類で一九世紀から研究されてきたが、なかでもシオマネキがいちばんよく研究されている。色素顆粒は、固定された枝分かれした細胞の中を色素が広い範囲に散ったり、あるいはごく小さい領域に集中できるように動く（**図3・2**）。色素含有細胞は環境要因に反応する。一般に光が強いときには、色素は——暗色のものも明色のものも——いっそう分散する。カニ

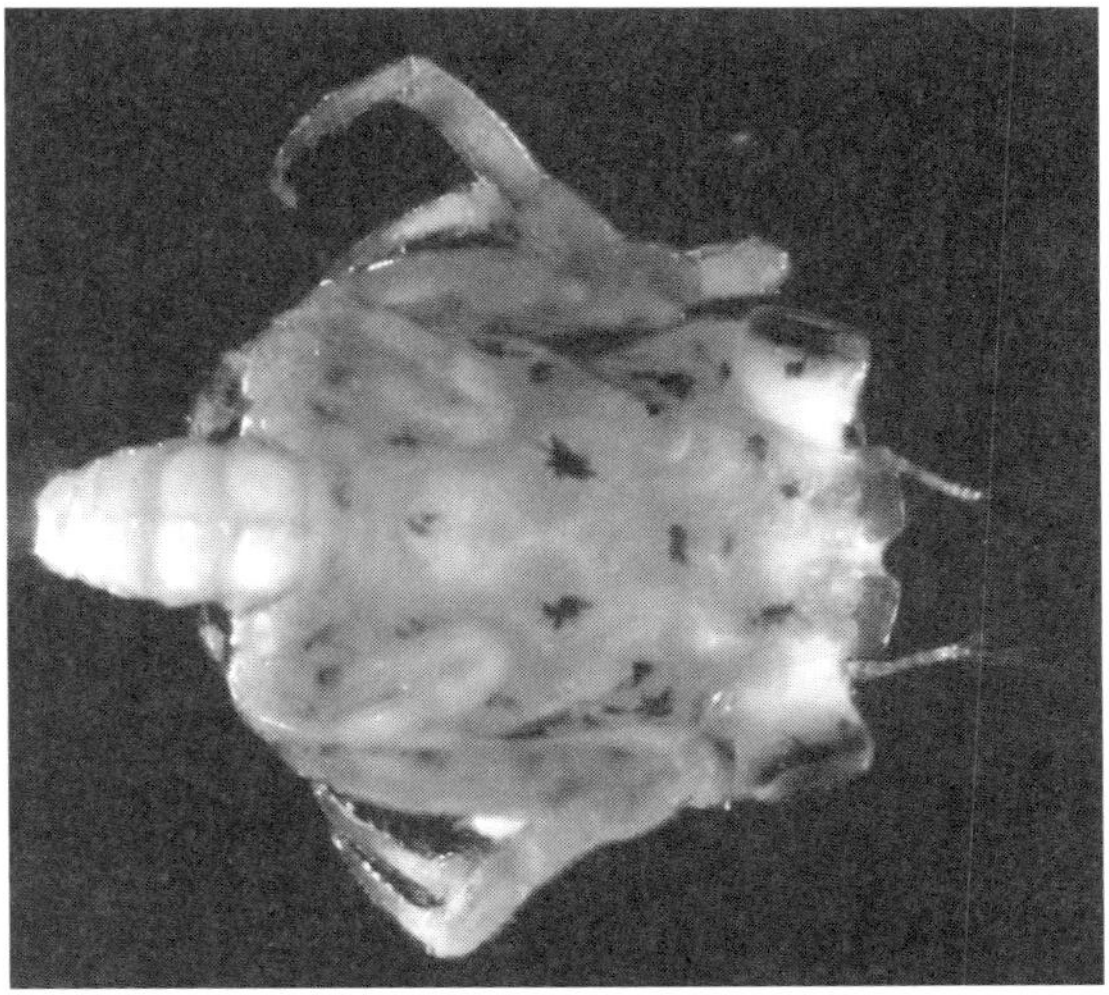

図3.2　カニ幼生の色素胞（メラニン胞）　Photo by Linda L. Stehlik.

はまた日周リズムをもっている。昼間は暗く、夜は白っぽくなる、また温度に反応して色が変わる。暖かい温度では明るくなり冷たいと暗くなる。シオマネキは温度が上がると黒い色素を集中させ、白いのを分散させる結果、温度が調節されて白くなり、光の吸収が減る。暑い晴れた日に明るい色の服を着る人に似ている。温度に対する反応はたいへん素早く起こるので、この色調変化は通常色の変化を制御しているホルモンを通じて仲介されているのでなく、むしろ色素含有細胞の温度に対しての直接の反応であることを示唆している。

カニが色を変えられる一般的な他の二つの道筋として、生理学的なものと形態学的なものがある。色素の動きは、カニを明色あるいは暗色にするホルモンによって制御されている。こうしたホルモンは、眼柄にあるX器官という構造で作られる。眼柄を取り除くとカニは色が白くなる。これらのホルモンによる比較的速い色の変化は、「生理学的」な色調変化と呼ばれる。あと一つの色の変化として、もっと長時間を要するもの――色素含有細胞の数、タイプ、分散度の変更――があり、この遅い過程は「形態学的」色調変化と言われる。

両方のタイプの色調変化によって動物は環境に適応、あるいは溶け合うことができる。たとえば暗い背景の前に保持されていると、動物は暗色になる。環境に溶け込むこの能力は、明らかに「藻ガニ」(*Pugettia producta*)に見られる。このカニは厚い海藻のベッドや潮溜まりで見つけられるもので、北西大西洋に土着のこのクモガニは、把手を前後逆に取り付けたシャベルのような独特の引き延ばされた甲羅を持っている(**図版15**)。その色は、食べているものの種類によって違いがある。低い岩の潮間帯では、ケルプ(コンブなど大型海藻)や薄手の海藻や岩海苔を食べるので、環境に溶け込む濃褐色、オリーブグリーン、またこれら二つの色の混合になる(隠蔽色)。この適応は自然のカモフラージュを提供してくれる。べつの例としては、ホンダワラに関連した色調のオキナガレガニの大西洋種がある(コロンブスガニ、*Planes minutus*: **図版16**)。その優勢な色合いは茶色であるが、しかし黄色から赤まで、住む場所の海藻の色に合わせて変化している。茶色にはいろいろな形と大きさの白い斑点が混ざり壊れたように見え、またホンダワラにたかる白い虫の管を真似たようにも見える。

色彩パターンは、カモフラージュ以上に別の機能を果たすこともある。色素は繁殖で機能を発揮することができる。あるカニではオスはメスに取り付くために繁殖期には明るい色調になる。多くの種はその分布範囲にわたって、色の変化を見せる。たとえば日本の淡水種であるサワガニには濃褐色から青、赤の色調があり、濃褐色のカニは河川の上流で見られ、青っぽいカニは下流で見つかる。これらの色の変異は互いに遺伝的に違いがある。

色の相違はまた同じ種の同じ場所にいる個体間にもみられる。「アオガニ」（アオガザミ、*Callinectes sapidus*）では、たとえばメスは鋏の先端に赤い色を持っているのに対して（図版3参照）、オスは持っていない。いくつかの研究で、オスのアオガニは部分的にはメスの赤い鋏の色にもとづいて相手を選んでいるらしいことが示唆されていて、そのことから、このカニは色の見分けができるだろうと示唆される。

いくつかの場合には、色は捕食者に対する反応でもある。オーストラリア国立大学のジャン・ヘンミと共同研究者は、三か所の違った地域から得たシオマネキ（*Uca vomeris*）の変異を調べた。一つのグループは冴えない色調、もう一つは派手な色で、三番目のグループには冴えないものと派手なものと両方の個体があった。彼らは三つの場所でのカニを食べる鳥の数の相違を見つけた。カラフルなカニの場所では、鳥は少数しか住んでいなかった。研究者は、カニが食べられる脅威への反応として色を変えたのか調べるための実験を計画した。近くに一緒に住んでいるたいへんカラフルなカニのペアの間に、木のついたてを設けたのだ。各ペアの一方のカニは数分間に一度づつ、偽の鳥（実際にはワイヤにぶら下げたフォームラバーのボール）に晒された。他方コントロール群（対照群）の方は、ふだん通りの生活のままにして置かれた。対照群のカニはずっと派手な色調だったのに対して、「捕食者」に晒されたカニは鈍い目立たない曇った色合いに変わった。

若いのと成体の間にも相違があるかもしれない。メイン大学のアルヴァロ・パルマとロバート・ステネックは新しく定着した「イワガニ」（イチョウガニ科の一種、*Cancer irroratus*）に、色の変異があることを見つけた。これらの多色のカニは主として、色のせいで捕食者から目立たなくなりやすい多色の生息地に住んでいたもので、保護色の他の一例となる。実験によってこうした多色のタイプは、捕食者のいる単色の生息地や捕食者を取り除いた多色の生息地では少ないことが明らかになった。合衆国西海岸では、「赤イワガニ（*Cancer productus*）」は成体では赤い。しかし若いうちには、色とパターンに幅広い変異がある。ミドリガニ（イソワタリガニ、green crab; *Carcinus maenas*: **図1・8**）は全然緑色でなく（おそらくイギリスで「浜辺ガニ（shore crab）」と呼ばれている理由である）、オレンジ色や赤や茶色である（**図版17**には茶色相の雄を示す）。オレンジ色や茶色は、脱皮間隔が長くなった大きなカニにのみ見られる。その殻には付着した生物体「細菌や菌類など」が多く、甲羅は厚くて丈夫になっている。これと対照的に、緑色のカニはすべてのサイズで見られるものだが、付着した生物体はより少なく、甲羅は薄い。緑色のものは活発に脱皮する形態であるようだ。二つの色の変異体の間には生理学的な違いがある。たとえばオレンジ色のカニは低塩分濃度への耐性が低い。またアイルランドのトリニティ大学のD・G・レイドとJ・C・アルドリッチは、オレンジ色のカニは緑色のに比べて低酸素にも耐性が低いことを見いだした。酸素濃度の低い水に入れたオレンジ色のカニは水から脱出しようとし、そして低酸素状態に晒されたとき緑色のカニよりも死亡率が高かった。

色はまた脱皮周期、塩分、運動への反応として変わる。脱皮直後の新しい殻の色はしばしば明るい。塩分もアカタラバガニの幼若体の色に影響する。低塩類濃度のもとでは、色素含有細胞に含まれている赤い色素は凝縮してしまうので、その結果として赤い色は薄くなる。激しい運動をさせたカニは白く、または赤くなる。白と赤の色素は拡散し、黒の色素が凝縮した結果である。色素の動きは運動しているカニの血中にあるホルモンによって引き起こされる。運動したカニから取り出して他のカニに注入された血液は、注入されたカニの色を運動したカニと同じように変える——血液中の何か（ホルモン）が、この過程に関与している証拠である。

食餌もカニの色を変えさせる。さきに取り上げた「藻ガニ」に加えて、このことは特に飼っているヤドカリでも気付かれる。オカヤドカリのうちの「イチゴヤドカリ」(*Coenobita perlatus*)はこの類のうちでもっとも派手な種の一つで、一般には赤味がかったオレンジ色をしている。だが色の強さは餌によって左右される。カロテンを含んだ十分な量の餌を与えられたイチゴヤドカリは、脱皮後もその輝く赤い色を保つが(カニと大半の他の動物はカロテンを作れない)、充分な量のカロテンが得られないと脱皮後に色が淡くなる。

4　生殖と生活環

すべてのカニには、形態にはっきりした雌雄差がある。いくつかの種では雌雄の間で大きな違いがある。カニの性別は、それを裏返して腹部を見るとわかる。成熟した雄では狭く、成熟した雌では極めて広い（図1・2参照）。いくつかの種には、それに加えて別の相違もある。たとえば雄のシオマネキの大きくなった鋏や、雌の「アオガニ」の鋏の赤い斑点などである。カニが性的に成熟する齢と大きさは、種や地理的な場所によっていろいろ違う。いくつかのグループのカニは生殖時期以前の脱皮で、たとえば雄の鋏の大きさや雌の腹部の広がりなど、外観に大きな変化をきたす。性的な発達にはホルモンが重要な役割を演ずる。雄の精巣の発達はアンドロゲン（雄性ホルモン）によってコントロールされている。雌のホルモンはないようで、むしろ雌であることは、アンドロゲンがないというデフォルトの状態だ。遺伝は雄と雌の発達に影響する一つの要素にすぎないので、あるタイプのカニは成熟すると性を変えることができる。日長、温度、食物の利用可能性、社会的な状態、寄生虫などの環境要因もまた役割を演ずる。多くのカニにとって生殖は季節で決まる出来事である。しかしおもに熱帯の一部のカニは、一回の交尾で得た精子を貯蔵嚢から追加して、一年じゅう子を作る。深海のカニはほとんど季節のない環境

に住んでいて、明確な繁殖期を持たない。

生殖系の解剖学

卵を作る雌の卵巣は、体内では前腸の後ろで互いにつながっており、大まかにいえばH字形に見える。卵巣からは一対の卵管が前方、そして下方へ走り、そして異尾類では広がって、雄からの精子を貯える卵型の精子貯蔵囊となっている。精子貯蔵囊は特に精子で一杯になったときはかなりの大きさで、胸部六番目の節の開口部に届いており、そこから受精卵が放たれる。成熟卵は卵巣から放たれて卵管を下ってゆく時に、精子貯蔵囊で受精することになる。

雄のカニでは精子を作る精巣は一対のほっそりした腺で、それが細いコイル状の輪精管につながっている。そこでは精子は精包と言われるものの中で束ねられていて、この精包は、脆い精子を雌に届けるまでの間、細菌や乾燥から守るカプセルである。精包には、精子が卵に到達するのを助ける長い溝が掘られていて、腹部の付属器官(副脚または遊脚)の最初の対に達する手前で、長い輪精管を通らなければならない。交尾の間、これらの付属肢は雌の細孔に挿入され、蓄えられている精子貯蔵囊から精子を運ぶ。

つがい相手の誘引

カニはつがいの相手を見つけるために、化学的、視覚的、聴覚的な信号を通じて互いにコミュニケーションをしなければならない。

フェロモン――性誘引物質

多くの動物は同じ種の他個体とコミュニケーションするのにフェロモンと呼ばれる化学的な信号を使う。こうした信号の多くは性的誘引物質である。雌のアオガニは成体への脱皮後ただちに性的に成熟し、生涯で一度だけつがいを作る。この成体直前期の脱皮が近づいたとき、雌が放出した尿は雄を引き付けるフェロモンを含んでいる。雄のアオガニは脚で体を高く持ち上げ、鋏を開き、泳脚を掻くという求愛のディスプレイを見せる。雄は雌に近づくと、相手を掴んでガードする。もし雌が隠れ家に隠れていて近づけないと、雄は泳脚を煽ることで雌に向かう水の流れを作り出し（「求愛煽り」の行動）、自分のフェロモンを送って、隠れ家から雌をおびき出す。雄は互いに競争しなければならない。勝者は雌を、彼女が脱皮するまで守る。雄は雌を歩脚で自分の下に抱え込み（「ゆりかご運び」）、彼女が脱皮するまで数日間守る。雄と雌はいっしょに、身を守るのに好都合なアマモの住処へ移動する。雌の脱皮のとき、雄は高く自分の脚の上に立って、雌の周りに籠を作って守る。この脱皮の間に、雌の腹部はV字型から準円形に変わる。彼女の新しい殻がまだ柔らかい時に交尾は行われ、雌は仰向けにひっくり返って生殖孔を晒しながら腹部を開く。交尾は何時間も続き、そのあと雄は数日間（背面を上にした姿で）、雌の新しい殻が硬くなるまで雌を守り続ける。

これらの二つの特徴——雌によるフェロモンの放出と、雌の脱皮直後につがうタイミング——は、他の多くの海のカニでも普通に見られる。他のワタリガニ類やタラバガニやアメリカイチョウガニでも、つがいは殻の硬い雄と、新しく脱皮して殻の柔らかい雌の間で起こる。雄のイチョウガニはフェロモンで雌を見つけ、それから、つがいの前に何日か続く防御的な抱擁を始める（「抱きつき」として知られる）。この抱擁では、雌は雄の下にしがみ付いて、腹部が接触し頭が互いに直面するような方向を取る。つがいのあと、雄は柔らかい殻の雌とともに二日間留まって、彼女の防御を確実にしている。

フェロモンは化学的に分析されてきて、雌の脱皮のあとでつがう一部のカニでは脱皮ホルモン（エクディソン）それ自体が性フェロモンとして二役を果たしている。いくつかの半陸生のカニもまたフェロモンを用いており、たとえば小さな海岸のカニ（イワガニ）では、性フェロモンはまた脱皮ホルモンでもある。クリガニでは、雄の抱きつき行動によって雌の性フェロモンを探知するテスト方法が開発されている。この挙動は脱皮前後の雌の尿によって誘導される。しかし他の物質では起こらない。反応は雄の小触角（第一触角）の外側の枝を取り去ると低下するので、これが雌の性フェロモンを探知する器官であることが示唆される。

目で見る、または音による信号

多くの陸生と半陸生のカニは化学的なものよりもむしろ、視覚または音による信号またはそれら両方を用いる。シオマネキ（および他のスナガニ類）の雄は、うろついている雌を相手として引きつけるのに、

図 4.1　フードつきの巣穴の傍らで手招きするシオマネキ（*Uca terpsichores*）　Photo by Taewon Kim（Kim TW, Christy JH, Choe JC, 2007, A Preference for a Sexual Signal Keeps Femails Safe. PLos ONE 2 (5): e422. Doi:10.1371/journal. Pone. 0000422）.

その大きな鋏をうち振る。成熟した雄にだけ見られるこの大きすぎる鋏は、カニの体重の半分以上になることもある。雄はこういう鋏を縄張りや求愛ディスプレイのために振り、おそらくその振る動きが「ヴァイオリン弾き」と呼ばれる理由となっている。違う種の雄ごとに、雌を引き付けるのに特定のパターンの振り方がある（**図4・1**）。雌が雄の巣穴に近づくと、彼は鋏と歩脚に追加の動きを加える。いくつかの種では、受け入れ態勢の整った雌はつがうために雄に従ってその巣穴に入ってゆく。一方他の種は表面でつがう。いくつかの種では、カニの大きさと居住密度次第でどちらの場所でもつがいが成立する。熱帯のシオマネキは一年中求愛しているように見える。一方で温帯の種は、冬は休眠しているのでつがう機会が少ない。オーストラリアの「信号機ガニ」は両方の鋏を振り、ここからこの通称が生じた。振り方はシオマネキのそれと似ていて、他の雄を追い払うことと、雌のカニを自分の巣穴に入るよう誘うことの両用である。

いくつかのシオマネキの種は、つがいのための特別なタイプの巣穴を作る。雄は掘った泥や砂を巣穴の入口に運んで、煙突（チムニー）と呼ばれるチューブ状の構造や、枕（ピラー）と呼ばれる小さな山や、アーチ状になった庇（フード）を巣穴の横に作る（図4・1参照）。雄の巣穴は、雌の相手選びに大きな役割を演じているように見える。スミソニアン研究所のジョン・クリスティは、シオマネキの一種（*Uca beebei*）では、求愛する雄の巣穴にピラーがあるときの方が、それがないときよりも、雌が巣穴に引き寄せられる場合が多いことを発見した。他の種（*U. musica*）では、求愛している雄は巣穴の入口にフードを作ることがあって、この種の雌は、フードを作る雄の方に好みを示す。

雄の「スナシオマネキ」（*U. pugilator*: 図2・1）の巣穴では、砂上に作られた巣穴は水に浸かれば壊れてしまうので、巣の外見よりもその場所が、雌を引き寄せるうえで重要である。雌は、より深くて高い位置にある安定した巣穴を持つ雄とつがうことを好む。クリスティの発見したところでは、雌がつがうために入りこみ、産卵し、卵を抱いている二週間留まっている巣穴は、潮汐線よりも上にあって、雄はそうした巣穴から求愛し、それを維持しているのだという。砂浜の高い位置にある巣穴から求愛する大きな雄は、砂浜の低い位置にある巣穴を持つ小さな雄よりよりも、つがいを作る回数が多かった。関係はあるが互いに別個の二つの要素、雄の大きさと巣穴の位置というものが、雌の選好性には影響しているようだ。

雄のスナガニは、自分の招きの身振りを、脚をこすり合わせたり、大きな鋏で地面を叩いたり、脚で地面を叩いたりする音で補うことができる。ツノメガニ［影だけ残して敏速に走り去るので英語名‘ghost crab’］

やシオマネキが立てるこうした音の信号は、繁殖期にだけ生ずるもので、これで夜間にも求愛ができるようになる。オカガニ(**図版6**参照)の雄もまた、雌を引き寄せるために鋏で地面を叩いて音を立てる。

交尾と精子の貯蔵

短尾目のカニは大半が体内受精し、腹と腹で交尾する(一例は**図版17**のイソワタリガニ[英語通称ではミドリガニ、'green crab'])。実際の交尾の過程は数日間続く。マングローヴガニ(*Aratus pisonii*)はかなりの程度のバランスと器用さを示しながら木の幹の上で釣り合いを保ちつつ交尾する。大半の水生種は雌の脱皮直後に、まだ殻が柔らかいうちにつがう。他方でいくつかの水生のカニと、大半のスナガニ、イワガニ、オカガニ類(陸生か半陸生の科)は、雌の殻が硬い時に交尾する。甲羅が柔らかい陸生の雌は、乾燥や攻撃にたいへん弱い。ズワイガニの雌は、殻が柔らかい時も硬いときも交尾できる。どの場合でも雄は精子嚢を作る。雄の延長された付属肢(一対目の遊脚、また腹脚とも呼ぶ)が、雌の卵管と精子貯蔵嚢に続く一対になった窪み(生殖孔)の上に、精子嚢を置く。

卵を受精させるまでしばらくの間、雌は精子嚢に精子を溜めておくことができる。たとえばアオガニの雌(**図版3**)は何ヵ月も精子を貯える。雌の殻が硬くなって雄が雌を放すと、彼女は時としてかなり遠くまで、入り江の低いところや湾口で塩分の高い水を求めて、移動する。精子は雌の生殖系の中で一年以上生きており、二つとかそれ以上の子孫を受精させるのに使うことができる。雄は何度かつがうが、しかしつがいの回数ごとに精子の総数が減少するので、生殖の成功度は低くなってゆく。雄が精子を再生産する能力は低いので、備蓄は限られている。

雌の精子貯蔵は、特に雄が不足していて、雌が受精用に蓄えている精子に頼ることができる場合に、個体数に弾力性を与えるものと考えられる。アラスカのオオズワイガニ（図8・1）のように雄が漁業の対象となっている際、こうした事態は起きることがある。保全の方法として、多くの漁業者は雄に照準を合わせている。アラスカ漁業のジョエル・ウェブは、研究室で雄不在で卵を産んだ雌を調べて、およそ半数の雌では備蓄された精子では二回目に産出された卵を全部授精させるのに充分でなかったことを発見した。それゆえこの種では繰り返しのつがいが、再生産の潜在能を保つのに重要である。これと対照的に水族館で飼育したケアシガニ（*Maja squinado*）の雌では、一回の交尾のあと雄なしで五回子孫を残すことに成功した。

ヤドカリの求愛行動は、打ったり、ぐいと引っ張ったり、殻を揺らしたりする行動を含んでいる。両性とも巻貝の殻の中にある腹部を、雄は雌へ精子嚢を受け渡すために、部分的に露出させなければならない。巻貝の殻の大きさと形が、この能力に影響している。いくつかの殻のタイプではこれが困難になる。ヤドカリやタラバガニを含む多くの異尾類では卵と精子が雌の体内でなく外部で出逢う体外受精がなされ、そして雌は精子貯蔵器官を欠いている。その代わりに、雌のヤドカリでは何千個も卵を産む過程（放卵）があり、これらの卵を腹部の脇に並べておく。そこで卵は巻貝の殻の中で守られて育つ。いくつかのヤドカリでは、雌の巻貝の殻の縁を雄が掴んで、つがいに先立って守る。つがいの後で、雌のヤシガニやタラバガニもヤドカリのように卵を腹部の下側に接着し、受精した卵を抱えて運ぶ。

マリアンナ・テロッシと共同研究者は、地理が繁殖の様子にどう影響するか見るために、地理的分布の端で（ブラジルとアルゼンチン）、ヤドカリの繁殖を比べた。ブラジルでの繁殖は年間を通じて行われた。他方で、もっと寒いアルゼンチンでは繁殖は春と夏だけに起こっていた。卵を抱いている雌はブラジルではアルゼンチンより大型で、より多くの卵を運んでいた。しかしアルゼンチンの卵はブラジルの卵よりも大きかった。これらの違いは地域的な環境への適応を反映したものかもしれない。少数で大型の卵を産むことは、寒い気候地域でしばしば見られる傾向なのだ。

成体の雌のタラバガニ（**図1・13**）は、繁殖のためにまず脱皮しなくてはならない。タラバガニの雄は脱皮が近い雌に近付き、顔と顔を向き合わせる姿勢で彼女を掴み、そうやって雌の脱皮まで数日間を過ごす。雄は雌が殻を脱ぎ捨てるのを手伝い、それから両者の腹面が近くで一緒になるように、雌が仰向けになるのを助ける。精子嚢が雄から現れ、卵が雌から現れる（四万三〇〇〇〜五〇〇万個）。そして受精は、受精卵が付着することになる雌の腹部の上の外部で起こる。雌は発生中の胚を、尾のフラップ（尾節）の下に、孵化まで一一ヵ月間保持する（**図4・2**）。このような延長された発生期間――ほぼ一年間――は、冷たい水に棲む種では普通である。

スナホリガニ（**図1・5**）の雄は雌よりもたいへん小さい。雌の産卵の前にはその一匹に、二匹か三匹の雄がいっしょになって雌にまとわりつく。彼らは粘液の中の精子のリボンを彼女の下側に置き、彼女が産卵した時に、精子は体外で授精は行われる。スナホリガニのうちには、性を雄から雌に変える種がある。それゆえ集団のうちには二つの種類の雌がいる――ずっと雌だった一次的な雌と、雄として出発した二次的な雌である。二次的な雌への性転換は、雄が性成熟した一次的な雌とおよそ同じ大きさになった時に起きる。この性転換は、集団のうちで産卵する雌の数を増やし、集団（個体群）の増加に寄与する。性転換と雌雄同体は、いくつかの動物では普通だが、カニでは比較的稀である。

産卵、発生、および孵化

卵を卵管を通して腹部に放つ過程は産卵（放卵）と呼ばれる。ほとんどのカニでも雌は卵を、小さな遊脚に付着させせて腹部の下に保持する。つがいと産卵の時間間隔は、種や環境条件によって一ヵ月〜二年までにわたる。いくつかの種では一回の脱皮サイクルの間に、いくつか違う同腹子孫を放出する。雌の種が違うと、産んだ卵を自分の泳脚（遊脚）に付着させせておく手法も違っている。ある種では、自分の体を一部分砂や泥に埋めるし、他の種では胴体を高く掲げ腹を低くして産み出された卵を「キャッチ」する。また他の種では、腹部を後方に広げて地面の上に産卵してから、それを拾い上げて遊脚に付着させる。卵が発生をとげる孵化まで、卵の防衛や通気や保護が図られる。卵を運んでいる雌は「抱卵中（ovigerous）」とか、また卵が小さなベリーに似ているので「ベリー中」などと言われる（**図4・2**参照）。卵塊は「スポンジ」と呼ばれる。卵は「ベリーを持った」雌に付着したままで、胚発生の過程を進んでゆく。前回のひと孵りぶんが孵化を遂げるまで、追加の新しい卵は産みつけられない。

つがった後の雌のアオガニ（**図版3**）は、泥に掘った巣穴で冬を過ごし、次の夏に放卵（すなわち産卵）する。雌は二〇〇万個ほどの受精卵を黄色いスポンジとして産み出すが、それらは雌の腹に付いたまま、

図 4.2　腹部の下側に卵塊（またはスポンジ）を抱えた雌のタラバガニ（*Paralithodes camtschaticus*）　Photo from NOAA.

幼生が孵るまでセメント様の物質で保護されている。胚が育つにつれて卵塊の色は濃くオレンジ色となり、ついで茶色、最後は黒くなる。比較的短時間のうちに、孵化しようとする卵から放たれるフェロモンへの反応として、雌の腹部の力強い波打ちの動きがあり、それに同期して何分間とか数時間のうちに卵が孵り、幼生は一斉に放たれる。ホクヨウイチョウガニの場合、雌はその卵が再度受精して産み付けられる秋まで、精子を精子貯蔵嚢に蓄えておく。受精卵は産出されても、スポンジとして雌に付いたままになっている。卵は最初は白いが、育つとピンクに変わり、それから赤くなる。大きな雌は二五〇万個あまりの卵を運んでいることがある。抱卵している雌は秋の間、自分で砂浜に埋まっている。

卵の数（すなわち多産性）は雌の成長とともに増える。それゆえ大型の雌は次世代により多くの個体数をもたらすことになる。しかし近縁種の間でも違いがある。深海のイバラガニ類を研究したイギリス北極調査の

S・A・モーリーと共同研究者は、繁殖の生物学には水深が大きな役割を演じていることを発見した。いちばん多産で卵の寸法が小さいのは浅い水に生息する種（*Paralomis spinosissima*）で、他方、相対的に多産性がいちばん低く卵が大型なのは深水性の種（*Neolithodes diomedeae*）だった。こうした繁殖「戦略」の相違は、温度と食物の得やすさへの繁殖特徴の適応である。

カニの卵は卵黄で満たされているが、発生が進むと卵の最外層の部分は多数の細胞へと分裂してゆく。それゆえ卵黄塊の周りに平らな細胞の単一層ができることになる。その後、細胞のいくつかが卵黄内部に移動し（原口陥入という過程）、そこで胚の異なった組織へと発生を続ける。胚は二つの外側の膜で包まれていて、それは胚の孵化の準備が整って幼生になるとき破られる。幼生はとても小さくて、プランクトンと総称される多数の他の微小生物と一緒に大洋中に漂う。プランクトンには、顕微鏡的な小ささの光合成する生物（植物プランクトン）と、カニの幼生などのように植物プランクトンを食べるいくらか大きい動物プランクトンがある。動物プランクトンには成体となれば底生に落ちつく大半の海の無脊椎動物の幼生型のものや、また一生涯プランクトンのままであり続ける多くのタイプの甲殻類その他の動物もある。

潮間帯のカニは、雌の繁殖サイクルが幼生の拡散と生き残りにもっとも都合のよい時期に幼若個体を放つように、頃合いを合わせている。多くの種では幼生の放出は一回勝負で、つまりどの雌も数時間のうちに全幼生を放出する。通常は体内の生物時計に制御されていて、孵化は特定の時点で起こるように斉一化されている。時刻はしばしば夜間、幼生が素早く河口から外洋へ掃き出される春の大潮（太陽と月による牽引が一緒に起きる特に大きい潮位変動）の引き潮に一致している。幼生の放出が大潮に近いことと、夜間であることは潮間帯に住むカニに一般に見られることである。このタイミングは幼生を、捕食されることと座礁や低塩分の水に晒されることの可能性が高い地域から遠ざけるし、雌が捕食される可能性も低くする。表層で暮らしているスナホリガニの場合、より大きな波はより素早い水の流れを引き起こすから、大波に合わせて幼生を放出すれば、危険な表層に滞留する時間が少なくなる。

デューク大学のM・C・ドフリースとリチャード・フォワードは、卵を抱えた「セイの泥ガニ」(*Neopanope* (*Dyspanopeus*) *sayi*; 潮間帯より下に棲む種）とベンケイガニの一種（*Sesarma* (*Armases*) *cinnereum*; 間潮間帯種）を、研究室でいつも薄暗いところに五日間保ち、放卵のリズムが保たれることを発見した。これはリズムが体内の生物時計によることを示唆している。抱卵しているヤドカリの仲間のヨコバサミの一種（*Clibanarius vittatus*）を、デューク大学のトレイシー・ツィーグラーとリチャード・フォワードは研究室で定常環境のもとで研究して、幼生の放出が同期しており、予期されている通りの日没時間の近くで起きることを見た。カニは幼生を、引き続く数日間の日没時に一斉に放出したのだ。発育初期の胚を持ったカニを、定常的な環境に置く前に、ずらした明暗サイクルに置いた時（一二時間進めて、外界が明るいときに暗くした）、幼生の放出は一二時間早くなった。これはつまり、明暗サイクルによってリズムが変えられたことを示している。

深い水深度に棲む種では、タイミングはまた環境のきっかけによっても影響されることがある。アラスカのズワイガニの研究で、国家海洋漁業機構のブラッドレー・スティーヴンスは、大半の孵化がもっとも強い潮汐に一致することを見いだした。研究室の個々のカニは九日間にわたって幼生を放ち、大半の幼生の孵化は夜にかけて生じていて、これは孵化が潮流のパターンと、暗くなることと両方の利点に時間を合わせて調節されているわけで、これは浅い水の種で見られるのとも同じである。

他の多くの種では同じ授精で生じてくる同胞の孵化は同期しているのに、深海のキタイバラガニとホクヨウイバラガニでは、孵化は何日も何週間も長く続く。これは深海では食物の獲得が不確実で、また一般に低水準であることに対する適応かもしれない。これらのイバラガニでは卵が一斉孵化したあと、雌は再びつがう。それゆえこれらは滅多に卵なしでいることがない。深海のイバラガニ、タラバガニの生殖生物学の多くの面や、早期の生活段階の特徴は、寒い環境に対する適応を反映していて、卵の数の減少、卵が大きくなること、幼生が大きくて成長の進んだものとして孵化してくることなどもその一面である。幼生の発生期間の短縮はエネルギーの節約になり、また幼生は飢餓に抵抗力がある。たとえばホクヨウイバラガニでは、いくつかの幼生の段階を飛ばしてエネルギーを節約している。

幼生の発生

カニの子孫は微小なゾエア幼生として水中で孵化する。これは背中の棘《とげ》と一対の大きな複眼を持った自由遊泳するプランクトンである（**図4・3**）。棘は沈むのを防ぎ、また小さな魚による捕食を思いとどまらせる。棘はゾエアを効果的に大きくし、鋭い棘は防止効果をより高めることになる。棘をいくつかのゾエアから実験的に切り取ってしまうと、手を加えていない幼生に比べて食べられやすかった。胸部にある多数の剛毛のついた付属肢は、泳ぐのに使われる。

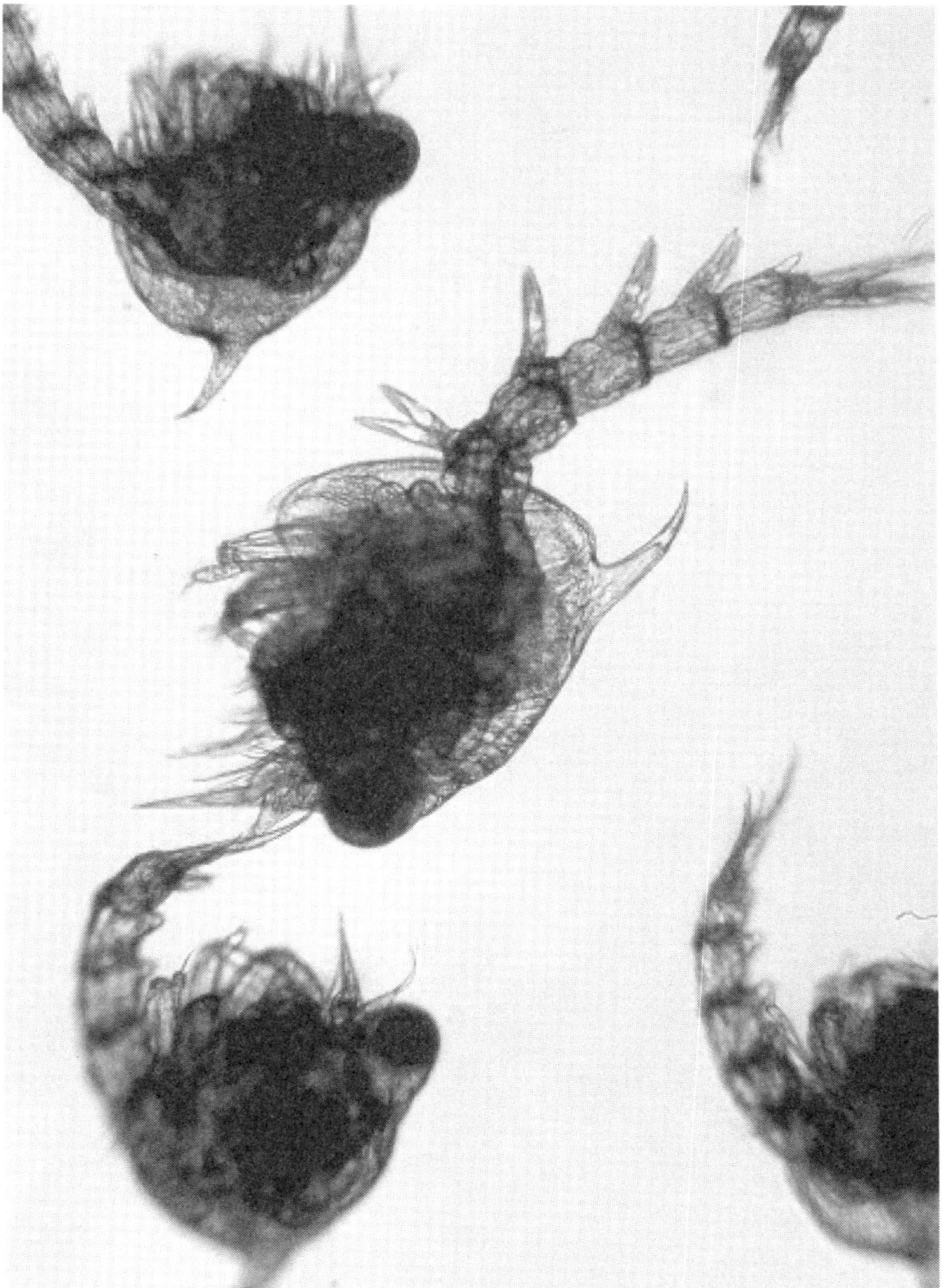

図 4.3　シオマネキ（*Uca* sp.）のゾエア幼生　Photo by NOAA.

プランクトン状態の幼生が浮いて水流を利用する能力は、動物にとって拡散分散を増す一つの手段になる。拡散の程度は水流に左右され、また幼生がどのくらいの期間プランクトン（浮遊状態）でいられるかによっている。幼生がプランクトンでいられる時間は、種によって数週間から一年以上までいろいろだが、拡散する幼生を持っていることは種にとって新しい領地に植民する可能性をもたらす。もとの領地での予期しない出来事（たとえば油の流出）で個体群が絶滅するリスクを低くするし、スペースの争いも緩和される。プランクトン状態の幼生にとって不利なのは、食べられるリスクがたいへん高いこと、ふさわしくない場所に移動してしまう可能性、そして食物の利用しやすさが不確実なことなどである。だが総じてプランクトン状態の幼生の利点は不利を上回っている。なぜならこれはもっとも普通の生命のモードだからである。カニだけでなくたいていの底生の海の無脊椎動物にとって、おもな危険は捕食されてしまうことだ。幼生は小さくて数が多い（雌のカニは数千から数百万個を孵化させる）、そして多くの動物がそれを食べる。それは食物連鎖の本質的な部分をなしていて、そして鰭で泳ぐ魚の保有資源を健全に保ってゆくのに重要な役割を果たしている。状況は河口地域で特に危険が大きい。そこは多くの魚にとって育児場になっている。捕食されるリスクに対応する戦略としては、防御と回避ということがある。河口域に留まる幼生は、開けた海で育つものに比べて大きくなる傾向があり、そして彼らは食べられにくくする棘その他の防御構造をもっている。幼生はまた昼間は暗く深い水に沈んで自分を守る。なぜなら大半の魚は餌を漁るのに光が必要であるからだ。そして彼らは夜、浅い水に餌を漁りにやってくる。日ごとの垂直移動は、開けた海にいるすべての種類の動物幼生にとって、おもな捕食者回避の戦略である。全体の規模で言えば大半の河口域の無脊椎動物の幼生はそこを引き払って、魚その他の捕食者が少ない開けた海で育つ。

　幼生はその全段階を水中で生きなくてはならないので、雌の陸生のカニは幼生を放出するのに何キロメートルも離れた内陸の場所から長い旅をしてくる。雌のオカガニ（図版6）は水際に脚を高く突っ張った姿勢で立ち、波が寄せてくると幼生を洗い流すようにして上がったり下がったりして、それから浜辺を駆け戻る。まるで濡れるのが嫌だという様子だ。他の陸生の種は、幼生を放出する過程で濡れるのをさらに嫌っているように見える。いくつかの陸生のヤドカリは水の縁に立つと、自分が濡れるのを避けるために自分の卵を水へ「噴射」、つまり「スプレー」する。また他のものは、潮が寄せてきたとき洗い流して貰えるように、卵を引き潮のときに水際の岩の上に置く。いつ潮が引いているか知っているかのように、正しくそれに合わせて浜辺を移動して下がってくる。ベンケイガニのいくつかの種のようなイワガニの仲間などはマングローヴの縁まで移動し、気根にしがみつくと、上から水中に幼生を放出するために腹部を振動させる。

　カリブ海地域のキュラソー島の一部では、陸のオカヤドカリの仲間（図版8）は高い崖があって海に到達できない。この状況のもとで、P・A・デウィルデは驚くべき行動を見いだした。雌は五番目の歩脚（貝殻の中に入っている小さな歩脚）で幼生の塊を腹からつまみ出し、それを鋏にわたし、崖から下の水中に投げ落とす。研究室で、このカニ（ヤドカリ）は幼生の塊をかなり遠くへ投げるのが目撃された。

　胚や幼生の生活期間はほんの数週間から一年以上までいろいろである。卵の発生は深い冷たい水の中では何ヵ月もかかる。アラスカではイソワタリガニの幼生の発育は一年かかる。水温が氷点付近のセントローレンス湾のズワイガニでは、幼体発達には丸二年かかる。イバラガニは自分の卵のひと抱えをおよそ一年間にわたって抱いているので、新しい別のひと抱えを生み出すのにほぼ二年間待つ。

陸生のカニの場合には幼生生活は一般に期間が短くて、オカガニの類では約一ヵ月である。淡水のカニの幼体はプランクトン型の幼生段階を全部飛ばしてしまい、一般に直接カニ形のものとして孵化してくる。ミニチュア版の親型のカニが孵ってから数日間は、雌が彼らを連れ回って運んでいる。こうした成育歴は、その拡散能力を制限してしまう。ジャマイカの「ブロメリアードガニ」(*Metapaulius depressus*: **図4・4**)は、その幼生期間を完全に、ブロメリアード植物の葉腋の小さな水溜まりで過ごすという点で普通でないし、また幼若個体の世話をする点でユニークである。彼らは植物葉の付け根の水溜まりでゾエア幼生として孵化する比較的少数の(一〇〇個以下)大型の卵を持ち、短縮された発生過程(九〜一〇日間)をたどる。若いカニは植物の「育児所」に居続け、母ガニが数ヵ月にわたって給餌と世話を続ける。ドイツ・バイエルンフェルト大学のルドルフ・ディーゼルは、母ガニが葉の屑やその他のごみを取り除き、酸素を加えるために水をかき回し、pH調節とカルシウム補給のために空の巻貝の殻を水に入れることを発見した。ごみ(巻貝の殻以外)の取り除きは育児所の水質を改善し、酸素量を増やす。一方で巻貝の殻は水のpHを上げて、水が幼若者にとって酸性になりすぎるのを防ぐ。雌はまたそれらの幼若者を、イトトンボの若虫やクモなどを主とする捕食者から守り、ブロメリアードの葉上で捕まえたものは破片に引き裂いて、育児所に運び入れた餌(巻貝やヤスデ)を幼若個体に与える。このユニークな育児行動は異色のもので、典型的な雌のカニでは大量の卵を産むとその後二度と卵を見ることもなく、幼若個体が自前でやっていくことになる。ブロメリアードのカニは少なく産んで子育てに成功する。

さて話を海に戻すと、ゾエア幼生には世話する母親はいないので、自分で餌を探す必要があり、彼らはたいてい肉食性なので、小さな動物プランクトンを食べて、そこから必要なタンパク質を得ている。しかし一部の種は植物プランクトンも食べる。食物の要求は段階が違い環境が違えばいろいろである。プランクトンを食べる種（プランクトン栄養の幼生と呼ぶ）は、表層水でのプランクトンの春の湧き上がりの期間は、その季節的な供給に依存している。イバラガニやいくつかのヤドカリのような異尾類は十分な量の卵黄を卵の中から供給されるので、幼生は食べる必要がない。しかし卵黄を使い切って生きるので、発生につれて卵は目方が減ってくる。これは卵黄栄養的な発生と呼ばれる。こうした生物は幼生の全期間を通じて、何も食べずに育つことができる。幼生が卵黄栄養的であるカニは、幼生を支えられるほど大型の卵を限られた数だけ産む。こうした幼生のある種のものは、海底とか海底近くで生活し、それゆえ餌となるプランクトンの春の急激な発生には依存しておらず、それゆえ一年どの季節でも産出が可能である。アブラガニは、成体が住んでいてそれゆえ幼生が食べられてしまうかもしれないよりも深い水深のところに幼生を放出する。冷たい深い水中での幼生の生活は、不十分な餌を見つける必要はないといっても、十分に厳しいものがある。そこで卵黄を使い果たしてしまうと、こうした幼生は餓死を避けるのに素早く変態する必要がある。もし変態がふさわしい居住地から離れたところでなされると、彼らは死んでしまう。アブラガニのゾエアを育てたとき、ゾエアは食物を必要とするが、しかし次の幼生段階（グラウコトエという）は食べる必要がないことを、研究者は見いだした。これと対照的に、南大西洋のサウスジョージアの深い水に棲むイバラガニの仲間（*Paralomis spinosissima*）は、イギリスのサザンプトン大学のスヴェン・タトイェとネリヤ・C・メストルが示したように、一四ヵ月の幼生期間の間、完全に卵黄栄養的に発生をすることがわかった。深海のカニは発生がたいへん遅く、成長も遅く、そして寿命が長い。

ゾエア幼生は何回か脱皮を経る（脱皮の回数は種によって違う）、そして育つにつれて棘や付属肢を発達させる。専門家はゾエアがどの種のものかのみならず、どの段階にあるものかも同定できる。ゾエアは変態してメガロパという段階（異尾類ではグラウコトエ）になる。メガロパ幼生は大きく柄のついた眼を持っており、腹部に付属肢がついているが巻き上げられておらず後ろに伸びていることを除けば、成体のカニのミニチュアのように見える（**図4・5**）。一回あるいは数回の脱皮のあと、短尾類では腹部が腹の裏側に巻き上げられ、そしてカニはプランクトン状態の幼生生活を完了して、そこに住む若いカニになる。胸部についた付属肢は、もはや泳ぐよりも歩くのに適応するようになっている。まだたいへん小型だが一見してカニらしくなってくる。ヤドカリのグラウコトエ幼生は最初は自由遊泳しているが、その次の脱皮より前に、小さな巻貝の殻に住みつく。幼生の大半はより大きな動物の餌になってしまうので、若い個体になるまで生き延びる割合は、概してたいへん低い。ガザミが二〇〇万個の卵を産むうちから、わずか二個体が生殖するところまで生き残るだろうと見積もられていて、こうして定常的な個体群のサイズが維持されることになる。

親ガニとして河口域に住んでいる種で、小さな幼生が大洋から河口までどうやって帰ってこられるのか、研究者には長らく謎だった。幼生はどうやって帰ってきて、そして潮の干満のとき自分がそれにつれて大洋に掃き出されてしまうことをどうやって防いでいるのだろうか？　幼生は深い水深の方へと垂直移動を行って、上げ潮の時に、入り江のもっと上流の方で浮き上がることができるのだ。アオガニのゾエアは表層近くを泳ぐ性質があって、海に向かって掃き出されるけれども、帰ってくるメガロパは深

図 4.4　アナナスの葉の上のアナナスガニ（*Metapaulius depressus*）
Photo by S. Blair Hedges.

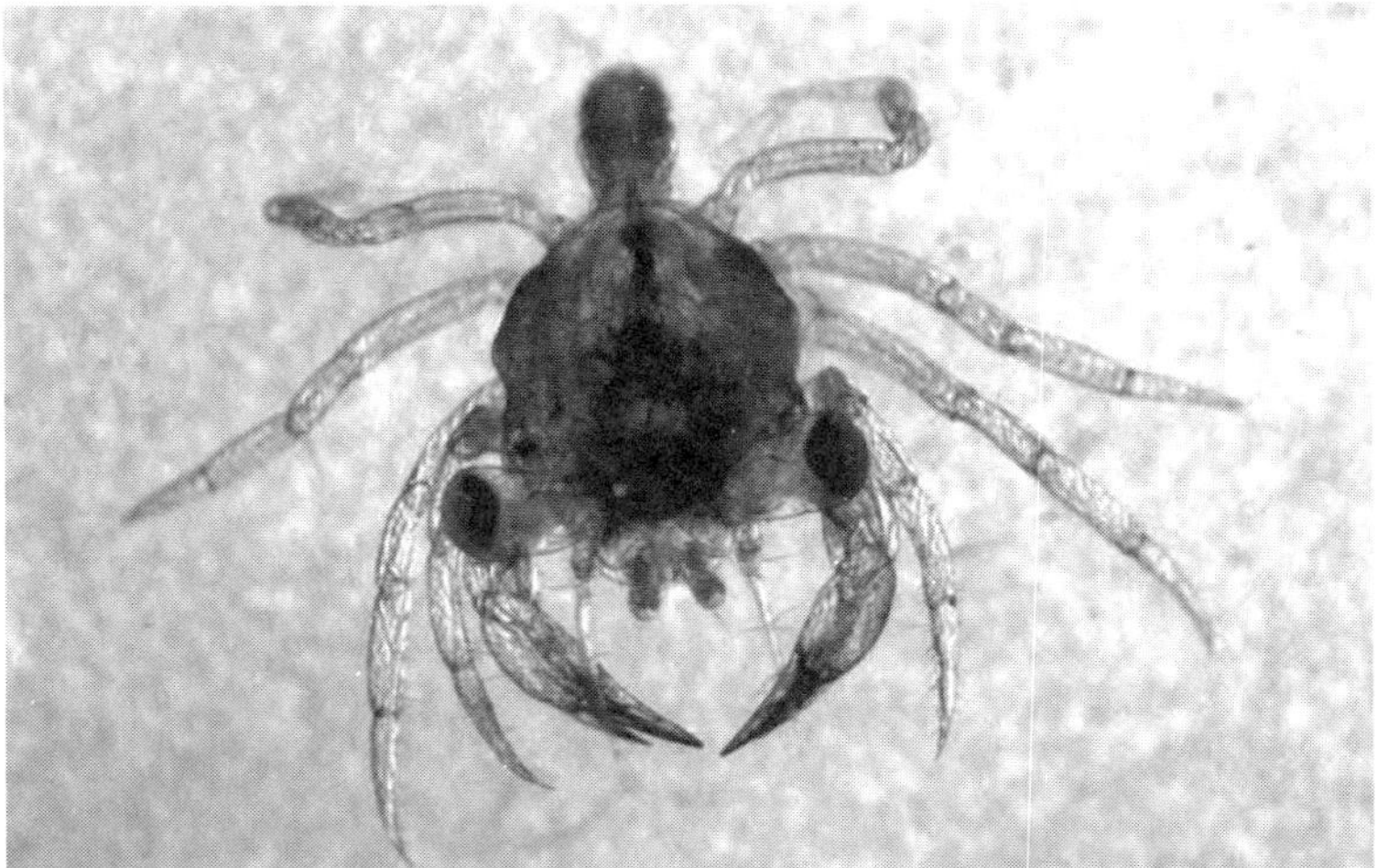

図 4.5　メガロパ幼生　Photo by NOAA.

くに潜ってから、河口に戻ってくる潮流に乗って運び返される。これは、なぜ淡水の種が一般に幼生期を飛ばすのかということの説明になるだろう。なぜなら絶えず下流へと流れるのでは、幼生は遡って戻ってくることができないからである。淡水のカニの卵は海のカニのそれより大きく数が少ない。そして幼生としての発生を卵の中で遂げる。卵が孵化したときには、それはもはや幼生でなく小さなカニとして出現する。小さなカニは何日間は、母親にしがみ付いているかも知れない。

定住、変態、そしてカニの早期段階

幼生から成体個体群への帰還——補充と呼ばれる過程——は、個体群が続いてゆく上で不可欠のものである。幼生は食物と捕食者からの避難所が見いだされる適切な場所で定住し、変態してゆく必要がある。種によっては、幼生は河口域の良い住居に住んでいる同種の成体に引き寄せられる（成体が肉食ではないという条件のもとで）。シオマネキのような半陸生の種の幼生は成体の生息地である湿地に入植する。デラウェア大学のジュリー・アンダーソンとチャールズ・エピファニオはイソガニのメガロパを研究室でさまざまの刺激にさらして、変態がいろいろな源をきっかけとして促進されることを見いだした。きっかけとしては、成体のイソガニや、この種の元来の生息地で岩を覆っているバイオフィルム（つまりヌルヌル）、また付着したバイオフィルムがない元来のままの生息地から得た岩などさえも含まれる。こうした各種のきっかけへのカニの反応、特に成体のいない岩に対する反応は、この種による新しい生息地への入植、また侵入した種が素早く拡散する理由を説明する助けになっている（第7章参照）。

若い個体の初期の成長はたいへん早い。アオガニのメガロパは最初の月に五回か六回脱皮するとともに、定住して最初のカニ段階に変態し、河口を遡って塩分のもっと低い水の中へと移動する。彼らは湿地や海草に周りを囲まれた、食物が豊富で捕食者の少ない浅い入り江で餌を漁りながら育ち、脱皮の際の隠れ場所を得るために粗い木質の屑がある場所にもしばしば移ってくる。卵から成熟した親になるまで、一年以上を費やす。

若いオカガニは、大洋でゾエアとメガロパ段階を経たあとで、成体が海に向かうのとは逆向きの移住を実行しなくてはならない。ちっぽけなカニが海から出る道を見つけねばならないのだ。海岸や岩を横切り、そしてしばしば岩屑の下に身を隠したりして、陸を登って移住する。ヤシガニのメガロパは防御のための巻貝の殻を運んで海から去る。彼らはまた湿気のある環境を好む。それゆえ海からの移住では、高い湿気と殻と避難所の利用可能性が、移住を刺激する。

成長と脱皮

育つためには、カニもその他の甲殻類も脱皮という過程で、甲羅（外骨格または外皮）を脱ぎ捨てねばならない。脱ぎ捨てた殻はしばしば海岸で波のあとに残っているので、たまたま観察した人はたくさんのカニが死んでいると思ったりするが、中を覗くとそこには誰も住んでいない。つまり脱ぎ捨てられた抜け殻である。外骨格はキチン、すなわち窒素を含む炭水化物の長い鎖状の分子とタンパク質からなり、そこにカルシウム塩が加わってさらに硬くなっている。表皮（クチクラ）には三つの層がある。最外層はタンパク質と脂質とカルシウムからできていて、中間層と内層はほとんどキチンからなる。表皮は動物の外装全体を覆っているだけでなく、腸の前端と後端の部分も裏打ちしている。それゆえ殻の脱ぎ捨ては困難で込み入った手続きを要する。脱皮のサイクルは前脱皮期（脱皮の準備期）、脱皮それ自体、後脱皮期（脱皮からの回復）、間脱皮期（以上の過程が何も起こっていない時期で、カニが残りの生活を送れる）からなっている。脱皮を準備する前脱皮期には、カニはカルシウムを体内に再吸収して内部に貯蔵する。それから甲羅の内層を、薄く弱くなるように溶かす。この間に、古いものの下に新しい殻の柔らかく薄い層を敷きつめる。この新しいものはすべての細部を完備している。脱皮の時には、柔らかくなった古い殻は動物の背中の弱い継目に沿って裂ける（**図版21**）。カニはいまや、古い殻から自分自身を救出せねばならない。全部の口器、眼柄、そして他の全パーツ（前腸と後腸の裏打ちを含む）も伴って。自分が背中から裂け、その中から、引っ張る手を使わずに抜け出なくてはならないような一揃いの鎧の中にいるところを想像してほしい――たいへん気力を萎えさせるような挑戦だ。一部のカニは付け根が狭く絞られた大きな鋏を持っている。この大きな構造物を狭い開口部を通して引き出すことは、できない相談のように見える――たとえ柔らかくても。カニは脱皮に先立って鋏の多くの組織を壊しておくことによってこれを実行する。カニはこの困難な過程を、一生涯のうちに二〇回かそれ以上行う。一部分、脱皮の途中で立往生して死ぬ個体もある。脱皮が成功すると、出てきたカニの甲羅はたいへん柔らかくて曲がる紙のように薄いもので、それが大量の水を取り込むことで素早く拡大して、新しい殻が固まる前に将来の成

図 4.6　アジアのイソガニ（*Hemigrapus sanguineus*）
Photo from U.S. Geological Survey.

長の為の空間を作る。硬くなるのには数日かかるが、新しいキチンの「皮革化」は、蓄えられたカルシウム塩の沈着や周囲の海水からさらに多くを吸収することで起こる。カルシウム塩はキチンの繊維の間の隙間を充たして殻を硬くする。新しく脱皮したカニは体が柔らかく、動けず、助けがないので、たいていは脱皮の前に巣穴や岩の下に避難する。カニは一般に新しい殻が硬くなるまで食べたり動いたりせずに引き篭もっているが、それは多くの海の動物（そして人間も）は殻の柔らかなカニを食べるのが好きだからである。それ以外では平和なシオマネキも、水槽の中で隠れる場所なしに脱皮する不運な水槽仲間を餌にして食べてしまう。

成長の為に脱皮が必要というのは、人間中心の視点からすると効率がわるいように見える。カニは多くの時間とエネルギーを脱皮の準備、脱皮、脱皮からの回復に費やさねばならない。殻が柔らかい間、カニはうまく隠れていない限りは特に攻撃されやすく、餌食になりやすい。それにもかかわらずこの成長パターンはうまく作用している。これはカニだけでなくすべての節足動物にとって、というのは昆虫も節足動物の仲間だから、この惑星上でもっとも成功して数も多い動物の一門の生活法なのだ。

アオガニに脱皮の準備ができているかどうかは、泳脚の最終節の手前の節を調べてみるとわかる。この表面がその下の組織から離れ始めているかどうかは、色の変化で見分けられる。縁の周りの白い色を伴った「白印」のカニ（下にできつつある新しい外骨格の最初のかすかな印）は、二週間のうちに脱皮するだろう。「ピンク印」は一週間のうちに、そして「赤印」は一日か二日のうちに脱皮するだろう。これはチェザピーク湾のカニ漁者にとってはとりわけ重要な情報である。カニ漁者はカニが脱皮するまで養っておき、それから望まれている柔らかい殻のカニを高値で取引するのだ。

脱皮はまた、汚染された環境にカニがうまく住むことの助けとなる。私の研究室で研究していた大学院生のローレン・バーゲイは金属汚染のレベルを、シオマネキの甲羅と内側の組織について、脱皮の中間の時期と脱皮直後の時期に測定した。するとカニは、特に汚染度が高い地域からのものでは鉛や水銀などの有害金属を、柔組織から外骨格へと、脱ぎ捨てる直前に移していたことがわかった。これによってカニは、自分がひとりでに多くの汚染から免れることができるようになる。ただし野外でカニがこの過程から利益を得ているのかどうか決定しなければならない。カニは脱ぎ捨てた外骨格を食べてしまい、すべての汚染を再び体内に取り戻してしまうかもしれないからである。

陸生のカニは、脱皮後に新しいクチクラを伸展させるのに必要な水分を集めるのにいろいろ違う戦略を持っている。深い巣穴の底にある水を利用することもできるし（たとえばオカガニ、**図2・8**）、自分を

ジェームズ・ミッチナーが描くカニの脱皮

「カニのジミー」というのは、ジェームズ・ミッチナーの小説『チェザピーク』のストーリーに登場するガザミである。ジミーはハリケーンの間に脱皮をしなければならず、大量の淡水が湾に下ってきて塩分濃度が大幅に下がるという問題を経験する。ミッチナーは脱皮をたいへん効果的に描写している。

　湾の底までわけなく泳いでいくと、ふだんならば脱皮の場所として考えることのなかったような砂地の場所を見つけ、そこで身をくねらせ始めた。まず最初に、いま殻の縁に並んでいる封緘を破らねばならないので、体を伸縮させ、水が体内を通り抜けてゆっくり殻を剥がさせるように、然るべき水圧を生じさせることを実行に移した。……そこで今度はゆっくりと、骨のない脚を防御カバーから引き抜いて、わずかな開口部からそれを突き出すように苦闘をはじめた。捻る動きとともに、いまや脚からの圧力で拡がってきた開口部に向かって体を押し出し、体の本体部分を抜き去った。もちろん彼は内部の骨組を持っていないので、体はもっとも効果的などんな形にでも歪めたり縮めたりすることができた。しかし体の各部分全体を殻から引き剥がそうとする水圧は、引き続き生じさせ続けねばならなかった。この奇怪な手続きを始めてから3時間と20分後に、彼は古い殻から自由になって泳ぎ、いまや何の防御もないまま湾の深い水中を漂った。……薄いティッシュペーパー以上の厚さの覆いは何もなく、自分を防ぐ力量もないままで。けれども彼のもっとも無防御な瞬間においてさえ、新しい鎧は形を取り始めていた。脱皮から80分後、彼は紙ほどの薄さながら覆いを持つだろう。3時間後には硬い殻を持ちはじめるだろう。そして5時間のうちに、彼は再度硬い殻を持ったカニとなり、次の脱皮まで、そのままでいることだろう。

深い巣穴に閉じ込めることや（たとえばヤシガニ、**図版1**）、脱皮の中間の時期に湿った土からの水分を、鰓室の後ろにあって陸のカニでは大きくなっている袋状の器官である囲心嚢《いしんのう》という構造におもに蓄えたりする（たとえばムラサキオカガニ、**図版6**）。この過程では、水は利用可能な時に集められ、蓄えられ、最後は必要な時に新しい殻を広げるのに使われる。

脱皮のあと、カニのサイズは二〇パーセント以上大きくなることができるが、この増し分は動物が成長するにつれて、そのときどきで増減がある。増大は食物供給が充分でないと少ない。いくつかの種は、脱いだ後古い殻を食べてしまい、何であれ残っている栄養（そして汚染も）を再獲回収する。脱皮周期のいろいろな段階での期間の長さや脱皮の頻度は、種によりまた個体の大きさによって差がある。早く育つ小さな個体は脱皮周期の繰り返しが多い。彼らは生活のほとんどを脱皮の準備か、脱皮か、脱皮からの回復に費やしている。大きな個体はもっとゆっくり成長し脱皮する。ある場合には一年に一度とか、しばしばもっと脱皮の回数が少ないこともある。脱皮と次の脱皮の間隔も変化に富んでいて、食物の供給や温度、寄生虫などの環境要因によって影響される。胚を抱いている雌は脱皮しない。いくつかのグループ、たとえばイチョウガニなどは、明らかに何回でも脱皮と成長を続けられる。他方、「泳ぎガニ」［ワタリガニ類］やクモガニ類のように、最大寸法に達するとそれ以後脱皮しない最終脱皮を持っているものもある。脱皮で一つ有利な点は、新しくてきれいな傷ついていない殻で、へこみやひび割れの入った古い殻を置き換えられることにある。

ホルモンが脱皮の周期を制御している。脱皮抑制ホルモンは眼柄にあるサイナス腺の近くに位置するX器官という構造の中で作られる。脱皮促進ホルモン（エクダイソン、エクディステロイド）はY器官とい

キプリングの『ただそれだけの話』の中のカニ

キプリングの「海と遊んだカニ」は彼の『ただそれだけの話』の一つ。この話の中では大ガニのパウ・アンマは海底へ行って大荒れと洪水を引き起こす。魔法使いはその騒乱の罰として、彼の殻を失わせて傷つきやすくする。しかしある妥協が成立して、カニは寸法を小さくされ、その代わりに鋏を与えられる。話の終わりで、キプリングはカニの行動をこう説明する。

> きみが浜辺に行ってみるといつでも、パウ・アンマの赤ん坊たちがどうやって自分たちのためにすべての石と砂の上の海藻の束の下に、小さなピューサット・タスケス（海の心臓）を作ったのかがわかるだろう。彼らはその小さな鋏を振っているのかがわかる。そして世界のある部分では、彼らは本当に乾いた陸地に棲みヤシの木を駆け上がってココナッツを食べる。ちょうど乙女が約束したように。しかし一年に一回、すべてのパウ・アンマは硬い鎧を脱ぎ捨てて柔らかくならなくてはならない——最長老の魔法使いには何ができるのか、彼らに思い起こさせるために。こういう次第だから、老パウ・アンマがはるか昔、愚かにも無礼だったというだけの理由でパウ・アンマの赤ん坊たちを殺したり狩りをしたりするのは、公正なこととは言えない。

う頭部の前方にある別の腺で作られる（最終脱皮が決まっている種ではその脱皮のあとにY器官は退化する）。反対の作用をする両方のホルモンのバランスが、脱皮周期の段階を決めている。環境条件がホルモンのバランスに影響を及ぼす。暗黒、孤独、湿気、そして温暖（これらは巣穴の底で見られる条件）が脱皮を促進する。一九五〇年代までは、サイナス腺が脱皮抑制ホルモンを作っていると考えられてきたが、しかしこれは単に貯蔵所にすぎないことが発見された。一方で神経細胞からできたX器官は、実際にホルモンを作っている。この発見は、神経細胞がホルモンを生産するという、神経分泌作用の発見の最初の例の一つとなった。それ以来、神経分泌は人間を含む多くのグループの動物で普通に見られる過程であることが分かってきた。カニの眼柄のシステムは我々の脳下垂体と比較できるほどの主要な内分泌の制御中枢であり、脱皮の周期だけでなく体色の変化、性的成熟、眼の光への適応、炭水化物の代謝なども制御している。

普通の増大成長のほかに、カニはときどき成長につれて形を変える。これは相対成長またはアロメトリー的な成長と呼ばれるもので、この変化は各脱皮ごとに徐々であったり、一回の脱皮で突然であったりする（メガロパ幼生と最初の若い段階の間のように）。［allometryは「異なる寸法」という意味で、身体の違う部分で成長率が異なる現象。カニの下記の例では鋏が全身よりも速く育って巨大になる］。あるグループでは、成熟準備期の脱皮（pubertal molt）というのがあって、雌の腹部がかなり広がり、将来卵を滞留させ守ることができるようになる場合などでは明確な解剖学的変化を伴っている。非対称的に鋏が発達するというのは多くのグループで見られる他の例であって、一方は砕く鋏、他方は切る鋏という形の変化も見られる。極端な例は雄のシオマネキの成長で、一方の鋏だけが大きくなる。二つの鋏が同一でない大部分の種では左

脱皮についてのオピアヌス

カニは古代ギリシア人にも知られていた。紀元 170 年ころ詩人のオピアヌスは『ハリエウティカ』のなかで、カニの脱皮と、新しい殻がまだ柔らかいうちは活動しないことを描写した。

> 殻の下にしつらえて準備されている全部が、古い殻を脱ぎ捨てたあと、下の肉から湧き出てくる。パグルス［Pagurus はホンヤドカリの属名だが、ここではヤドカリ全般］は引き裂く殻の暴力を感じるとき、食物への欲望に憑かれてどこへでも押しかける。自分の現状に飽きていれば脱皮は容易だろう。しかし鞘が引きちぎれ抜け落ちた時、彼らはまず砂の上に力なく横たわり、食べ物やその他のもののことではなく、死によって番号を振られたことや、それ以上温かい息をしないことを考え、新しい成長の申し出が隠されたことにおののく。そののちそれらは自らの魂を再び回復し、小さな勇気を取り砂を食べるものの、新しい殻が手足で稠密になるまでは、弱くて無力である。

右どちらという利き手の優先度はないが、例外として異尾類の二つの科では、一方のホンヤドカリ科（Paguridae）の仲間は右利き、他方のツノヤドカリ科（Diogenidae）は左利きである。

齢をとるカニ

個体群のメンバーの年齢を知ることは、その生態学と将来の個体群の成長潜在力を理解する上で重要である。商業的な種の場合は、この情報は資源管理にとっても本質的である。樹木や魚などいくつかの生物では、年齢は年ごとに蓄積してゆき、数えることのできる年齢を示す硬い部分［年輪］を調べることで年齢が決定できる。しかし甲殻類ではこれは不可能で、というのはすべての成育歴が脱皮のつど捨て去られてしまうからである。それゆえ彼らの年齢を正確に見積もるのはたいへん難しい。飼育している個体を使ったり野外でタグを付けたカニを使ったりすることで、各脱皮ごとの成長の量や、どのくらいの頻度でその種が脱皮するかは決定可能であり、これでサイズと年齢の関係が推定できるし、それは大きさから動物の年齢を見積もるためにも使える。成長曲線は将来の成長を予測するために使えるが、しかしこれらはただの見積もりである。アオガニやシオマネキのような多くの普通の種の生存はわずか二〜三年である。脚を広げたときの差し渡しが一三フィート、甲羅の幅が一五インチ、そして重さが四四ポンドになる世界一大きな甲殻類であるタカアシガニ（**図1・14**参照）は、一〇〇年も生きると信じられている。

年歳の見積もりの正確さをたいへん進歩させる生化学的な技術が開発された。メリーランド・チェザピーク生物学研究所のセ・ヨンジュ、デーヴィッド・セカー、そしてロジャー・ハーヴェイは蛍光色素のリポフシンがアオガニの加齢につれて神経系に蓄積することを発見した。つまりこの色素の量はカニの年齢に比例する。この黄茶色の微小な色素粒は加齢の、つまり「摩滅消耗」色素の一つと考えられる。彼らは研究室で飼育して年齢のわかっているカニについて、リポフシンの蓄積速度を決定した。それゆえ自然下で捕えたカニのリポフシンの量を測って年齢のわかっているカニでの量と比較することは、カニの年齢決定の有用な技術を提供する。この技法はたいへん役に立つだろう。もしかするとタカアシガニが本当に一〇〇歳まで生きるのか、学べるようになるかもしれない。

カニにはたしかに脱皮や、幹細胞の活性化が一生続いて組織更新されることや、付属肢の再生や、環境汚染物質の解毒や、そして病原体とか病気になった組織の分離など、長寿に役立ちそうな多くのメカニズムがある。加齢と関連している病気は、ガン――カニ〔cancer, Krebs〕と名前を共有しているにもかかわらず――も含めて、事実上わかっていない。

5 行動

海の動物の行動を研究するには研究室に連れてくることもできるし、彼ら自身の環境の中で、シュノーケルを着けるとかスキューバダイビングをするなどして観察することもできる。魚の行動については大量の情報が水中の観察によって学ばれているけれども、特に魚の行動研究の多くが典型的に行われてきたサンゴ礁では、カニについてはもっと秘密が多くて知識が豊富でない。カニの多くの種の住処になっている河口域では水が濁っていて水中観察は少なくとも困難であり、深海の観察は稀であり作戦上からもたいへん難しい。多くのカニの行動研究が、特にシオマネキのような半陸生のカニについてなされてきたことの一つの理由はこうしたところにある。彼らは引き潮の時には水から出ているので、あなたは湿地かマングローブ地帯を訪れて芝生用の椅子を据えたら（泥に沈まないような場所で）、日焼け止めと虫除けをたっぷり塗って、双眼鏡とカメラ、鉛筆と紙、テープレコーダー、そしてラップトップのパソコンを抱えこんで静かに座り、観察してデータを集めればよい。最初はすべてのカニが巣穴に逃げ込むだろうが、おとなしく座っていて急な動きをしなければ、彼らは再度顔をのぞかせて、あなたがそこにいないかのように自分の仕事を続けるだろう。

食事

カニは種が違うごとにたいへん食べるものが違う。あるものは分解者であり、あるものはプランクトンを餌とし、また他の多くのカニはおもに二枚貝の軟体動物を食べ、あるいは魚や他のカニや、さらにウミガメの赤ん坊をすら捕まえる。化学的な受信はカニにとって食物を探す重要な方策である（第3章参照）。餌のとり方としては、まず鋏で食物を取り上げ、口器から顎肢、顎脚、大顎に渡す。顎肢と顎脚は食物を取り上げて処理し、大顎はそれをすり潰して飲み込むのに適した大きさに小さくする。各種の食餌法を以下に記す。

沈殿物採食者

沈殿物採食者は沈殿物の中にある有機物質を食べる。シオマネキは表面の沈殿物の採食者と考えられる。彼らは住み場所にある沈殿物を処理して、岩屑や細菌や藻を湿地の表面から選び取っている。雌は二本の給餌鋏を持っているので雄よりも速く食事ができる。雄は一本しか給餌鋏を持たない（大きい方の鋏は食物の拾い上げには役立たない）ので小さな方の鋏を使い、また雌の場合には両方の鋏で泥をすくい上げて口に運び、そこで口器によって食べられる物質（藻や有機のかす物質）を砂、土、粘土から分離する。水を口に溢れさせて、軽い食べられる物質を沈殿物質の粒子から浮遊させて分離する。口器にある上端が平らな剛毛で物質を仕分けして、沈殿物質の粒子は湿地の表面に返す。砂地の沈殿物質に適応している種では剛毛の先端がスプーン状になっていて、それは食物を砂粒から洗い落とすのを助けると信じられている。砂状の沈殿物の中で食事するカニは、有機物がもっと多い泥状の沈殿物の中で食事するカニより利用できる食物が少ない。我々はインドネシアで近くに住んでいる違う種を研究して、いちばん砂っぽい地域の種であるヒメシオマネキ（*Uca vocans*）が、走り回ってさまざまな砂地の区画を探し、餌を得るのに大部分の時間を費やさねばならないが、それは探す場所で利用可能な資源の量次第であることを見いだした。対照的に、もっと泥質の場所に住んでいるもの［二番目の種］は、一か所に陣取って時たま食べれば済むだけの余裕があった。おそらく一つまみごとでより多くの栄養が供給されるからと思われる。こうして異なっている餌の獲得戦略は、行動だけでなく外観にも影響を及ぼす。ほとんど動かずにいる泥質地域の種（ベニシオマネキ、**図版18**）は鮮やかで赤い目立つ色をしていた。動かずにじっとしていると、赤い枯葉と間違えられて、捕食者かもしれない相手からも注目を逃れられるのかもしれない。三番目の種（ルリマダラシオマネキ）は、近くの岩に貼りついている海藻を餌とすることのできる場所に住んでいた。これは良い栄養を供給してくれるので、巣穴を掘ったり伴侶を引き付けるための手招きといった他の活動に多くの時間を費やしていた。

草食者

植物性の素材物質つまり藻類は、海と陸のどちらに生息する多くのカニの種にとっても、おもな栄養源である。藻のうちでもある種は、他のものより多くの栄養を供給する。いくつかの植物は消化されにくかったり、味がわるかったり、窒素やビタミンや脂肪酸のような栄養分に足りないところがあったりする。多くのカニにとって、植物性と動物性の物質が混合した餌が、もっとも速い成長と良い健康状態をもたらす。草食者は、特定の種類の藻やその他の植物を好む。メリーランド大学のローレン・コーエンは植物食者である小型の二種のクモガニの *Mithrax sculptus* と *Mithrax coryphe* について、七種類の異なる植物と藻を用いて、植物の質と食物の好みを調査した。カニはなめし革のような、また硬く覆われた海藻も消費することができた。七種類の異なる食物源の間で、カニの食物の好みは植物の化学（有毒な化学物質の量）、カロリーの違い、有機物の含量、そして水分濃度に影響を受けていた。

草食動物は自分が住む環境の中で重要な役割を演じている。第6章でさらに詳しく触れることになるが、藻を食べるカニは生態学的に重要な役割を持っている。たとえばクモガニの一種（*Mithrax forceps*）は、そのままでは育ちすぎて造礁性イシサンゴ（*Oculina arbruscula*）を窒息させてしまう海藻を、食べてくれる。落葉を消費するマングローヴのカニは、マングローヴの森のゴミ処理を助ける。イワガニ科の類はこうした森に普通であり、彼らが葉を餌としていることは葉の分解と栄養循環で重要な役割を演じている。けれども葉だけでは、カニは必要とする栄養素のすべて、ことに窒素分が充分に供給されない。「草食性」のカニの個体群密度が高い場所では、利用可能な落葉が全部残らず消費されてしまうと、しばしば食物が制限要因となる。こうした場合にはいわゆる草食性の動物でも、機会があれば動物性の餌（同じ種の他個体の共食いを含む）を消費することも見られる。

腐食者

スナガニ科のシオマネキの大型のいとこで、大洋の砂浜にいる「ユウレイガニ」（図2・3：スナガニ、Ocypode の英語の通称'ghost crab'は敏速で正体が捉えにくいことから。和名のユウレイガニ、*Retroplima* はこれとは違う）は浜辺をうろつき回る腐食者と考えられ、口に合う餌としてクラゲや軟体動物やスナホリガニ、また死んだ魚や打ち上げられたクジラやもっと小さなユウレイガニ［共喰い］などを探す。彼らは浜辺の巣穴のある領域から餌場の潮間帯まで、集団移動する。これはぞろぞろ歩き（droving）と呼ばれるもので、一部のシオマネキなどでも見受けられる。ユウレイガニは新鮮なタンパク質が得られればいつでもそれを好むので、捕食者と考えることもできる。毎年ごとに一度、赤ん坊のウミガメが孵化してくるときユウレイガニは特別な饗宴を楽しむ。彼らは孵化したてのウミガメを捕まえて巣穴に引きずり込み、貪り喰う。ウミガメが絶滅危惧種として保護対象になっていることなど、気にとめている様子はない。

いくつかの種のシオマネキは、機会が許せば肉食性になることも見られている。オーストラリア国立大学のリチャード・ミルナーと共同研究者はその一種（*Uca annulipes*）がマングローブ地域で、水溜まりの水が引いてしまうとき隣の水溜まりに移ろうとして泥の上を飛び跳ねるエビを攻撃しているところを観察した。雌雄両性のあらゆる大きさのカニがエビに襲いかかり、捕まえようとしていた。カニはエビを鋏だけでなく歩脚も使って捕えようとした。この研究者たちはまた共食いの実例も観察していて、これは我々も別のシオマネキ（*Uca minax*）について研究室で見ていた。学生たちは、大きな雄が卵を運んでいる雌を大きな鋏で「刺し殺して」その卵を食べるところを目撃したのだ。この出来事はたいへんショッキングだったので、学生たちはその証拠写真を撮るのを忘れてしまった。我々は夏学期の間に、刺殺の結果甲羅に裂け目のあるいくつか他のカニの死骸も見つけた。この種は以前にも、塩分濃度の低い汽水域で、この湿地を共有しているもっと小さな別種（*Uca pugnax*）を攻撃して食べることは知られていた。

陸生のヤドカリは都合次第の食事者で、出会ったものを食べる。大きな鋏で食物となるものを押さえつけ、小さな方の鋏を使って餌を破片に取り分けて口に運ぶ。大きなヤシガニは大きな鋏で潰したり皮を剥いだりして餌とする。

濾過食者

カニダマシとスナホリガニ（**図版10、図1・5**）はどちらも異尾類だが、プランクトンその他の漂っている物質を水中から口辺の剛毛や触角で捕まえる濾過食者である。スナホリガニは触角を使い、一方カニダマシはプランクトンその他の有機物粒子を額脚［最前方の胸肢で、口器を構成］の上にはえた長い羽根状の剛毛で濾し取り、これらの粒子をこそげ取って口に入れる。これらの動物はまた水底の屑を掃除する。いくつかのヤドカリもまた、口器の剛毛や触角を使って濾し取ったものを餌とする。

捕食者

アオガニ（**図版3**）は大型で動きが活発で貪食の捕食者であり、魚や二枚貝や、自分より小さなアオガニも含む小さなカニ類を食べる。若いアオガニの一〇パーセントは、成体のアオガニの餌になる。二枚貝やカキや巻貝が彼らの主食だが、植物質のものも少量ある。アオガニは獰猛な捕食者なので、その餌食となるのは、彼らと出逢うことの少ない浅い水中に棲むものに限られているのかもしれない。カニの共食いは稀でなく、多くの種がそれをやっていることが観察されている。養殖されている若いタラバガニは、もっと小さな若いカニやメガロパを共食いの対象とすることも普通である。

動きの速い餌食をおもに食べる種は、動きは速いけれども力は弱い鋏を持っており、その反面殻の硬い軟体動物に特化した種は遅く強い鋏を持つ。時として複雑な殻開け行動や特別な鋏の構造が、単なる潰す力を埋め合わせてくれることもある。ハマグリや巻貝の殻を潰すには、一般に鋏で殻の周りに弱点を見つけるまで何回もの潰しを加える。カニの鋏は特に強い力を発生させることで殻を潰すことができる。いかなる動物について測定された中でももっとも強い力である。たとえばイシガニの潰す鋏は、一平方インチ当たり一万九〇〇〇ポンドの力を働かせることができる。カラッパ科のカニ（図版4）は巻貝の殻の部分を割る仕事に特化した鋏を持っているので、中にいる巻貝やヤドカリをむき出しにすることができる。この鋏の特化した形は、強大な鋏の歯の発達と関係していて、歯の一つが下方に突出し、二つが上方に向かい、鋏が閉じるときには歯がうまく咬み合うようになっている。

イソワタリガニ（英語通称「ミドリガニ」green crab：図1・8）は、餌食を片付ける時間を短くするような扱いを学習することができて、二枚貝や巻貝を攻撃するのにいくつか違うやり方を持っている。カニの鋏の強さは餌食の殻の強さに応じてそれに打ち勝つようになっていることが、研究で明らかになった。カナダのニューブランスウィック大学のチモシー・エジェルとレミー・ロシェットは、巻貝の殻の硬さがカニの鋏の大きさに変化を引き起こすことができるかを研究した。彼らはこのカニに殻の厚いのと薄いのと両方の巻貝のタマキビガイを与えた。薄い殻の巻貝を与えられたカニは、それを食べるのに殻を割ることも多かったが、厚い殻の巻貝を与えられたカニは、しばしば貝の口から鋏を突っ込んだ。しかしカニの潰す鋏は、多くの殻を潰すにつれてより強く成長し、厚い殻の巻貝を与えられたカニはわずか二回の脱皮のあとで、薄い殻の貝を与えられたカニの潰す鋏よりも大きく育った。他方その結果として軟体動物（巻貝）の側は、カニのように殻を潰す捕食者が近くにいると、より厚い殻を育てる結果となった。こうして捕食者と餌食の間で「軍拡競争」が生じた。

私の研究室の前期大学院の学生ジェシカ・リーチマスは、汚染のひどいニュージャージーのハッケンサック・メドウランドから採ってきたイソワタリガニ集団を研究室で調べて、それらがきれいな入り江から得たカニに比べて劣った捕食者であることを見いだした。彼らはキリフィッシュ（カダヤシ、メダカなどを含む多数の小魚類の総称）や若いアオガニのような活発な餌食を捕まえるには動作がのろいが、巻貝とかシオマネキのようなそれほど活発でない（または不活発な）餌食を捕まえるには問題のない速さだった。ジェシーはカニの腹の内容物を調べて、メドウランドから集めたカニは多くが沈殿物や岩屑や藻などからなる餌――捕食するカニにとっては普通でない餌――を食べていたことを発見した。こうした食餌はおそらく、メドウランドには軟体動物が不足していることと同時に、活発な餌食を捕える能力が乏しいこととの反映だろう。それでもカニは、水がきれいな場所と同じように育っているように見えたので、この食餌からでも適切な栄養を得ていたようだ。これらのカニを我々が研究室できれいな環境のもとで給餌したとき、または二ヵ月間水のきれいな汽水域に移した時、餌食を捕えるその能力は改善されたから、捕獲率を下げてしまったのが環境であったことが示される。また似たように、きれいな場所から得たカニはメドウランドの餌を給餌された時、またはそこに二ヵ月間移住させておいた時には、貧弱な捕食者になった。

雑食者

多くの種は餌の好みがうるさいことはなく、利用可能なものなら何でも食べる。アメリカイチョウガニ（Dungeness crab、図2・5）は、二枚貝や魚やカニのほかヒトデや蠕虫、イカ、巻貝なども含めて広い範囲の餌を食べる。彼らはまた共食いもするので、このことは研究室でも観察され、また野外のカニの胃の内容物を調べた結果からも裏づけられる。このカニの個体群数は特定の食物の豊富さによって制限されているようには見えない。彼らは概して最初の年には二枚貝を、二年目にはエビを、三年目には小さな魚を食べるようだが、この食物の移行は彼らが育つにつれて調整される筋運動や敏速さの向上と関係があって、より素早い、はしっこい餌食を捕えられるようになることなのかもしれない。この食性の移行はまた、年齢グループ間での餌の競合を減らすうえでも役立つだろう。厚い殻の二枚貝という餌は鋏に負担をかけて、破損と疲れを引き起こすので、この餌を相手として費やす時間が短縮されることは、戦略的に有利かもしれない。

泥ガニ（mud crab（ノコギリガザミ）、図1・9）もまた雑食性で湿地の草や藻や破片が食餌の主要な部分であり、時たまシオマネキなどの動物によって補填される。湿地の泥ガニは真の雑食者と考えられ、植物と動物のどちらの組織も消費する。個体は新鮮な植物質、葉屑、きのこなどを食べる。動物質が利用可能であれば植物質の消費は減少し、そしてカニは混合食餌によって速く育つ。

ミドリガニ（イソワタリガニ、図1・8）はとりわけ頑健で、小エビや藻や破片、また小さな二枚貝、巻貝、儒虫や、魚や、湿地に生えている草を食べる。彼らは岩場にも湿地の環境にも住み、餌をめぐってサイズの似たアオガニと競争してそれにうち勝つ効果的な採食者である。ヒラツメガニ（calico crab）は主として軟体動物や小型の甲殻類を食べ、その食餌は何であれ特定の場所でもっとも豊富なものを反映している。

多くの深海生物と同じように、アメリカオオエンコウガニ（deep-sea red crab：**図版13**）も手あたり次第の採食者で、海底のふわふわした沈殿物の中やその表面で見つかる広い範囲の各種の底生無脊椎動物を何でも食べる。小柄のものはカイメンやヒドロ虫や巻貝や多毛類の虫（ゴカイなど）、そして甲殻類を食べる。より大柄のカニになると、同じカニの小型のもののほか、深海魚やイカや大きな儒虫などのより大きなものを餌食とする。魚を食べる能力から、これらのカニはたいへん素早くてよく調整の取れた捕食者であることが示唆される。食べたものの中にカイメン、ヒドロ虫、被膜動物（ホヤ類）が見られたことは、硬い表面に付着した動物も餌食になっていることを示唆している。こうした固着性の生物はメイン湾と海底峡谷の区域では普通である。このカニを水族館で飼っていると、イソギンチャクの上で相手が触手を伸ばしてくるまでホバリングして、それから鋏を下に伸ばすとやおら丁寧にその触手を一本ずつ、結局全部無くなるまで食べてしまうことが観察された。

ヤドカリはたいてい見つけたものは何でも食べる片付け屋で、餌の大半は死んだ植物か動物である。ヤドカリの仲間の異尾類だが陸生のヤシガニ（**図版1**）は、おもにココナッツやイチジクも含めて果実を餌とする。しかし彼らは生物の有機体ならほとんど何でも食べる。葉っぱ、腐った果実、陸ガメの卵、死んだ動物、カルシウムの供給源である貝殻など。彼らは他のカニや孵化したてのウミガメなど、逃げるのにはのろますぎる動物も食べる。陸生のヤドカリは植物や果実や破片などを食べる傾向にあるが、昆虫や死肉も食べる。果実を食べるとき、カニは果実を地面の上に大きな方の鋏で押さえて、小さな鋏で果肉のかけらをちぎり取る。陸生のヤドカリは積極的に水を飲むという点で、普通でない。

陸に棲む短尾類である *Gecarcinus lateralis*（**図版6**）はいろいろな種類の植物質や葉の屑を食べるが、地面で死んでいるヒキガエルなどの死肉も利用することも見られている。マングローヴガニは、以前はマングローヴの葉から栄養を得ると思われていたけれども、最近栄養の大半を底生の生物物質から引き出していることが発見された。ただし大量の葉も食べている。

木食者

いくつかの深海の種が陸に起源を持つ食物を利用するのは意外なことである。いくつかの動物がそれに頼って生活を立てるのに足りるだけの陸の植物物質が、明らかに深海まで到着するのだ。深海のコシオリエビの仲間であるアカツノコシオリエビ（*Munidopsis andamanica*）は、しばしば深く沈んだ木片の近くで見つかる。木片の一部は沈没船由来のものだが、大部分は自然の木の残骸であり、葉片やココナッツと同様にどれも海底に到達したものである。リエージュ大学のキャロライン・オワイユーと共同研究者が、沈木の近くで捕まえたこの動物の給餌付属肢、腸の内容物、腸の内側を注意深く調べて、この種は木材とそれを覆うバイオフィルム（細菌由来の被膜）が二つの主要な食物源であって、このことが彼らを深海のシロアリとしていることを明らかにした。シロアリに似てこの動物も消化管内に、木材の消化に関係するらしい細菌と菌類をもっている。

とって喰われないことは、明らかに動物の生活で本質的である。強い鋏は餌食を捕まえるためだけでなく、防御にも役立つ。小さな鋏を持ついくつかの種類は、共生するイソギンチャクを防御に使う（第6章参照）。装甲していること（例えばヤドカリ）やカモフラージュしていることは、捕食者に露見するのをはねつけ、また避けるための別の方法である。捕食者を避ける普通の方法は砂にもぐること、そして泳ぐカニの場合のようにさっさと逃亡することだ。

若いタラバガニは、数で安全を求めるやり方を採用する。二〜四歳までの間、タラバガニは防御のために住処にはあまり依存せず、集団、つまり何千の個体からなる群（ポッド）を形成する傾向にある（**図5・1**）。集団形成は一般に四歳（体長二・五インチ）になるまで続く。こうした若いタラバガニの集団は、群の外縁部分にいない限りどの個体にとっても防御的であり、群の機能は魚の群に似ている。アラスカのタカアシガニもまた、大きな集団を形成するのが観察されている。この行動はカニを捕食者から守る一方で、彼らをトローリング漁法に対して特に傷つきやすくする。この漁法で一度に何千匹ものカニを浚い上げることができる。トローリングはアラスカのタラバガニの個体数減少の原因だった可能性もあり、もはや許可されていない。

捕食者を避ける

捕食者に対する行動として他に見られるものの一つは、泥や砂の中に自分を埋めてしまうことである。巣穴を掘るカニは、捕食者からの避難所として巣穴を使う。シオマネキは、特に鳥のように高い上方に何かが現れると巣穴に走りこむ。ラトガーズのダイアナ・バーショウとケン・エイブルはヒラツメガニ（淑女ガニ、*Ovalipes ocellatus*）が砂に深くもぐり込むことを見つけた。彼らはこれによって、アオガニによる捕食から守られる。捕食者のアオガニは代わりに若いアオガニを捕まえる。こうした若いカニはヒラツメガニほど深くもぐり込むことができないのだ。

いったん捕食者につかまっても、カニにはまた別の型の防御がある。鋏や脚を切り離す「自切」として知られる能力である。自切は傷害に対する反射的、自動的な反応で、傷ついた脚を胴体から切り離す。切れた脚だけを持ってまごついた捕食者をあとに残して、カニはその間に逃げ去る。特別な筋肉が付け根近くにあって、この弱い線に沿って切れるような仕方で脚を曲げる。あらかじめ作られている二枚の薄い膜があって、破断面の傷害と出血を最小限にする。二重膜の一方は、脚と一緒に脱落するように壊れる。そして他の一方は、切り株に一緒に残り、それを封印して出血を妨げる。カニどうしの戦いのさいにも自切は起きる。

いくつかの種は他の種よりも脚を自切しやすい。ヤドカリが自切によって脚を再生する準備ができているのに対して、スナホリガニ（mole crab: **図1・5**参照）は自切を嫌い、研究室の実験では、人為的に取り去った脚の再生が困難だった。脚を下からもち上げてドーム状の甲羅を支えているスナホリガニの解剖学構造では、自然のなかで脚を失うことはたいへんありそうもない事態なので、他のカニの種と比べて自切の必要はほとんどない。脚を失いにくそうなもう一つの異尾類としてメンコガニの仲間があり（*Cryptolithodes sitchensis*: **図版12**）、その甲羅は、脚が見えなくなるように広がっている。属名 Cryptolithodes は「隠れた岩」を意味しており、そして確かに、脚や鋏を隠して甲羅が翼のように広がっているのを、訓練されていない眼で見れば、これはカニよりもむしろ岩に似ている。色彩は白や灰色から鮮やかなオレンジやピンクまで、広い変異とパターンがある。カイメンのような豊富でカラフルな生物体の間にいると、**図版12**に掲載したような輝く色の個体は紛れて見つけにくいが、全然一致しない表面の上にいれば目立ち、カモフラージュはふさわしい環境に合わなければ何も有利にならないから、どういうことなのか悩まされるところだ。

脚を失うことは動物をいくらか不利にするけれども、特に脚は再生できるので食べられてしまうよりましである。再生する脚は薄い表皮層の下に包まれた小さな突出として出発する（**図5・2**）。そして動物の脱皮のあとには、包まれなくなる。新しい脚は再生していない脚に比べて小さく一般に色は白っぽく、そして二回か三回の脱皮のあとでは元来の大きさに達する。何本もの脚を同時に失うと脱皮周期のスピードが上がり、それゆえ脚は早く再生して機能できるようになる。再生中には脱皮ごとの脚のサイズ増大は、無傷の場合に比べて小さく、それは脚の再生は、成長用のエネルギーと資源の一部が振り向けられたものだからである。スミソニアン博物館のパトリシア・バックウェルと共同研究者は大きな鋏を持ったシオマネキ（*Uca annulipes*）の雄が、再生した小さい鋏を持った雄と、勝てそうであるにもかかわらず戦わないこと、そして繁殖期には雌は小さな再生している鋏を持った雄を差別しないことを見いだした。これらの観察は二つとも驚くべきことだが、しかし鋏を再生中の雄にとっては良いニュースであり、こうした雄はかなりの数含まれているはずだ。普及している一つの間違った考え（いくつかの教科書では不滅の神話となっている）は、雄のシオマネキの大きい鋏が失われると、他方の鋏が大きくなるというものだ。これは真実ではない。再生した鋏はもとの鋏ほど大きくないが、脱皮のつど大きくなり、そ

図 5.1　若いタラバガニ（*Paralithodes camtschaticus*）の群
Photo by Pete Cummiskey, NOAA.

図 5.2　鋏を再生しているシオマネキ（*Uca pugnax*）
Photo by P. Weis.

れゆえ何回かの脱皮の後では原寸と同じサイズを取り戻す。他方、失われなかった方の鋏はおよそ同じ大きさに留まる。

歩き方

たいていのカニはすべての方向に歩けるが、しかしおもに長節（merus）と腕節の間をつなぐ筋肉で動く八本の歩脚を使って、しばしば横歩きする。筋肉は脚の外骨格の内側表面に付いている。一方の筋肉は、収縮によって付着している両端を引き寄せることで脚の関節を曲げるだけである。脚を関節を伸ばすには逆に作用する「反対の」筋肉を収縮させて、関節の曲げに使った方の筋肉の収縮をゆるめ、引き戻さねばならない。カニの脚は柔軟なキチンによって覆われた関節の箇所で曲がり、そして各関節はただ一つの面で曲がる（人間の膝のように）。ただし各膝関節は異なった面で曲がるので、すべての関節を結合して使うと、カニはすべての方向に動くことができる。しかしいくつかのカニの脚の関節は、限られた数の面に向いていて、それらは横方向にのみ動く。アリストファネスが言ったように、「カニにまっすぐ歩くことを教えることはできない」。

甲殻類が歩く方向は腹部がエビやロブスターのように広がって伸びているか（前方に歩く）、カニのように腹の下に巻き上げられているかに（横に走るが、しかしまだ前方にも歩ける）、関係しているように見える。カニの体型は一般に縦に長いというよりも横幅が広い。何対もの脚を持っていることは、前向きに歩くときそれらを調和した状態に保つという問題を生じる――横に歩くことでこれは回避される。ほとんどすべての異尾類のカニと違って、ヤドカリは典型的には前方に歩くが、しかし六本の脚――一対の鋏と、歩脚のうち手前の二対――だけを使う。最後の二対の歩脚は小さくて、殻を内側から押さえるために変形している。

もっとも速いカニは半陸生のスナガニ（*Ocypode*、図2・3）であり、身をかわす方向転換も伴って素早く走り、フットボール選手を羨ましがらせるだろう。毎秒六フィートのスピードが記録されている。四対の歩脚が、カニを押すときにおもな推進力を供給する。横に走る時のカニは、引いている脚を今度は押すように動かして筋肉に休みを与えるように、定期的に一八〇度ターンする。しかしスナガニは次第に速く走ると、より少ない本数の脚を使う。より速いスピードを許すために、動物の飛び跳ねのように最後の二対は持ち上げたまま保持することになる。

泳ぎ方

大半のカニは水底の砂や泥の上を歩くことに適応している。一つのグループとしては、特に泳ぐことに適応しているガザミ、つまり泳ぎガニの仲間がある。彼らの最後部の一対の歩脚は平らに変形して泳ぎ用のパドル（櫂）になっている（図1・1参照）。この歩脚は、大きくて漕ぐのに特殊化した筋肉を持っており、上下両方のストロークの際にパドルを回す。カニは横に泳ぐので、前方の鋏の肘は流れの前方に突き出され、そして反対側（引きずられる方）の脚は体の後ろ側に突き出される。これらのカニは横泳ぎするから、潜水艦のように流線型となっていて、左右どちらの端も尖っている。この形状は引きずりを最小にするが、またその甲羅の形から、持ち上がって厚みを得ている。泳ぎはまた一部のイワガニ類やカクレガニ科のピンノ類にも見られるが、これらはどちらも泳ぎに最適の形をしていないし、パドルも持っていない。スナホリガニ（**図1・5**参照）は腹部先端の、回せるようになっている一対の付属肢（uropod）を使って泳ぐ。

コミュニケーション

カニは概してつがいの時と攻撃の時に互いにコミュニケーションし、そして視覚的、音響的、そして化学的な信号を出す（第3章参照）。視覚的な信号（もっとも普通なのは鋏をうち振ること）は水生のものよりも半陸生のカニでより多く使われる。水中では透明度が低いので、視覚的なサインは互いに近づいている個体にとってしか有効でない。いくつかの場合にはシオマネキの波打ちのように、同じ信号が雌を引き付けるのと他の雄を追い払うのと、両方に使われる。シオマネキでもある種では、違う情報のコミュニケーション用として違う種類の波打ちを持っている。

いくつかのカニはまた音を立てる。音を立てることは多くの種のシオマネキでは干潮の夜間に普通である。音の信号――体のどこかをこすり合わせてカチッとかシュッとかやることで「きしみ音（ストリデュレーション)」という――は近接のコミュニケーションだけでなく、距離が離れていても役に立つ。きしみ音を使う種は鋏の関節の内側の表面に、第一歩脚の前面の稜に対してこすれる円形の突起(小さなこぶ)を持っている。カニはまた歩脚を震わせたり、地面を鋏か脚で叩いたり、足場物質に体を打ちつけたりして音を出すことができる。こうした信号を検知するための受容器がシオマネキやスナガニの脚には備わっている。音を発するのは繁殖期の雄のシオマネキに限られる。一匹の雄が立てた音は、近くにいる他の雄を刺激して音を出させる。

フェロモンによる化学的コミュニケーションは昼も夜も使える。フェロモンの伝搬は、潮流のスピードと方向によるけれども、水中をかなりの距離でも届く。性誘引物質となるフェロモンは特に区別された物質で、環境中の他の何とも違うし、生物の種によっても違う。それゆえメッセージが誰に宛てたものかについての困難が生ずることはない(第4章参照)。フェロモンはいくつかの種の雌によってつがう準備ができた時に放たれ、ある種では(たとえばアオガニ)雄もまたフェロモンを生産する。

攻撃

攻撃的な振る舞いとしては姿勢(全身を高く上げたり低く屈んだり)や、方向付けられた動き(たとえば他の個体に向かって押し寄せる)、歩脚を挙げること、鋏を振りかざしたり接触させたりすることなどもある。一つのとても効果的な攻撃ディスプレイは、歩脚を広げるのにつれて鋏を外側に広げて保ち、自分を大きく見せることである。ヤドカリでの攻撃的な姿勢としては、片方または両方の鋏を前方に動かし、その結果前のめりになりながら歩脚を横に突き出す動きもある。いくつかの種は音の信号を使う。マングローヴに住むイワガニの雄や、陸のヤドカリは相手との攻撃的なやりとりの際に、鳴きによって音を出す。音響的な信号はこれらのカニの社会的振る舞いにとって重要な要素である。

いくつかの種は他のものより攻撃的である――もっとも身近なのはアオガニで、その振る舞いが「crabby（「カニ的」、不機嫌な）」という語の想像力となったに違いない。大きな鋏に捕まればたいへんな目に遭う。この種のカニでも個体や集団によって、あるものは他のものよりも攻撃的である。ジェシカ・レイヒムスがアオガニを研究していて複数の個体を研究室に持ち帰った時、ある新しい場所（ハッケンサック・メドウランズ）から集めてきたカニが、バケツに入れたほんの二〇分ほどの持ち運びの間に相手をやっつけ、過剰防衛さながらに殺し合っているのを見て我々は驚いた。いろいろな要素、たとえば個体群の密度、資源の不足、汚染などが行動の違いを引き起こすのに関係しているに違いない。攻撃性の高さと関係する行動の一つに数えられるものとしては、カニ罠に入って捕まりにくいということもあるだろう。攻撃的な振る舞いを示した個体は、すでに罠に入っている先客に殺されてしまいがちだからである。攻撃的であることは、アオガニにとって思わしくない成り行きになる場合もあるだろうという例を、以前に別の大学院生だったジェームズ・マクドナルドも見つけていた。砂に餌（イガイ）を埋めて隠しておいた水槽を準備して、そこに似たような大きさのアオガニとミドリガニを入れてみた。この競合実験の一般的な結果は以下のようになった。つまりミドリガニを見ると、アオガニは鋏を突き出して攻撃的なディスプレイを見せた。他方ミドリガニはさっさと走りこんで食物を得た。アオガニは食物を得ようとしたが、しかしミドリガニはたいてい素早く餌の上にしゃがみ込んで諦めなかった。アオガニはたいてい戦いを挑んだけれども、ミドリガニは戦いよりも食物の上に座り込んでいるだけで「勝つ」ことが多かった。もちろんアオガニはやがてミドリガニよりも大きく育ち、そうなれば有利ではある。

ヤドカリのように、もっと平和的に見える他のカニも、それにもかかわらず優劣の順位をつくることができる。相互作用するヤドカリの一組の個体の研究によって、ミシガン大学のブライアン・ハズレットはもっとも大きな殻の中にいるもっとも大きなカニがつつきの順位の最上位にいることを発見した。ヤドカリにおける攻撃的な出逢いは、一般に空の巻貝の殻をめぐる闘いである。新しい殻を探しているカニは利用可能なものがないと、他のカニを立ち退かせようとして、こうした争いが激しいものになることもある。ベルンハルトホンヤドカリ *Pagurus bernhardus* では殻の所有権をめぐる争いは、攻撃側が一連の勝負のなかで自分の殻を相手に「ぶつける」ことで火蓋を切り、その間防御側は殻の中に固く閉じ籠る。戦いは攻撃者が防御者を立ち退かせるか、または攻撃者が諦めて防御者が殻を維持するかで終わりとなる。この行動を詳しく研究しているイギリス・プリモス大学のマーク・ブリファとロバート・エルウッドは、殻叩きの勢いがこういう戦いの結果にとって決定的であることを発見した。「勝つ」攻撃側のカニはより力強く叩き、そして欲している殻が高品質であれば、叩きは執拗である。しかし攻撃者は叩き続けていると疲れてしまい、攻撃の際の叩く回数も力も時間とともに減衰し、攻撃の間の休止も長くなる。一部の防御者は、強力な叩きを受けると早々と諦めた。こうした防御者は、追い出しに抵抗して殻の中に閉じ籠る者よりも「体内の」グルコースのレベルが低い傾向にあった。グルコースはエネルギーを与え、攻撃者への抵抗活動で動員される。典型的なヤドカリは殻から脚が引き出されるよりもむしろ脚が裂ける。実際こうした戦いではときどき死亡に至ることもある。ヤドカリが自分からその殻を去るのは、もっとふさわしい殻に移るさいか、または脱皮の時だけである。新しい殻を見つけられないヤドカリは柔らかい腹部を守るために、他のものとして虫の管、空になった茎、フィルムの缶、ソーダ瓶の蓋などを住まいに選ぶこともある。

一般に甲殻類どうしの攻撃的な出逢いの結果は、通常大きなカニとか大きな鋏を持つ者が勝ち、ある種では雄が雌に勝つが、しかし他の種では性は問題でない。観察されている他の要素として、最近脱皮したカニは負けやすく、腹を空かせたカニは勝ちやすいということもある。鋏の喪失（自切）はかなり普通のことだけれども、負けたカニは一般に、深刻な傷を負う前に退却する。

縄張り性

多くのカニは自分の巣の周りで縄張りを張る。シオマネキは巣穴を防御して侵入者を追い払う（侵入者が雌で、巣穴の主人が雄で、繁殖期であれば話は別）。巣穴が彼らの生活の大半の焦点なので、そういう闘いの結果は、捕食者から逃れる能力や生殖の成功に大きな影響がある。放浪者が巣穴の所有者と出逢うと、押したり掴んだりの闘いとなり、一方のカニは他方によって放り投げられたりする。縄張りの所有者はよそ者に対しては、隣人に対するよりもより手ひどい攻撃で応答する。よそ者は通常、縄張りを得ようとしてうろついているので、すでに縄張りをもっている隣人よりも、大きな脅威になる。いくつかのカニは、ご近所のよしみをもう一歩進めて、隣人の巣穴も守る。モザンビークの泥の平地にいるシオマネキの一種 *Uca annulipes* の研究で、オーストラリア国立大学のタニヤ・デットと共同研究者は、個体の大きさに注目しながらシオマネキの多くの相互作用を記録した。カニは、もし侵入者が大きさの点で隣人と自分自身の中間であるならば、小さな隣人の巣穴を守ることを彼らは発見した。これは守っている大きなカニにとって有利をもたらす。この環境下では、大きな新しい相手と縄張りの境界をめぐって再度やり合うよりも、元からの小柄の隣人を持っている方が話が簡単だからである（一方で、小柄な隣人の方もボディガードのサービスを得る）。オーストラリア国立大学のリチャード・ミルナーと共同研究者は、このシオマネキ種の雄は同種の雌の隣人を雄の侵入者から守るが、雌の侵入者からは守らないことを見いだした。雌はすぐそばにいる隣人とつがいになることもあるので、それゆえこの「騎士道的な」行為は結果として繁殖の機会をもたらすかもしれないわけだ。

　フィジーでの休暇の間に、海辺を歩いているとき我々は鋏の色がレモンイエローであるオキナワハクセンシオマネキ（*Uca perplexa*）に出くわした。我々は興味をそそられて、立ち止まってよく観察すると、二つの違うタイプの「招き」があることに気付いた。一つは典型的な波打ちで、鋏を挙げて外に開いてから下に降ろしつつ中に閉じ、一秒間ほど続くもの。そしてこれとたいへん違うもので、非常に速く水平に鋏を外と内に動かすもので、これは他のカニが近寄ってきたときに限る。典型的な波打ちの方は、「ここは俺さまの縄張りだ、俺はここにいるんだぞ」と言っているように見える。二番目のものは「あっち行け！」という意味のようだ。この攻撃的な波は近寄ってくるあらゆるカニに向けられるけれども、

では侵入者を持ち上げて遠くへ放り投げた。

波は押し合いになり、時々は闘いに変わった（図版22）。たいていは巣穴の所有者が勝ち、いくつかの例

た。他の雄は、しかしながら、近づき続けて水平な波を送り返した。二匹のカニが近づくと、攻撃的な

他の種のカニによっては無視された。しかし同種の雌および一部の雄には走り去らせる効果をもたらし

斑点のある海岸のイワガニ（*Pachygrapsus transversus*）はパナマ湾の潮間帯に棲む半ば陸生のイワガニである。フロリダ州のローレンス・アベルと共同研究者は、これらのカニが食物や捕食者からの逃げ場や温度ストレスの軽減を提供してくれる岩場の穴や裂け目を占拠することを発見した。捕食者や温度ストレスからの待避には、穴を避難所として利用すると都合がよい。こうした岩場の穴は、スナガニの場合に砂浜の穴が役立っているのと同じ機能を果たしているようだ。雄と雌は日中は避難所の岩から、藻を食べる場所である平らなすべすべした岩に移動する。雄は避難所の岩の上で縄張りを主張し、より大きな雄はより大きな領分を守る。

縄張りは他の多くのカニでも研究されてきた。カニダマシの一種の「陶器ガニ」（*Neopetrolisthes*、図版10）は、しばしばイソギンチャクやウニとの関連で取り上げられている。彼らはイソギンチャクの上を住み場所とし、ここを縄張りとしてイソギンチャクを侵入者の攻撃から守っている。ミドリ陶器ガニ（*Petrolisthes armatus*）はイソギンチャク *Condylactis gigantea* に住んでいるとき、縄張り的である。イソギンチャクは宿主としての寸法が相対的に小さく、一つの宿主の上に少数のカニしか一緒には住めないので、そこに居を構えるカニは縄張り的になるわけだ。縄張り行動はイソギンチャクが乏しいときはっきり現れるが、新しくやってくるカニが小柄の幼若個体であれば抑制される。イソギンチャクに住むカニの数

図 5.3　矢ガニ（*Stenorhynchus seticornis*）　Photo by Andrew J. Martinez.

は、カニたちの大きさと宿主であるイソギンチャクの大きさ次第で決まってくる。小さなカニでも数が多く増えすぎたり、または大きなカニがいると、敵対的な表出行動（ディスプレイ）が目立ってくる。侵略者と防御者が互いに相手を調べる期間に続いて、防御者は鋏を使って侵略者を押し出そうとする。イソギンチャクは陶器ガニ（*Allopetrolisthes spinifrons*）のような住人にとっては相対的に狭くて単純な住処を表している。その一方、ウニならばそこの住人であるカニ（*Liopetrolisthes mitra*）に対して、もっと大きくて複雑な住処を供給する。この場合には、共生者であるカニはもっと社会的であって縄張り的ではなく、そして他の成体のカニが雌雄いずれであっても、大きな宿主であるウニの上で一緒にいるところが、しばしば見受けられる。

雄のオレゴンのイソガニ *Hemigrapsus oregonensis* は縄張りを音で示し、大きなカニほどはっきりした信号を発する。彼らは濁って泥の多い水中や巣穴に住んでいるので、こうした環境では音によるコミュニケーションは役に立つ。マングローヴの木ガニ（*Aratus pisonii*：**図2・6**）はよく発達した社会的振る舞いと縄張り行動を示す。雄は攻撃的な出逢いをすると、鋏で互いに押し合う。一度ホーム領域が確立すると、個体は同じ領域に何週間も何ヵ月にもわたって居住する。

「矢ガニ」（*Stenorhynchus seticornis*）は、サンゴ礁に住んでいて動きの遅い夜行性のカニであり、昼間のシェルターを見つけられる岩の洞窟や、割れ目や、裂け目のそばで見つかる（**図5・3**）。それは縄張り的で、その種自身を含む他者に向かってたいへん攻撃的に振る舞うことで知られている。矢ガニは、長い蜘蛛のような脚、三角形の胴体、非常にとがった頭のために普通でない外観をしている。脚は胴体の長さの三倍以上ある。縄張り争いでは優位にある動物は敗者の脚をすべて引き抜いてしまう。**図5・3**に示されたそれは良い友達か、つがいである。

陸のヤドカリは縄張り的で、その集団の中で「突つき」の順位を確立するために、しばしば互いに攻撃的に振る舞う。これは触角を使う闘いや相手を力づくで押しやる形をとる。これはしばしば趣味のカニ飼育家の限られたタンク空間の中でも起こる。しかし通常は、外からの手出しを必要とするほど深刻にならない。ただしペットのヤドカリが相手を殻から引っぱり出そうとしたら、所有者はお互いを分けるべきだろう。

グルーミング

グルーミングは多くの甲殻類にへばりついている小生物や微粒子、ときにはあまり科学的でない言い方でcrud（うす汚れ）と呼ばれるものを取り除く手入れの形として普通である。外骨格はゴミ、沈殿物、岩屑などと同様に、そこにたかる小生物を引き付ける。フジツボ、コケムシ、多毛類の虫を含む多くのタイプの無脊椎動物が、硬い土台の上にたかって入植する。カニの甲羅は家と同時に移動性も提供してくれるのでとりわけ都合が良い。グルーミングは単なる化粧でなく、寄生の発生率を引き下げ、個体の健康を増進するものでもある。汚れがこびりつくと、動きを妨げることもある。知覚器官は表面にあるので、汚れは知覚活動にも影響を与える。細菌の汚れは嗅覚の剛毛上や、呼吸表面、胚を素早く広がりうる。表皮の上の異なった種類の感覚器の阻害は深刻な成り行きにつながりかねないので、グルーミング行動はたいへん役に立つ。全般的な体のグルーミングは甲羅、眼、脚をこすり磨くことを含む。巣穴から出てきたカニではくっついた泥を持っているところがよく見られる。甲殻類は定期的に脱皮してくっついたゴミや汚れの有機体を取り除けるが、脱皮の間の期間は歳とった個体や胚を抱いている雌では長くなり得るので、定期的なグルーミングは健康的な習慣である。

もっとも頻繁なグルーミングの行動は上あごを用いて触角、眼、鰓の表面を、鋏を用いて全般的に体の表面を巻き込む。掃除用の付属肢は特別な剛毛（剛毛）ととげ状突起を持つ。鰓室は剛毛によって掃除されるか、呼吸の水流を逆にすることによって洗い流される。陸のカニは水生のものに比べて汚れを被ることは少ない。しかし陸のヤドカリ（**図版8**）もまた、眼柄と触角をきれいにするために三番目の上顎を使って自分をグルーミングすることが観察されている。鋏と脚は、両方を互いに擦り合わせて掃除するために用いられる。陸のヤドカリが自分をグルーミングしているビデオはhttp://www.youtube.

com/watch?v=r5wjI89YE8Y か、または「land hermit crab grooming itself」を検索することで見られる。クモガニの一つのグループはグルーミングと逆のタイプの行動を示す。デコレーターガニは（第6章でもっと詳しく論じる）カイメンや藻のかけらのような物質を取り上げると、それが付着して成長を続けられる甲羅の上に、それを「植え付ける」。

学習

学習は真に行動ではなく、経験にもとづいて反応を変え、振る舞いを手直しする能力である。カニも他の動物と同様に、学習して情報を記憶することができる。シオマネキが隣人の巣穴を守ることを示した研究（上述の「縄張り」の節）では、このカニは誰が自分の隣人であるかを学ぶことが示された。同様にまたヤドカリは同種の個体を認識して、友好的な相手と非友好的な相手に区分けする。

研究室で実験に供されているカニは、水槽の中で不愉快な刺激（たとえば電気ショック）を受ける場所を避けることを学習する——典型的な環境反応だ。ヤドカリは、自分を病気にする食物を避けることを学ぶ。キース・ワイトと共同研究者によるこの発見は、カニはこうした過ちから学び、再び同じ間違いをしないようにこの情報を維持できることを示している。ブエノスアイレス大学のパトリシア・ペレイラと共同研究者は、ハマガニ（*Chasmagnathus* 属の一種）の頭上を捕食者である鳥が通過してゆく信号の真似として、水面の上空で遮蔽物を動かしてみた。最初はカニは巣穴に走り込んだが、何回もやっているうちに、影が射して暗くなってもそれは危険を意味しないことを学習して、もはや逃げなくなった。これはカニの反応が単純な反射行動でなく学習にもとづいた反応であり、過去の経験から学んでいることを示していた。ただしカニも人間に似て、歳を取ると記憶力が低下してくることもわかった。

イソワタリガニ（「ミドリガニ」*Carcinus maenas*: **図1・8**）で学習に関する多くの研究がなされており、迷路の試験では成績向上の能力を見せている。ウェールズのP・カニンガムとR・ヒューズはこのカニの個体をイガイあるいはチジミボラ（このカニの普通の餌食）と一緒にタンクに入れて、捕食の際の行動を観察した。カニがチジミボラとかイガイの貝殻を割って開ける能力は、練習とともに改善できることが分かった。この学習は数時間にわたって続いた。それればかりか、一つのタイプの餌食について学んだスキルは、新規な餌食を扱うときにも応用された。大学院生のロス・ローズはこのカニが隠してある貝の位置を学ぶ能力を実験してみた。一週間毎日テストすると、餌を見つけるのにかかる時間が次第に短くなり、これはカニが数日のうちに場所を学んだことを示していた。しかしアオガニ（**図版3**）では、隠された食物を見つけるのにかかる時間が短くならなかった。これはそれらがミドリガニほど「賢く」ないことを示している。ラトガーズのパトリシア・ラミーと共同研究者は、この二種の間に別の行動上の違いがあることを見つけた。ミドリガニはアオガニよりも、新しいエリアを探索することに多くの関心を示した。新奇な場所を探せば新しい食物などの資源の発見の機会も増えるだろう。しかしアオガニも、まったく筋肉ばかりの「脳なし」でなく、いくつかのことは学べる。ノースカロライナ大学のフィオレンザ・ミチェリは、アオガニが大きな貝より小さな貝（殻を開けるのが容易で食物をより早く供給する）を選ぶように初期の大きさの好みを変えさせられることを発見した。

動物の行動についていくつか他の重要な局面——求愛とつがい形成——については第4章で扱っておいた。移住と航行や、行動のいくつかの他の局面は第6章で取り上げる。

6　生態学

カニは多種多様な違う住処に住んでいるので（第2章参照）、その生態学も同様に多様であることも不思議でない。以下では幼生から若い個体への変遷にはじまり、冬眠、移住、航行、他の種類の生物との相互作用、そしてカニが環境に及ぼす作用も含めて、こうした立場からカニの生態学を概観する。

プランクトン型の幼生から底生の幼若個体への移行

カニも含めて大部分の海の無脊椎動物の拡散では、プランクトン（浮遊生物）という幼生段階が特に重要である。第4章でも論じたように、ほとんどのカニは自由遊泳するプランクトン幼生として水中で孵化してくる。成体となったカニは一般に底を這って歩くので、長い距離を旅することはなく、それゆえ幼生段階が拡散のおもな時期である。例外としては、幼若個体として再度プランクトン状態（遊泳生活）になり、より遠くへ拡散を続けるアオガニのような泳ぐカニがある。多くの商業的に重要な種は、漁業と関係なしにも個体群に広い振れ幅があるので、幼生の移住の生態学、新参者の補充（つまり幼若個体が生き延びて個体群に加わる）、幼生から水底への参加（入植）、入植後の捕食／餌食相互作用などの理解に、たくさんの研究が重ねられてきた。こうした過程はどれも、幼生生活の時期の出来事、落ち着き先の選択とそこへの入植、幼若個体段階へと変態してから以後の生活などと関連して、成体個体群のサイズに大きく影響を及ぼす可能性がある。底生生活へと無事に移行するには、プランクトン幼生として生き延びて、ふさわしい底生生活の場所で変態しなければならない。違う各種のカニで新参者の補充には年次ごとの振れ幅があり、その変動に関連する環境要因としては、潮流、海の干満、風の具合、気候変化、底部の環境などの物理的要因も含まれる。

潮流や干満や風は、幼生の拡散での重要な物理的要因である。アメリカイチョウガニの研究で、国家海洋気象局（NOAA）のアラン・シャンクスと共同研究者は、潮流に影響する気候要因が幼生の帰還成功に大きな役割を演じることを見いだした。春の移行——海流が海岸に向かって移動してくる時期——が特に重要であった。この移行が早く起こる年には、戻ってきて入植するカニが多かった。それに加えてまた、太平洋岸に沿って北上する有力な潮流があることから、ワシントン州のカニ個体群は遙か南方からやってくる幼生に懸かっていることが示唆される。NOAAのロバート・マコノーギーと共同研究者は、北への輸送が相対的に弱くてしかし陸に向かう輸送が強い年には、より多くのカニが入植してくることを見いだした。彼らの示唆によれば、幼若個体の再入植の成功度は、比較的狭い「海岸着陸帯」のうちに留まっている幼生の多さと、彼らが入植の際に海岸の着陸帯で適切な基質を利用できる機会と、そしてまた海岸地帯から潮流によって運び去られてしまう幼生個体数を反映しているという。

河口地帯――温度や塩分濃度が比較的短時間で大幅に変わる地域――は、幼生を密集させるのに役割を演じている。短い時間尺度では大潮の日（春潮）には、より多くのメガロパ（変態の準備をしている幼生段階）が海岸に向かって移動してくる。しかし幼生は完全に干満と潮流のなすがままにされているのではない。メガロパは驚くほどよく泳ぎ、自然の住み場所で見いだされるのと同じスピードで、流れに逆らって遡ることができる。

生物の種が違い場所が違えば、重要となる物理的要因も違うことがある。アラン・シャンクスは東海岸の種について研究した結果、幼生段階後のアオガニはおもに潮流によって海岸に運ばれてくるが、シオマネキのメガロパはほとんどが風によって起こされた表層流れによって海岸まで運ばれ、そしてリビニア（クモガニ科、*Libinia* spp.）のメガロパは底部近くにいたものが上方への湧き上がりの時に海岸の方に運ばれてくることを示唆している。チリ南部大学のルイス・ミゲル・パルドと共同研究者はチリ湾のいろいろな場所で *Cancer (Metacarcinus) edwardsii* のメガロパの入植を研究した。彼らの結果から、カニの幼生が河口域に帰還してくることに影響する優勢な物理的要因は河口あたりの場所によってもいろいろ違うことがわかってきた。河口域では水流の湧き上がりの量によって変わる循環、あるいは沿岸の風の強さが入植をコントロールしていた。一方湾の奥の場所では、入植はほぼ潮流のみによって影響されていた。湾口での入植に潮流の影響がないという事態は、研究されたこの地域では潮流が相対的に小さいことと、湧昇の影響が圧倒的に強いことで説明された。彼らの結果はまた、入植にとって捕食されることの影響は無視できることも示していた。

幼生の輸送と補充に対して海の酸性化や気候変化が及ぼす効果も調べられている。アラスカでは一九七〇年代以後さまざまの種について漁業規制が課されてきたにもかかわらず、新規集団の補充は充分でなく、これは初期のゾエア段階の餌となるべき珪藻（重要な植物プランクトン）の成長を妨げがちである気候変化に関係があるように見えた。

プランクトン（浮遊）状態の幼生から水底で暮らす幼若期への移行は決定的に大事な時期であり、ここでは水底の性質（基質）が重要な役割を果たす。一度幼生が水底に落ち着いてしまうと、そこで見いだされる住み場所がその後の成功を左右する。違う各種のカニは、一般に特定タイプの基質を好む。そしてアメリカイチョウガニ、アオガニ、タラバガニも含めて多くの種は、垂直的な構造と、捕食者となりそうな相手を避ける避難所を供給してくれる岩の裂け目もある複雑な住み場所を、積極的に探す。ワシントン大学のデーヴィッド・イーグルストンとデーヴィッド・アームストロングは、新しく入植してきたばかりのアメリカイチョウガニのメガロパ幼生は、泥質の住み場所よりも貝殻のある住み場所でずっと豊富に存在していることを見た。また実験的な研究からは、潜在的な捕食者が除かれた区域での方がメガロパ幼生が豊富であることも分かった。入植するタラバガニ（図1・13参照）の住み場所の選好性を、NOAAのブラッドリー・スティーヴンスと同僚は、野外と研究室の両方で集中的に研究した。タラバガニのグラウコトエ幼生［タラバガニも含む異尾類で、短尾類のメガロパに相当する最終段階のプランクトン幼生］は、複雑な住み場所——ごろ石があったり、ヒドロ虫や藻が生えている場所——に好んで入植し、泥質とか砂質の場所には落ち着く様子ではなかった。「生物に由来する基質（biogenic substrate）」——つまりヒドロ虫や藻やコケムシのいる場所ということだが——は、特に具合のいい住み場所である。なぜならそこは複雑というだけでなく、カニの餌を組み込みで提供してくれるからである。餌が組み込みであるにせよないにせよ、複雑な住み場所は捕食者に対する防御を供給する。大きなタラバガニを捕食者として使った実験でさえ（共食いはカニでは普通である）、幼若個体は複雑な構造のある住み場所でもっともよく生き延びた。

入植してくるアオガニのメガロパもまた、生物活動のある住み場所を好むように見える。彼らはアマモやカキのいるエリアに選択的に入植するが、泥や砂の基質は避ける。ただし早期の若いアオガニは、水の中を泳ぎ昇ってきて再び分散することができるので（入植後の分散）、その後で他のタイプの複雑な水底の住み場所に、プランクトン式のやり方で再移動することもできる。

巻貝の中のヤドカリ

ヤドカリの腹部は真正のカニのように平らにきちんと折り畳まれているのでもなく、またロブスターの尾のように太くまっすぐ伸びているのでもない。むしろ真正のカニに比べると相対的には大きく、わずかに曲がっているが、外骨格で覆われておらず、柔らかく傷つきやすい——この理由から、腹部を防護のために巻貝の殻の中に保っている。腹部は、コルク栓抜きのように曲がっている巻貝の殻にうまく合うように曲がっている（**図1・3**参照）。ヤドカリは危険な目に遭うと、筋肉を収縮させて素早く深く殻の中に腹部を引っ込め、それから鋏を使って入口を閉ざす。鋏は形も寸法も、入口を閉ざすのに完璧に適したものになっている。鋏はまた防御と食事用にも使われ、二番目と三番目の歩脚対は歩くのに使われ、そして短い最後の二対で体を殻の中に保持する。排泄物を水中に放つには、腹部をくるりと殻の入口まで曲げなくてはならず、曲芸のような大仕事である。脱皮の際もまた、相当な長さの古い身体を巻貝の殻の家から脱出させて、殻から這い出さねばならない。

殻はいろいろな機能を提供する。陸生のヤドカリにとって機能の一つには水の貯蔵があり、巻貝の殻に水を入れて運ぶことができる。それで比較的乾いた地帯に住むこともできる。どのヤドカリも捕食者からの防御用に、うまく合う殻に依存している。ヤドカリの本体と、それが占領している殻との相対的な大きさがその生存、成長、繁殖に影響してくる。小さすぎる殻の中にいて育ちの遅いカニは空気に晒されて、乾燥への耐性が小さい。そして完全に殻の中に引っ込むことができる仲間に比べると捕食者に食べられやすい。自分が住む巻貝の殻より大きすぎるほど育ってしまったときは、うまくフィットする大きな殻を見つけ直さねばならない。彼らはそうした殻を、殻の持ち主だった巻貝が死んで腐り始めた時に、その匂いで見つけるか、あるいは巻貝の殻の主成分であるカルシウムを探り当てる。カニは一般に、新しい殻を見つけるために巻貝を殺すことはせず、しかし空の殻をめぐって、ことに空屋の殻が乏しいときには、他のヤドカリと闘うことがある。新しい殻を手に入れると、それを回して、殻の開口部のあたりをサイズを測るかのように鋏と歩脚で探り、表面や内側の大きさを調べる。もしうまくフィットしそうであれば、カニは古い殻から自分の腹部を引き抜いて、それと認めにくいほどの素早さで新しい殻に差し込む（殻の切り替えは危険を伴うのだ――捕食者に襲われるかもしれず、あるいは他のヤドカリによって一つ、または両方の殻を失ってしまうかもしれないから）。

カニは新しい家を候補一覧に載せることなしには、滅多に現在の殻を捨てたりしない。ただし嵐や洪水などの出来事で砂に埋められたりすると、表面に戻るために殻を捨てることがある。殻を捨てると埋没を逃れて生き延びるチャンスは増すけれども、この行動によってまた捕食や別の洪水の出来事などで埋まったり傷ついたりする危険も増える。

特定の種のヤドカリは決まった種の巻貝の殻を好む傾向もあるが、しかし決定的な要因はサイズにある。大きくて重い殻を占有すればより大きな防御が得られる。しかし大きな家を引きずって歩くのにはそれだけ多くのエネルギーを使う。殻はしばしばフジツボや藻など他の生物体で覆われ、そうするとまた殻が重たくなり運ぶのが困難になる。いくつかのヤドカリの種はコケムシのコロニーによって完全に覆われた殻に住む。コケムシは最後は巻貝の殻を溶かして、カニに完全にコケムシからなる家を残す。コケムシのコロニーが育ってくるとカニも育ち、こうしたカニは家を変える必要がない。

合わない殻を持ったヤドカリは、殻が利用可能になるかもしれない死にかけている腹足類や他のヤドカリに、化学的に引き寄せられる。地中海のヨコバサミ属の一種（*Clibanarius erythropus*）の場合には、腹足類を捕食する場所が何ダースものヤドカリを引き付ける。フロレンス大学のエレナ・トリカリコと共同研究者は、こうした集団が殻の交換市として機能することを観察した。最初のカニが空の殻をまず手に入れると、カニの間で殻交換の連鎖がそれに続く。巻貝捕食の場所とよく似ている場所が、他のタイプの場所よりも速やかに多数のヤドカリを引き付けることを、研究者たちは見いだした。つまりこうやって集まることはこの種にとって、新しい殻を得る上でもっとも効果的な戦略なのだ。ベリーズではオカヤドカリ（**図版8**参照）の殻交換がいっそう組織立てられていて、このユニークな行動を発見したタフツ大学のランディ・ロットヤンと共同研究者はこれを「同期した空家チェーン」と名付けた。大きな空の殻が利用可能になっていると、たくさんのカニがその周りに集まってきて、それは何時間もかかることがある。カニたちは集まると、空屋の殻に取り付いたもっとも大きなカニから始まって、大きさの減少する順に並ぶ。カニは振り付けられたかのように殻の交換を始めて、次から次へとより小さいカニが、その手前にいて少しだけ大きいカニが引き払った直後の新しい殻に登って中に入る。チェーンの同期がうまくゆくのは、小さすぎるカニが大きすぎる殻の周りにぐずぐず居残っていると、おそらく渋滞の結果として、殻に合う大きさのカニが結局やってきて、よりよくフィットする引き渡しの機会が増すことになるのだろう。

大半のヤドカリと大半の巻貝は右手型（右型）で、時計回りの巻き方だが、いくつかの種類はヤドカリ科［ツノヤドカリ属］のように左手型（左型）であり、反時計回りに巻くので、そのように巻いている巻貝の殻を見つける必要がある。巻貝の主流派は右手型だから、左手型のヤドカリ（たとえばサンゴヤドカリ属）は、左手型の貝を探すのが難しい。これが、それらがときどき元々の占拠者が残存している巻貝の殻に住むのが見つけられる理由だろう。左手型の *Petrochirus diogenes* はカリブでもっとも大きいヤドカリで、成体は見事な五インチから八インチの大きさに育ち、しばしば「女王巻貝」の殻の中に見つかる。一般規則の例外として、彼らは巻貝を攻撃して食べてしまい、そうやって食事と殻の両方を得る。

ときどきヤドカリは、タカラガイや蠕虫の殻のように普通でなくてヤドカリ自身も望んでいない形の殻の中に見つかる。東ミシガン大学のキャサリーン・バッハとブライアン・ハズレットは、普通でない殻の中にいるカニは殻交換に向けての動機がより一層強くて、空の殻が与えられると躊躇なく標準型の殻へと移住することを見いだした。標準型の殻にいるカニは、うまく合わない半端な形の殻には移動し

児童文学の中のヤドカリ

エリック・カールの本『ヤドカリの家』は、就学前と小学校低学年の子供向けの人気のある絵本である。幼い読者にヤドカリの住み場所を通じて海の環境の美を紹介し、そして変化と成長への挑戦に直面している小さな子供へのメッセージを含んでいる。ヤドカリは、最初の家にとっては大きく育ちすぎて、困ってしまった。新しく見つけた家は十分に広いけれども、むき出しのままで魅力的でなかった。彼にとって意外なことに、多くの海中の隣人たちが新しい家を飾り付け、守るためにやってきた。新しい家が完璧になるころには、この家も小さくなってしまい、彼は再び新しいものに引っ越さねばならない。しかし今度は彼にはもっと自信がある。馴染んだ殻をあとに残して去ることを残念に思う一方で、いまや未来に向けて興奮すべき可能性を見ている。学校を変わらねばならない、あるいは新しい町に移る子供は、自分をヤドカリの状況に引き寄せて理解できて、変化は必ずしも怯えたり否定的に受け取ったりすべきものでないというメッセージを、この本から味わうことができる。

なかった。妙な形の殻の中にいるカニは標準型の殻にいるものに比べて、波の押し寄せによって取り除かれやすかった。

バミューダ島のオカヤドカリ（*Coenobita clypeatus*）はほとんどすべて、その島では一八八〇年代に絶滅した種である巻貝のチャウダーガイ（*Cittarium* [*Livona*] *pica*）の化石の殻を使っているのが発見されていた。ヤドカリは殻の入口を広げる加工をする。化石の殻の供給は減少して、結局ヤドカリ集団も絶滅の運命にあるだろうと思われた。しかしジョージア大学のサリー・ウォーカーは、ハリケーンが他の島から殻を運んでくること明らかにしたので、ハリケーンの頻度がこのヤドカリ集団にとって重要な要素となる。その巻貝自体もまた島に再導入されたので、その殻も将来、豊富になってゆくだろう。

冬眠

冬の間、温帯のカニの多くの種は休眠した状態に入るので、これは冬眠と呼んでもよいだろう。この状態ではカニは水底に体を埋めて（あるいは巣穴の奥深く潜って）活動しない状態になる。水温が低く、昼間が短くなると、たとえばアオガニ（**図版3**）は水深の深いところに引っ込み、泥や砂の底で冬を過ごすための巣穴を掘る。それは素早い弾くような動きで、腹を後ろ向きに底へ押しやって体を埋める。これをやっている間、カニはまた後部の歩脚で底の砂や泥をひっかいて、遊泳脚の櫂でそれを跳ねのける。これは底に向かって四五度の角度で、触角と眼柄の先と呼吸用の小さな孔だけを表面上に残して終わっ

ヤドカリについて書いたオピアヌス

西暦 170 年ころの古代ギリシアの詩人オピアヌスは、ヤドカリの新しい殻探しを描いた最初の一人だった。

ヤドカリは生まれながらの自分の殻を持たず、裸で守られておらず弱く生まれついている。けれども彼らは工夫して家を自分に贈る。弱々しい身体を偽物の庇護で覆い、どかあり家を去り、見知らぬ者のマントの下に這い寄り、そこに入り込み住みついて、それを自分の家としてしまう。それに加えて彼らはシェルターを内側から動かして旅をし、移動する――それは殻を残したアマガイ、ホラガイ、またはスイショウガイかもしれないが。ヤドカリの大半はホラガイの殻を愛している。なぜならそれは広いし、運ぶのに軽いからである。しかし中に住むヤドカリは、育って空間がいっぱいになってしまうと、家を維持することはせずに、そこを去ってもっと広い殻の器を探す。しばしば争いが起こることもあり、ヤドカリどうしの間で空の殻をめぐっていさかいが生じ、強い者が弱い者を追い出して自分に合う家に落ち着く（A・W・メーア訳）。

て仕上がる。ツノメガニでは鰓の近くの特別な嚢に酸素を貯えて、巣穴で冬眠する。春になって暖かくなると、彼らは活動を取り戻す。オーストラリアでは陸のヤドカリが海岸から離れた内陸で、地下で冬眠する。四月遅くから八月遅くまでの間で、これは南半球では冬の時期に当たる。

移住

カニはある区域から別のところへ定期的に移住を行う。「移住」というと長い距離の移動を想像させるけれども、カニは短い距離と長い距離両方の移住を行う。定期的な移動の多くのものは、適切な時に餌を取るために行う必要がある。プランクトン状態の幼生はカニも他の無脊椎動物も、定期的に水中で上下に動く。夜間餌をとるためには表面近くに浮上し、捕食者から自分を見えにくくするためには日中深い水中に沈む。シオマネキやスナガニのような半陸生のカニは引き潮のとき定期的に餌をとりに海岸線に降りてくる。そして潮が戻ってくると坂を上がって巣穴へと引き返す。陸生のヤドカリは茂みや波打ち際のゴミの下に昼間の間は隠れて、夜に海岸に移動する。彼らは卵を産みつけるためと、自分の水塩分バランスのために海岸が必要なのだ。モグラガニ（図1・5）は、波からの水が浜辺を洗う海洋の浜辺の波打ち際に住んでいて、それゆえそれらは各潮流の周期ごとに浜辺を上下に移動して回って、水からプランクトンを濾し取るのに適切な位置にいようとする。アオガニのように完全に水生のカニは定期的に満ち潮の時に餌を取るため、つがいを見つけるため、脱皮のために塩の湿地の表面に上がり、それから潮が引いたときに深い水に戻る。イチョウガニ（**図版2**）属の多くの岩ガニは、冬の間は深い水へ、夏には浅い水に戻る移住を実行する。この移住は温度変化に誘発されている。多くのイソワタリガニ属のカニは、似たような季節的な移住によって海岸に接近したり離れたりする。

いくつかのカニは繁殖に関係してもっと広範囲の移住を行う。たとえばチュウゴクモクズガニ（**図2・7**）は降流性、つまり淡水の川から下って繁殖のために何百マイルも移住する。成体は淡水の住み場所から河口の塩水域まで、流れを下って移住するわけで、雌はそこまで一〇〇万個もの卵を抱えてゆき、両性は繁殖の後すぐに死ぬ。移住の間、干潮の時に流れを下り、満潮の時には上流へ流し戻されるのを防ぐために巣穴に籠っている。幼生は海水中で個体発生を遂げる。一～二ヵ月の幼生期間の後で、若いカニは塩水か汽水へと、遅い春に入植する。それから満潮の時には上り方向に動き干潮の時に巣穴に籠ることによって、淡水へと戻っていって移住する。

アオガニ（**図版3**）も似たように、繁殖と関連しながら流れを下る移住を行う。つがいの後、雌は冬を過ごす湾口に移住する。この移住は、干潮の時に水中を上方向に移動して、その結果下流に押し流されるという垂直な泳ぎのリズムが助けとなっている。数ヵ月後、雌は卵を彼女の腹部の上に放つ。幼生は初期の個体発生を海で行い、それから若い個体は正しい時に水中を上下方向に動くことで潮の干満を捕まえて河口の方へと戻る移住を行い、潮が押し寄せてきても大洋に掃き戻されることなしに上流へと遡ってゆく。

アラスカのタラバガニ（**図1・13**）は冬の間につがうために深いところから浅い水へ移住し、それから年の残りは深い水へ帰る。いくらかのカニはこの年に一度の移住で一〇〇マイル以上も移住することがわかっている。毎年春、卵は浅い水の中で孵り、そして成体は深い水へ戻る旅を始めるより前に脱皮する。アラスカのカニの移住のパターンを学ぶために、雄のタラバガニがブリストル湾で二〇〇九年一二月にタグ（標識）をつけて放流された。一方また雄のズワイガニも漁場で二〇一〇年と二〇一一年の春にタグ付けされ放流された。漁業者と公共機関が、移住パターン調査用にタグ付けしたカニの回収支援を依頼された。

陸生のカニは両方とも――オカガニ（*Gecarcinus lateralis*: **図版6**）のような短尾類と、異尾類である陸生のオカヤドカリのどちらも――、繁殖のために何マイルも海に向かって下る移住を行う。成体が陸上で繁殖のために集合した後に、卵は雌の上で育ちはじめ、こうして抱卵を抱えた雌は、卵を幼生として放出できる水辺まで移動して、それから内陸に戻ってくる。海との間を往復する成体と、また海中でのプランクトン状態の幼生から数週間後には海岸まで戻ってくる幼若成体にはどちらにとっても、移住に多くの危険が伴っている。成体は捕食者に攻撃されるかもしれず、海へと流し出されるかもしれず、あるいは崖から落ちるかもしれない。何千匹ものカニが同時に海を目指す移住は、それが住んでいる熱帯の国の海岸道路に大きな交通の妨げを引き起こす。何百何千ものカニが道で殺され、または崖から落ちて毎年死ぬ。

すべてのうちもっとも壮観なカニの移住は、オーストラリア沖のインド洋の小さな島（およそ八五平方マイルで、実際にはジャワ島沖のインドネシアに近い）であるクリスマス島で起こる。一〇月と一一月に雨季が始まると、島は野も原もゴルフコースも、横道と道路も、海岸につながる崖を越えて繁殖のためにうじゃうじゃ群れる何百万ものカニの大群で赤く沸き立つ。赤い陸生のムラサキオカガニ属のカニ

Gecarcoidea natalis は、クリスマス島に住んでいる多くの陸生あるいは淡水生のカニの一種だが、雌雄両方が繁殖のために海に移住する種としては、唯一のものである。雄がまず海岸に移動し、そこで雌を待つために縄張りを確立して砂に巣穴を掘る。雌は数日後に到着し、通常巣穴の中で雄とつがう。雌は交尾後数日で卵を産み、約二週間、卵が初期発生を遂げている間湿った巣穴に留まる。一匹の雌は一〇万個の卵を産むことができる。大潮期間の最後の四分の一の時期に、雌は孵化している幼生を海に放ち、そして森への帰還の移住を始める。幼生の方は約一ヵ月の間に海の中でいくつかの段階を経て、最後のメガロパ幼生は海岸に近づいて脱皮してカニ幼若成体となって水から去る。新しく変態した若い個体は物陰に隠れて、自分自身で掘れるようになるまでは巣穴を共用する。差し渡し半インチたらずの赤ん坊のカニは、内陸への行進を開始する。島には再び森に着くまで島を横切って這う何百万もの小さなカニがうごめく赤い大群が現れる。赤いカニが森から海に行き、それから再び戻ってくるまでおよそ二ヵ月かかる。

クリスマス島の観光産業は、別の訪問理由もいろいろ数えあげてはいるが、一〇月の終わりから一一月初めにかけて島への訪問客の主要な理由は、五〇〇〇万匹から一億匹の赤いカニの移住の見物である。移住の最初の部分である海への降下は、一〇月終わりから一一月終わりの間のわずか五～七日続くだけなので、特に遠くからの訪問者にとっては、小さな機会の窓に合わせて旅行計画を立てるのが難しい。移住の間、乗り物で轢き殺されるカニの数を減らすために「カニ交差点」と道路の下に掘ったトンネルが、海への旅の途中で何千ものカニが渡る地点に準備された。地方当局はカニを道路から隔離するフェンスを設けて（**図版23**）、行列してくる赤い塊をこれらの交差点やトンネルに誘導する。人間社会の側が

で、また120マイル以上のロングアイランドサウンド沖からニューイングランドの大陸縁に沿ったビーチ・キャニオンまでという具合に遠く旅行したものもあった。

ロブスターの移住

イセエビはロブスターのなかでもっとも有名な移住を海で実行する。はじめフロリダ大学のウイリアム・ヘルンカインドが記述したように、彼らは長い道のりを一列に並び、海底を横切って深い水中を行進する。明らかに夏と秋の嵐の始まりへの反応であり、冷たい濁った水のストレスを避けるためである。「トゲロブスター」の移住は水中で観察され撮影されてきた。各ロブスターはその触角を前にいるロブスターの尻尾に触れて、そして移住の間じゅう魚の群と同じく接触は保っているが、そこに一貫したリーダーというものはいない。しかし魚の群と違って、この方向づけられた移住は夜の間続く。なぜ彼らが一列になって進むのか、仕組みはまだ謎であるが、しかし警戒と共同の防御、そして抵抗の減少というすべてのことが、行列を行う理由の一因となっているようだ。

チャペルヒルのノースカロライナ大学のラリー・C・ボレスとケネス・J・ローマンは、「トゲロブスター」［イセエビ近縁種］が磁場を使って方向付けをすると報告した。彼らの研究では、エビたちは知らない水域に運ばれても位置を決定できると示唆されている。ロブスターは捕獲場所から海水を満たした蓋つきの容器に入れて 7.5 ～ 23 マイル移送され、トラックとボートで遠回りした道を使って輸送された。いったんテスト地につくと、ロブスターは眼隠しされていても、捕まった場所の方向を区別することができて、帰りの移動を開始した。こうした行動は、「真のナビゲーション」として知られる能力を示した最初の無脊椎動物である。それ以前の研究でもボレスとローマンは、カリブ海の「トゲロブスター」（*Panulirus argus*）が４つの主要な方角である東・西・南・北を決定するのに体内の磁気コンパスを使うことを発見していた。

ヨーロピアンロブスター（「カギ爪ロブスター」）も、タグ付けし再捕獲するという方法で研究されて、印象的な移住をする。研究者たちは放流地点をその後で再捕獲する地点と比較して、彼らが旅した直線距離を見積もっている。たいていのロブスターは放された場所から比較的近くで捕獲されたけれども、たとえば 180 マイル以上のフンディ湾から南メインま用意している他の保護対策は、主要な移住経路の一帯を最盛期に道路閉鎖することと交通路の迂回である。

航海と定位

移住するカニの定位メカニズムには、動物に適切な方向づけをさせる体内コンパスと、場所の目じるしを思い起こす能力が関与している。良好な空間認知に加えて、筋運動的（kinesthetic）記憶——過去の運動の記憶——もあるらしく見える。カニはこれがあれば、自分の足どりをたどり直すことができる。グラスゴー大学のジョン・レインと共同研究者はカニが距離を決定する方法を持っていることを明らかにした。彼らはシオマネキが家に戻る途中に湿ったアセテートのつぎはぎを置き、家に走り帰る時にその上で滑って、通常よりも多くの歩数を費やすような実験を組み立てた。つぎはぎを横切って走るスピードが普段よりも遅いカニは、巣穴に着く手前で止まり、すでに巣に到着したと思ったように見えた。一方で走るスピードがアセテートで影響を受けなかったカニは、手前で止まらず巣穴の入口までまっすぐ走った。

潮間帯の泥の平面に住んでいるカニは、自分の目の高さから七～八倍よりも遠くにいると、自分の巣穴の入口を見ることができない。スナガニが巣穴から数フィートのところにいれば、たとえ夜でもすぐに巣穴を見つけたが、しかしそれより遠くに移されると、もとの巣穴を見つけられずに、他のカニをその巣穴から立ち退かせようとしたり、新しいのを掘ったりした。雄のシオマネキは、高さのある求愛用の巣穴構造（たとえばフードや煙突、**図4・1参照**）を目で見る標識として使えるかもしれない。テーウォン・キムは、ハクセンシオマネキの雄は巣穴の入口にフードがあると遠い距離からでも巣穴への方向を発見できることを見いだした。シオマネキが水中にいるときは、おそらく哺乳類や鳥の捕食者から逃れようとする結果だろうが、海岸の傾斜を手がかりとして背後の岸辺を方向づけする。これと対照的に、水生のアオガニにとっては方向づけの主要な要因は波の砕け方である。

東アフリカのベンケイガニ *Parasesarma leptosoma* は、一日に二度マングローヴの根元から、これと決まっている木の枝の食事場所へ移住する。フロレンス大学のステファノ・カニッシは、化学的ないし視覚的なきっかけが食餌場所にたどりつくための方向づけと、もとの場所への帰還に関係しているか否かを調べた。彼らは枝分かれの接合点を変えて、可能な化学的な手がかりを変化させても、歩く足元にある土台物質は帰還する能力に影響を与えないことを見いだした。またそれに加えて、人工的に非対称に分かれさせた枝を渡るように訓練したカニは、枝分かれの位置を変えたり、枝全体の位置を幹の周囲で回転させた後でも、行く先の位置を相変わらず見つけることができた。さらに、視界から上空の大半を隠すような二枚の広い黒白のスクリーンを切り替えても、影響を受けなかった。つまり化学的にも視覚的にもカニを混乱させることができなかったので、彼らは別のきっかけを使っているに違いない。さらにまた、印をつけて二〇フィート離れた木に移動させたカニは、数日のうちに元の木に戻っていた。ただし五〇フィート離れたところに移したカニは、移された新しい木から離れる傾向はあったが、元の木には戻らなかった。たぶんそれを見つけるには遠すぎたのだろう。

他の生物との相互作用

他の無脊椎動物との相互作用

＊腔腸動物との相互作用

腔腸動物はイソギンチャク、クラゲ、サンゴ、ヒドロ虫を含む原始的な動物の門である。

イソギンチャクやクラゲと、カニのもっとも興味深い関係の一つとして、イソギンチャクとの関係がある（**図版19**）。*Dardanus* 属のヤドカリは、ベニヒモイソギンチャクと家を共有するという共生的な関係を作る。イソギンチャクはカニが住んでいる巻貝の殻に付着して、カモフラージュや防御を提供する。これら二つの相棒は食物を分け合う。イソギンチャクはその下端に硬い基質、この場合はカニが住んでいる巻貝の殻だが、そこにしっかり付着するための足盤（pedal disc）という構造を持っていて、普通は自分では動き回らない。カニが行く先にイソギンチャクも連れてゆかれることになるので、それはイソギンチャクの分散を助ける。カニは自分の住まいである殻が窮屈になるほど大きくなると、もっと大きな新しい殻を見つけて引っ越して、通常そこにイソギンチャクも移植する。これには両方の相棒の協力が必要だが、カニはイソギンチャクが足盤を放してもとの貝殻から離れるように扱うことができる。イソ

ロブスターの口器の上で生きる

シンビオン・パンドラ *Symbion pandora* は1インチの50分の1の大きさの小動物で、一方の端に小さな毛（または繊毛）のリングがあり、他端は短い茎状を呈してその末端は粘着性のディスクとなって宿主に付着している、球根状のチューブの形をした小動物である。ノルウェーロブスター（*Nephrops norvegicus*）の口器の上で生活しており、ロブスター1匹ごとに10～100個体くらい存在している。シンビオンは余った食物の小さなかけらを食べていて、宿主にとっては無害のようだ。動物界の中で独自の存在であり、1995年にようやく発見されたので、進化の歴史や分類学上の位置づけはまだ明らかでないが、まったく新しいシクロフォラ Cycliophora という動物門の最初の代表者である。有性生殖のタイミングは宿主の脱皮サイクルと一致していて、ロブスターが脱皮する時、シンビオンは、新たに脱皮したロブスターに引っ越して入植するプランクトン様の幼生を産出する。これによって、脱皮してロブスターの古い殻の上に置き去りにされるという問題を解決している。

ギンチャクは引っ越しの途中では逆立ちして触手で新しい殻に付着し、再度逆に逆立ちして足盤で殻にまた付着するまで、カニにぴったりくっついて手助けしている。似たような関係と行動は、他のヤドカリとイソギンチャクの種でも見られており、大半は温度の高い暖帯と熱帯の海域である。いくつかの例では、イソギンチャクが相互関係の中で主導権を握っていて、自分自身を移植する。あるヤドカリ種では、自分を覆ってくれるような位置にイソギンチャクをまず固定し、覆いとなるイソギンチャク（*Adamsia palliata*）の方は、ヤドカリ（*Pagurus prideaux*）が住みつく殻の周りに覆いかぶさる。イソギンチャクが育ってくると、殻の周囲には有効な隙間が追加されるので、ヤドカリには育つ余地ができて、もっと大きな巻貝の殻を探すことは必要でない。

アカホシカニダマシ（*Neopetrolisthes*）は、イソギンチャク（**図版10**）の触手の中につがいで住む小さなカニで、プランクトンのような食物とイソギンチャクからの粘液を餌としていて、もっと有名な隣人であるクマノミと評判を争うほどになっていることもある。

いくつかの短尾類のカニもまた、イソギンチャクと特別な関係を持っている。キンチャクガニ（別名「ボクサーガニ」、または「ポンポンガニ」）は、海の水族館で人気のあるたいへん魅力的で輝く色彩をしたカニで、一対のイソギンチャクを両方の小さな鋏に一個ずつ運んでいる（**図版20**）。小さな白いイソギンチャクはポンポンとか拳闘のグローブのように見えるので、これがカニの通称になっている。このカニの鋏はごく小さくて防御としてはあまり有効でないが、しかし特にイソギンチャクの肉質の体を掴むのには適している。このイソギンチャクは自分から足盤で付着しているのではないが、イソギンチャクの刺す能力は防御として役立つ。捕食者が近づいてきたとき、カニは刺す触手を持っているイソギンチャクをうち振る。これはカニによる道具の使用と考えられるだろうか？　魚その他の捕食されそうな相手が近づくと、カニはイソギンチャクを突きつける。ほとんどすべてのカニは鋏を使って、食物を手頃な大きさの塊に引きちぎるのに対して、キンチャクガニはそれをするほど強くないし、イソギンチャクを手放すと取って喰われることになりかねない。そこでこのカニは、第一歩脚対を使って食物を小片に引きちぎり、口もとに運ぶ。カニはまた自分のイソギンチャクを使って相手基質の表面を拭い、その粘着する触手で粒子状の物質を拾い上げたりする。そうしてから、物質の一部はカニに食べられて、これは相棒の両方のためになる。

ボクサーガニは数種類のイソギンチャクを使い、イソギンチャクは食事の間にカニがこぼした小さな食物のかけらや、また新しい場所に無料で運んで貰うことから利益を得ている。カニはそのイソギンチャクを紛失したり、脱皮のとき置き去りにする。イソギンチャクとの関係は、ボクサーガニにとっては本質的でなく、それらなしで見つかることもあるし、またカイメンやサンゴで代用されることもある。

カラッパ類を含む他のカニも、イソギンチャクを甲羅に載せて運ぶ。いくつかの小さなクモガニは相棒であるイソギンチャクの触手の中に住んでいて、もっと有名なクマノミと同様に、捕食者に対する防御を得ることができるし、またホストの刺細胞に対しては抵抗性がある。

いくつかのカニはその背中にサカサクラゲ（*Cassiopeia spp.*）を付けていて、クラゲはカニに防御を供給する。なぜならこのクラゲでは触手が水中を上方に伸びていて、捕食者かもしれない相手を思い止まらせるからだ。

サンゴとの関係。いくつかのカニはサンゴと共生的な関係を持つ。たとえばミドリイシやハナヤサイサンゴのような枝状のサンゴは、小さな（幅〇・五インチ）見張りのサンゴガニ（*Trapezius*: **図版11**）のようなカニに家と防御を供給し、その反面でカニはサンゴのための家事仕事を請け負って、日頃から沈殿物を拭き掃除する。サンゴはその表面に沈殿物が溜まると、それはサンゴの成長を抑えて白化と死の可能性を高めることが知られている。多くのサンゴでは、多少の沈殿物は表面から除かれてゆくが、多すぎると致命的になることもある。沈殿物を除く見返りとして、カニはサンゴから分泌されたりサンゴの組織の上にあったりする粘液を餌として貰う。カリフォルニア大学サンタ・バーバラ校のハンナ・スチュワートと共同研究者は、いくつかのサンゴからカニを取り除く研究例によって、その重要性を示した。この実験例では半分以上のサンゴが一ヵ月以内に死んだが、一方まだカニを持っているサンゴはどれも生き延びた。カニなしでは、生き延びたサンゴでも成長が遅く、組織の白化はひどく、沈殿物の滞溜が多かった。実験室の研究で、カニを伴ったサンゴでは沈殿物の分泌が多いが、サンゴにとってダメージがもっともひどくなる大きさの沈殿物の粒子を除くのにはカニがもっとも効果的であることがわかった。カニはまた宿主（サンゴ）への捕食を思い止まらせる。枝分かれしたサンゴの引っ込んだ隅に住んでいるサンゴガニ *Trapezius* は、活発にサンゴを荒すオニヒトデを含む捕食者から守る。オニヒトデがサンゴに近づいた時には、カニは相手を押しやってその管足や棘を挟み、押し戻し、あるいは実際にこの捕食者を揺さぶる。捕食者は通常、守りのもっと手薄いサンゴを探して行ってしまう。

サンゴヤドリガニ科のカニ（Cryptochiridae）は枝分かれした特定種のサンゴの中に住んでいるが、そのサンゴは結局虫こぶ状に育ち、小さなカニを覆ってサンゴの中の空洞に閉じこめてしまう。いくつかの異尾類とオウギガニの仲間の種もまた、サンゴとの共同生活をすることが見られ、またサンゴに空洞を穿つ場合もある。

クモガニ目のあるカニ（*Mithraculus forceps*）は、コンパクトな象牙色のイシサンゴ（*Oculina arbuscula*）の枝に隠れる。浅い、よく照らされた水の中では、サンゴは育ってくる海藻に覆われてしまうリスク、そしてカニの方は魚に食べられるおそれがあるので、相互作用は双方の協力相手にとって有益である。ジョージア工業大学のジョン・スタコヴィッチとマーク・ヘイはサンゴからカニを取り除く実験をやって、住人のカニを持たないサンゴは、海藻の濃い覆いが育ってくるのに覆われて窒息して成長が抑えられ、死滅する機会も増えてくることを発見した。このような育ってくる海藻の覆いかぶさりを減らすことによって、カニはサンゴの成長と生存を助けていた。カニとしては捕食者からの避難所が得られ、またサンゴがいくらかの栄養を供給することから利益を得ている。

深海ではタラバガニ科 lithodid とコシオリエビ科 galatheid のいくつかの種は、ロフェリア *Lophelia* のような冷水サンゴと関係を持つことが発見されている。こうした関係は過去数年間に見つかったばかりなので、関係の性質については多くが未知のままになっている。

ヒドロ虫との関係。ヒドロ虫は岩その他の硬い基質に付着して生きている小型で、ときには群生する捕食性の腔腸動物である。ヒドロ虫 *Hydractinia* は細いチューブ状の腔腸動物で、ヤドカリが占有している巻貝の殻の上でしばしば見つかる（**図版24**）。カニは、ヒドロ虫をすでに上に持っている巻貝の殻を選んでいるようであり、ヒドロ虫は何かの仕方でカニを有利にしていると見られていて、もしかしたら捕食の抑止力なのかもしれない。デューク大学のクリスティーン・ダミアーニは驚くことに、ヒドロ虫が住み付いている殻にいる雌のヤドカリは、裸の殻の中にいる雌に比べて持っている卵が少ないし、孵化の失敗が多いことを発見した、そしてマサチューセッツ大学のウィリアム・バックレーとジョン・エバーソールは、ヒドロ虫に覆われた殻の中にいるヤドカリが裸の殻にいるものに比べてアオガニに食べられやすいことを見いだした。ただしヒドロ虫の刺細胞は、何らかの仕方で捕食者を怖気づかせるのかもしれない。カニが、最低限いくらかの不利益をこうむっているこの関係から利益を得ているかどうか、得ているとすればどんなものかについては、明らかにより多くの研究が必要である。

＊カイメンとの関係

あるクモガニ科の種は、甲羅に植えつけるためにカイメンの一部を切り出す。カニはカイメン（または与えられればボール紙）を切って形を整え、針のような鋏で終わっている最後の二対の脚で背中の上に設置されたカイメンを押さえるために使われた甲羅の上方にカイメンを保持する。これらのカニはカモフラージュのために、カイメンをそれらの体全体にわたって動かすことができる（カイメンの代わりに、*D. dormia* はたまに、中空の木切れや廃棄された靴の底など他の材料を運んでいるところを観察されている）。しかしながら、カイメンを二対の脚で保持するということは、たった二対の脚（通常の四対でなく）で歩くことを意味する。それゆえそれらは鋏も歩く補助に使いがちである。デコレーターガニのようないくつかのクモガニは（以下で「植物との相互作用」の項目で取り上げるが）、脚と甲羅に植えるための藻とカイメンの切れ端を切り出す。それらはカニ全体を覆うほど育つことがある。

＊多毛類との関係

いくつかの多毛類の虫はカニと関係がある。*Nereis fucata* はヤドカリに占められた腹足類の殻に入り、貝殻の巻きの上の方に居を構え、頭を殻の外へ伸ばしてカニから食物を得る。それらはまたカニの卵のいくらかを食べる。しかし卵を抱いている雌のカニは殻を替え、この歓迎されない訪問者から逃れることができる。

＊棘皮動物との関係

棘皮動物は中心から放射状（しばしば五方）対称の海の動物である。カニは海星（ヒトデ）、ウニ、カシパン、ナマコのような棘皮動物と関係がある。若いアカタラバガニはヒトデと関係しているのが観察された。白とダークブラウンのストライプのウニガニは、火ウニや他の種のウニと関係する。その脚の最後の分節は、ウニの棘を押さえるカギを成している。運びガニ *Dorippe frascone*（図6・1）が、他の種がイソギンチャクを運ぶやり方で捕食者からの防御のためにそのウニを背中に載せて運ぶのに対し、小さな縞のウニガニ（*Zebrida adamsii*）は赤ウニ（*Astropyga radiata*）の頂上に住み、棘で防御してもらう。陶器ガニの三種 *Clastotoechus* は共生的な関係をウニ *Echinometra* と持つ。これらの種のうち二つは雄雌のペアでその各々のウニの種と一緒に住む。三番目の種は独立して特定の *Echinometra* の種の個体の間に住む。

カニ *Dissodactylus mellitae* は若い時にカシパンの上に住む。一つのカシパンに一〇匹の個体までが確認されている。たくさんのカニと一緒のカシパンは、カニの乗客がいないそれらに比べてより少ない卵を産む傾向がある。

泳ぎガニ *Lissocarcinus orbicularis* はナマコ *Actinopyga* の触手の上で見つかる。カニとナマコは双方とも茶色に白の斑点があり、それゆえこのカモフラージュは防御を供給する。ナマコはこの関係によって利益を得ても害されてもいないようである。これは片利共生的な関係と呼ばれる。

＊二枚貝の軟体動物との関係

二枚貝 *Mysella pedroana* はトゲスナガニ（モグラガニ、*Blepharipoda occidentalis*）と関係づけられて、カリフォルニアとメキシコの太平洋岸に沿って頻繁に見つかる。ときどき自由生活しているけれども、この軟体動物はたいていカニの鰓孔の中で育ち、これは片利共生的に見える。ほとんどの宿主のカニは一つか二つの *M. pedroana* を含むが、いくらかのカニでは二〇以上発見された。鰓孔の内側に生きているのをそんなにたくさん持っているのは有害だろう。南アメリカの他の種のモグラガニは、その上で巻貝が育っているのを見つけられた。しかしほとんどは鰓孔の内側よりは下側の表面上である。これは巻貝の幼生が、単に見つけられる硬い基質が多くない砂の海岸で、何らかの硬い基質の上に入植しようと探していた例かも知れない。

アゾレス（北東大西洋）のいろいろな場所から得られる深海のカニであるオオホモラ *Paromola cuvieri* が、潜水調査船によるビデオ撮影で、いろんな種類（およそ六〇の異なるタイプ）の他の生物を運んでいることが発見された。そこにはカイメン、ヒドロ虫、サンゴ、腕足動物、ウミユリ、カキなどが含まれていた。

図 6.1　背中にウニを載せたキメンガニ（*Dorippe frascone*）
Photo by Andrew J. Martinez.

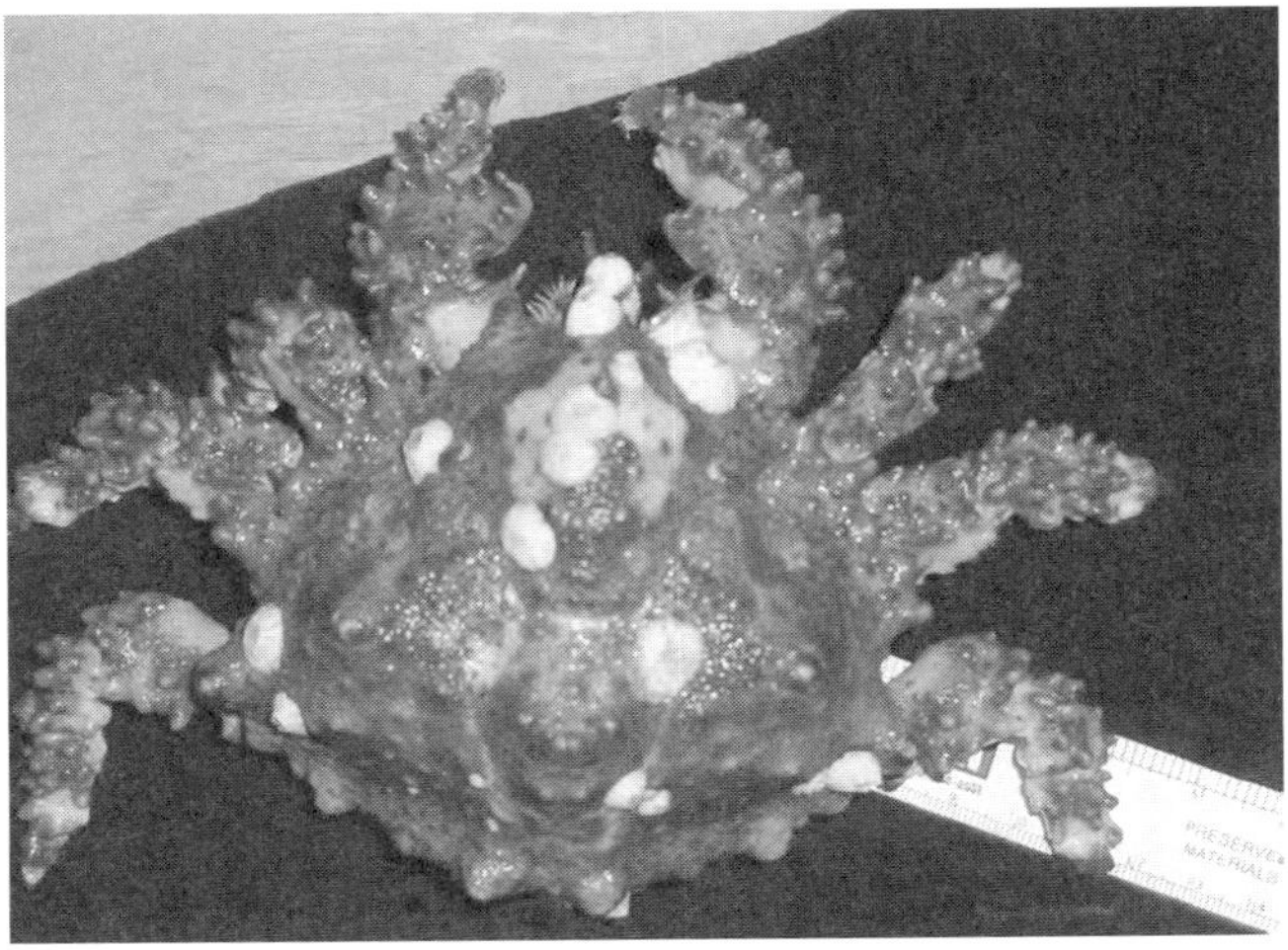

図 6.2　フジツボと一緒にいる若いピュージェット・サウンドのタラバガニ（*Lopholithodes mandtii*）　Photo by Dave Cowles, http://rosario.wallawalla.edu/inverts.

全体では七五パーセントのカニが固着性の生きた無脊椎動物を運んでいて、おもなものはカイメンと冷水サンゴであった。

＊他の甲殻類との関係

カニは同様に、フジツボ、ロブスター、また他のカニも含めて他の甲殻類とも関係を持ち合っていることがわかっている。カニはときどきその甲羅の上にフジツボを載せているが、この場合にはフジツボはカニと特別な関係を持っているわけではなく、フジツボの幼生が定着するときに硬い土台基質がちょうど必要で、カニの甲羅が他の何かと同様の役割を果たしているにすぎない（図6・2）。実際その方が良いのかもしれない。なぜならフジツボは新しい場所に運んで貰うことができるから。柄のついたフジツボであるウスエボシ *Octolasmis mulleri* は、定常的にカニの鰓孔の中に住んでいて、そこで守られ、鰓室を通ってやってくる水の流れの中で定常的に食物の供給が得られる。ただしカニが脱皮すると置きざりにされるので、フジツボは脱皮の中間期間が長いカニか、最終脱皮を終えた後のカニの中でのみ成熟できる。ヨコエビは通常小さい、横に押し潰されたような（幅が半インチ）甲殻類である。ほとんどは自由生活しているが、その一種 *Ischyrocerus commensalis* は、タラバガニにたかる片利共生者と考えられ、平均してカニ一匹あたりで五〇匹、そしておもに宿主の口器、脚、鰓の上で暮らしている。

アメリカイチョウガニの近縁種（*Cancer irriatus*: **図版2**）とアメリカンロブスター（*Homarus americanus*）はニューイングランドで海藻の森の環境を共有しており、空間をめぐって競合する。ロブスターがいると、カニは海藻の上の高いあたりに見つかり、ロブスターがいないと底部で見つかることが多く、これはロ

図 6.3　優雅に飾ったケセンガニ（Oregonia gracilis）
Photo by Dave Cowles, http://rosario.wallawalla.edu/inverts.

ブスターが空間をめぐってより優位の競合相手であり、どこにカニが住めるか指図していることを示唆している。カニと他のカニのこうした関係において一般に、誰が勝つか、誰が誰を食べるか決めるのは大きさである。

植物との相互作用

「デコレーター（飾りつけ）」ガニは浅い水域に棲むクモガニ（Majidae 科）のいろいろな種である。これらのカニは、たとえば**図6・3**に示すケセンガニ（*Oregonia gracilis*）も一例だが、緑色がかった茶色の藻（およびその他のもの）を背中に付けて飾りつけ、自分が環境に溶けこむのを助ける。藻は生きるのに好都合の場所を得るし、カニはカモフラージュを得る。モガニ属 *Pugettia* のいくつかのカニはデコレーターであるが、北海のモガニ（*P. producta*、**図版15**）はカモフラージュのために色の変化に依存している。デコレーターガニはカイメン、ヒドロ虫、コケムシなど定着性の動物と同様に海藻のかけらを選び、それを甲羅の背中の上の鉤になった棘（ヴェルクロ［鉤仕掛けの粘着面］仕掛けの剛毛）に貼りつける。これらの客人はカニの上で生きたままであり、カニが歩くと水流で利益を受けるし、カニの食事からおこぼれを貰うことも可能である。無脊椎動物と藻が順番にカニをその環境に溶け込ませていて、捕食されるのを避ける。「飾りつけガニ」は甲羅の上の藻を代替的な食物源としても使う。「飾りつけガニ」が脱皮するときにはデコレーションはリサイクルされて、カニは藻やカイメンその他の乗客を古い殻から除き去って新しい殻に付ける。それでカニは脱皮後数時間はたいへん忙しい。いくつかの種ではイソギンチャク、サンゴ、カイメンに加えて小石や木のゴミさえも自分を飾るのに使う。しかし飾りが多すぎると、活動、食事、逃走が遅くなってしまう。いくつかの種では自分を守れるほど大きく育ったカニは、もはや背中を飾り立てない。カリフォルニア大学デーヴィス校のクリステン・ハルトグレンとジョン・スタコヴィッチは、「飾りつけガニ」が育ってくると多くの種では鉤状の剛毛も減る傾向にあることを発見した。世界最大のカニであるタカアシガアニ（**図1・14**）も「飾りつけガニ」である。

いくつかのカニの種は選り好みせずに、どんな海藻でも豊富なものを甲羅を飾るのに選ぶけれども、他のカニはもっと選択的である。たとえばカニダマシの一種（longnose spidercrab; *Libinia dubia*）は、化学的に有害な海藻 *Dictyota menstrualis* が利用可能なレハン地域で、この海藻によって自分をカモフラージュする。この海藻は草食性の魚に食べられないように、自分自身を守る化学物質を生産しているのだ。この化学物質はまた、このカニによる飾りつけ行動を刺激する。*Dictyota* で覆われたカニは、魚が食べたがる他の海藻で覆われたカニよりも生き延びやすい。この特定の海藻の種を利用することによって、このカニは海藻の防御的な化学物質の有利さを利用し、捕食者に対する追加的な防御を手に入れているわけだ。ヤシガニ（**図版1**）を含むいくつかのカニは木に登る。マングローヴガニ（*Aratus* spp.: **図2・6**）は熱帯地域で水から出てマングローヴの木の根、葉、枝の上で暮らす小さなイワガニ科のカニである。彼らは水から遠く、木の上のとても高いところに見つけられる。この生活流儀によって、たいていの水生の捕食者からは守られるが、鳥などの陸上または空中からの捕食者からは攻撃されやすくする。

巣穴を掘るカニは、さもなければ低酸素になってしまう土を空気に晒すことによって湿地の草の役に立つ。ブラウン大学のアレハンドロ・ボートロスとアルゼンチンのマル・デル・プラタ国立大学からの共同研究者は、巣穴を掘るハマガニ属の *Chasmagnathus*（*Neohelice*）*granulata* が湿地の草 *Spartina densiflora* を食べるけれども、特に種子の生産量と種子の生命力を高めることで植物の繁殖を助けることも発見した。しかし植物の能力を改善することの一方で、巣穴掘りによる生態系の修飾（生態学的な工事）が悪い影響を及ぼすこともある。マル・デル・プラタ国立大学のアレハンドロ・カネプチアと共同研究者は、ある種のガが *Spartina* を攻撃して茎に穴を開けること、そしてカニの活動がガの攻撃を増大させるように見えることを見いだした。つまり多くの巣穴を掘るカニのいるところでは、植物はガによってより多くの被害を受けた。このように茎に穴を開ける草食動物は *Spatrina* の枯死率を高める原因となり、そしてカニの巣穴掘り活動はこの影響を高める。

魚や他の脊椎動物との相互作用

カニと魚の相互作用はたいてい捕食者／餌食（喰う、喰われる）の相互作用であり、大きなカニが小さな魚を食べたり、大きな魚が小さなカニを食べたりする。捕食者の存在はカニの行動を変えることがある。タラバガニの幼若個体は一般に隠れ場所を供給してくれる複雑な住み場所と関連しており、捕食者であるオヒョウがあたりにいる場合には、住み場所の複雑さが生存に影響を与える。NOAAのアラン・ストーナーは、物理的構造の量とタイプが違う各種の住み場所で、新しく入植してきた若いタラバガニの生き残りを研究した。物理的構造としては開けた砂地、砂利質の水底、住み場所となった島などがあった。ビデオの観察で、カニと捕食者である太平洋のオヒョウ（*Hippoglossus stenolepis*）の相互作用に洞察が得られた。彼によると、カニの生存は物理的構造物の量とともに増加し、もっとも込み入った住み場所、異なった各種基質がつぎはぎになっている場所で最高になるという。捕食者は構造物のある場所では活動が抑えられていてカニへの攻撃が低く、一方開けた砂地では魚は攻撃率も捕獲の成功度も高くて、それゆえカニの生存見込みが低かった。この研究でカニは捕食者を検知すると、住み場所であるつぎはぎ状態が密集しているところに隠れるという具合に行動を変えることを見いだした。

北アメリカのハゼ科の小魚（*Clevelandia ios*）はいろいろな無脊椎動物、特にカニの巣穴の中で普通に見つかる。魚の住人は普通大いに利益を得るが、ルームメイトを持つことはカニにとってもまた有利となる。ハゼは自分には大きすぎる餌の塊を見つけると、それをカニに与える。カニはこの分け前を貪り食うときそれを細切れにして、ハゼはいくつかのかけらをとり戻すことができる。ときどきハゼは宿主の排泄物を食べ、こうやって巣穴の掃除を助けて、自分の立場を確保する。

ロシアの周辺の冷たい北極圏の水中では、ミサキビクニン類縁種の魚（*Careproctus*）は、卵をイバラガニモドキの鰓室に産みつける。魚の卵の数はカニの大きさとともに増加しており、検査したほとんどすべてのカニがこれらの卵を供託されていた。

海岸の鳥の多くの種は、いくつかのカメやワニのような水生の爬虫類と同様に、カニを食べることが知られている。インド太平洋のマングローヴ湿地には海水生のカニを食べるカエル（*Fejervarya cancrivora*）までいて、これは海に入ることが知られている唯一の両生類である。

環境への影響

こうした特定の一対一の相互作用に加えて、巣穴を掘るカニは環境を変えることで沈積物に住む他の居住者に影響を及ぼす。巣穴を掘ることでカニは沈積物の「かき混ぜ」――生物攪拌（bioturbation）――の過程によって、以前に埋まっていた沈積物を持ち上げる。その化学的性質を変え、他の住人に影響を与え、本質的な栄養素である窒素の循環に影響を与えることができる。カニの生物攪拌は、水底の代謝と窒素の循環を刺激する。草食性のカニは、もし食べ過ぎれば湿地の植生にマイナスの影響がある。塩分のある湿地は、厳しい物理的条件のゆえに、斑模様の裸地を持つことがある。斑模様になった裸地の縁の部分は、被害を受けていない湿地部分よりも、草食性のたとえばハマガニ（*Neohelice* [*Chasmagnathus*] *granulata*）によって、より多くの食害に晒される。裸の斑点地では植物の生長回復がカニの存在下では極端に遅いが、カニが取り除かれれば加速される。

陸ガニもまた、特に集団の密度が高いと、環境に影響を及ぼし、物理的環境に明らかな影響を持つことがある。藻を岩から掻き取ることは浸食を加速するし、広範囲に巣穴を掘ることは土の上下のかき混ぜと安定性に影響することや、浸食に寄与することもあるだろう。葉のかすを食べることはマングローヴの森床をきれいに保ち、カニの排泄物はマングローヴの木の肥料となる。捨てられたヤドカリの巻貝の殻は、それがなければ乾燥した地域で水溜めになる。果実を食べるカニは、植物にとって重要な拡散の実行者になる。

フロリダ博物館のグスタフ・ポーリーとジョン・スターマーの研究によって、ハワイの諸島での陸のカクレイワガニの一種 *Geograpsus severnsi* の絶滅——人類の時代における最初のカニ種の絶滅——が記録された。このカニはハワイの島々の固有種であり、島における唯一の陸ガニであり、他のものより内陸そして高地に広がっていて、太平洋でもっとも陸に適応したカニであった。陸ガニは主要な捕食者でまた雑食者であり、残りものの分解を調節し、栄養分の循環と植物種子の分散を助けるので、このカニの喪失は、ハワイの生態系にとって大きな影響を持っていたと思われる。この喪失はハワイ諸島への人類の到着によって引き起こされたもので、この地域の生態系に大きなスケールの変化をもたらすという結果を招いた。

7 カニの問題と問題のカニ

カニも我々全部と同様に病気、寄生虫、住み場所の喪失、気候変化、そして汚染などの影響を受ける。そのまた逆にいくつかのカニは隣人にとって、稀には人間にとって問題を引き起こす。

病気

カニはウイルス、細菌、病原性の繊毛虫、そしてアメーバから来る各種の病気に見舞われる。たとえば寄生生物であるパラアメーバ *Paramoeba* が引き起こすアオガニの「灰色ガニ」病は、顕著な死亡率増加をもたらす。カビの病気はカニと特にその卵塊に伝染して、卵に五〇パーセント以上の死亡率を引き起こすことがある。三〇種類以上のウイルスがカニで報告されている。カニの細菌の病気は普通の病原性の生物、たとえばヴィブリオ *Vibrio* や、アエロモナス *Aeromonas* や、リケッチア *Rickettsia* によって引き起こされる。コレラ・ヴィブリオと創傷ヴィブリオ *V. vulnificus*［基礎疾患があって重篤化する例から一部で殺人細菌と誇大に騒がれた」はアオガニに由来し、カニの生肉を食べる人間に健康危機を引き起こすおそれがある。

甲殻の病気――さび病、茶斑、黒斑、または荒目病などとも呼ばれる――は殻皮の進行性の浸食で、アオガニ、タラバガニ、エビ、クルマエビ、ザリガニ、ロブスターも含めて多くの種に生ずる（図7・1）。典型的には甲殻上の小さな黒い斑点として始まり、進行につれて斑点が大きく深くなる。ついには殻に完全に浸潤して、影響された部位は領域を柔らかく容易に壊されるようにしてしまう。過去一〇年間、この病気はロングアイランドサウンドと南ニューイングランドのロブスターの殻に感染して、最悪の場合にはロブスターの殻を完全に腐食した。殻の病気は単一の種類の細菌によって引き起こされるのではなく、むしろ一緒に殻のキチン層を浸食する異なる細菌の組み合わせによって起こる。殻の最外層への傷害――たとえばすでに殻、触角、鋏に受けているダメージ――はどれも、下の層を日和見感染させるカビや細菌などの微生物に晒すことになる。ストレスを受けた動物ではこうした状態は普通であるし、細菌濃度が高い汚染された住み場所では普通のことに見える。脱皮は腐った殻に沿った病気を切り捨てるのに役に立ち得るが、しかしいくらかの動物は脱皮後改善せず、むしろ悪くなることもある。もし殻の下の柔らかい組織が影響を受けていると、脱皮は治癒にならない。こうした動物は古い殻と新しい表皮を分離することさえできないので、脱皮中に死ぬことがある。ただしたいていの場合は、殻に病気を持った動物でも肉は影響を受けておらず、食べても安全である。

カニ苦味病（bitter crab disease）は単細胞の顕微鏡的な生物（詳しく言えば渦鞭毛藻［渦鞭毛虫］）の一種である血液の寄生虫 *Hematodinium perezi* によって引き起こされる。一度カニの体中に入ると寄生虫は三〜六

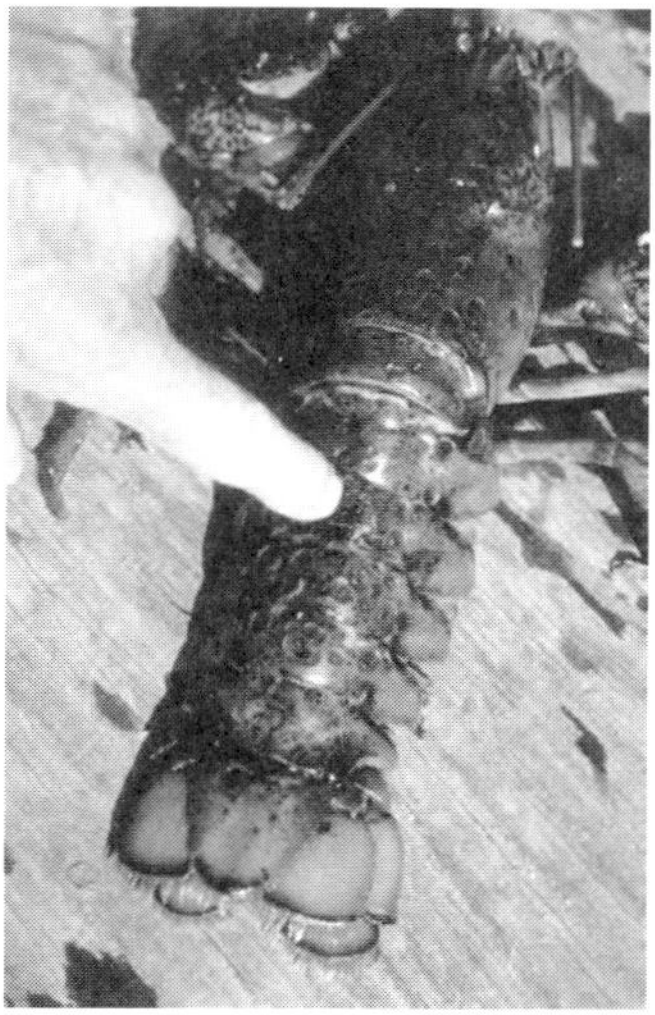

図7.1　ロブスター（*Homarus americanus*）の甲殻の病気　Photo courtesy of Barbara Somers, URI Fisheries Center.

週間の間に素早く増殖する。カニの血液は乳白色に変わり凝固能力を失う。寄生虫はカニの血液や組織中の酸素を消費してカニを弱らせ、昏睡状態にして最後は死なせる。この病気は暖かくて比較的浅い塩分濃度の高い水中のアオガニの間でもっとも流行する。

多くのカニは脱皮の際に、甲殻の病気による死からの影響は受けない。これは脱皮の間のカニを保持する養殖事業の柔らかい殻のカニにとって主要な問題である。何年も、この高い死亡率（約五〇パーセント）は脱皮のストレスそれ自体のせいにされてきた。しかし最近、「カニ農場」に広がっているウイルスの感染が高い死亡率の原因になっていることが分かってきた。そうした感染はたいてい目で見ただけでは分からない。そこで研究者は脱皮前のカニが感染しているかどうか決定する試験法の開発を企てている。もしこの方法が開発できれば、感染拡大の防止と事業の利益と、両方の助けになるだろう。

すべての病気が病原体によって引き起こされるわけではない。「黒鰓 (black gill)」は多くの場所のカニに見られる状態で、浚渫《しゅんせつ》や下水廃棄物の流入する区域の汚染によって引き起こされる。黒化した鰓はその初期には鰓に溜まった沈殿物のせいによるのだろうが、しかしそれに続いて微生物、藻、そしてその他の生物が汚染された鰓室に入り込んで定着する。これらの生物体は感染によって病気を引き起こすのではないが、鰓の組織を覆ってしまい、物理的にカニを窒息させる。

寄生虫

寄生虫（寄生体）は、他種の生物（宿主）の上や中に住んでそこから栄養を得る生物体である。寄生虫は宿主にわずか、ある程度、あるいは深刻なダメージを与えることがある。

他の甲殻類

カニはいくつかの興味深いタイプの寄生虫の宿主になる。根頭類という生物群（フクロムシ目）はフジツボの遠い親戚で、宿主の内部に住み宿主から資源を得て、成体の生活を寄生虫として送る。フクロムシ（サックリナ）は異例の構造とカニへの奇妙な効果をもたらす特に奇怪な寄生虫で、それは本質的には生殖系を乗っ取ることで寄生する。生活を自由遊泳するニュープリウス幼生として始めるところはフジツボに似ているが、しかしフジツボと違って、幼生は腰を据えるべき岩を探したりせず、その代わりに宿主となるカニを見つけ出す。幼生はカニを見つけると、柔らかい表皮の関節部分を見つけるまで動き回る。それが見つかると脱皮して自分の殻を脱落させて、柔い体をカニの内部に注入する。それはカニの後ろの部分、腹部と胸部の継ぎ目に潜り込み、結局宿主の体内全部に侵入して根のように枝を張りながらそれを通じて栄養を摂り、カニの中で育つ。根はすべての組織を侵略し、宿主の生殖系を破壊する。

図 7.2　宿主のカニの腹部から突き出すフクロムシ
Photo by Hans Hillewaert, Wikimedia.

カニが脱皮すると、寄生虫は腹と胴の継ぎ目のところで新しい殻に穴を開け、自分の体の一部を、外部塊と呼ばれる大きな塊として突き出す。成体としての寄生虫は、カニの全組織を冒している根の構造と、腹側から突き出して、宿主である雌のカニでは、卵のための血液の小袋だったはずのものを占めてしまっている外部塊だけからなっている（図7・2）。外部塊は寄生虫の生殖系になり、最後は水中に幼生を放つ。宿主のカニが雄であればそれは雌化し、交尾に使われる特殊化した泳脚は雌型になり、腹部は広がり、生殖腺は萎縮するか卵巣のようになる。寄生虫の去勢によって、感染したカニは生殖できず、寄生虫の幼生だけを放出する。いくつかのフクロムシの場合には、感染した宿主は寄生虫の外部塊を、それが自分の卵であるかのように掃除し、守り、換気するような行動の変化を引き起こす。それに加えて、寄生虫は孵っているカニの卵から放たれる物質を擬態するペプチドを生産する。元来はこのペプチドは、雌のカニが幼生を放出する時それを助けるよう腹部をポンプさせるように雌を刺激するはずのものだが、しかしたかられたカニでは、この行動は彼女自身の幼生の代わりに寄生虫の幼生の放出を助ける結果となる。

フクロムシは寄生によって去勢をもたらす唯一のものではない。カニヤドリムシ entoniscids という寄生性の等脚類（小さな甲殻類のタイプ）がいて、これは鰓室を貫通して宿主の内部器官に移民し、その消化腺に入り込んで、そこでまた寄生性の去勢者として振る舞う。こうした寄生虫にたかられた雄は雌の二次性徴を獲得し、その精巣は機能を停止する。寄生虫がひろがっているエリアでは、カニの生殖率は大幅に低下することがある。別のタイプのヤドリムシ類は、しばしばエビの鰓室を占有して、これも寄生性の去勢者となる。フクロムシと等脚類に加えてハリガネムシと二つの扁形動物の種も、ヤドカリを冒す寄生性の去勢者である。

いくつかのカニの病気は二重寄生虫または超寄生虫の結果である。「超」とは、その宿主がまた寄生虫であるような寄生虫ということだ。ヤドカリの寄生虫（大半はフクロムシと等脚類のヤドリムシの仲間）にたかる超寄生虫を、フランクリン・アンド・マーシェル大学のジョン・マクダーモットは研究した。彼はフクロムシがそれら自身一つのアメーバと四種の等脚類の宿主であることを発見した。等脚類のヤドリムシは、三種の他の等脚類と一つのフクロムシの宿主であり、そして巣穴を掘るあるフジツボが、一種類の等脚類の宿主だった。

多くの異尾類に生ずる胡椒斑病（pepper spot disease）は、超寄生虫によって起こる病気の例である。吸虫としても知られる寄生性の扁形動物の一種（*Microphallus bassodactylus*）がカニに感染し、そしてこの吸虫は、単細胞の原生動物（プロトゾア）である *Urosporidium crescens* の感染を受ける。微小な茶色っぽい原生動物は幼生の虫体の中で、虫が完全に消費されて原生動物の胞子で置換されるまで増殖する。扁形動物である方の寄生虫は、巻貝で始まってその後カニに移動する複雑な生活環を持っている。カニの中で発生が進んでから、アライグマのような脊椎動物の宿主に移り、この宿主の腸管の中で成体の生殖段階に達して、そして最後に卵を放出して巻貝に感染し、ライフサイクルを完結する。病気は体の上の小さな黒い点として現れる。この状態は多くの場合、「鹿玉」「胡椒斑」「胡椒」のような名で呼ばれている。カニ自体は深刻には影響を受けない。しかし調理すれば寄生虫は死に、カニ肉を人間が食べても安全ではあっても、こうした胡椒斑病によって肉は見栄えのわるいものになる。ただしアライグマのような捕食者は餌食を調理などしないので、寄生されたカニを食べることで感染する。

他の寄生虫

紐形動物（ヒモムシ）の仲間である *Carcinonemertes* 属の虫は、学名（carcono-）が示しているように各種のカニにたかる。*Carcinonemertes carcinophilia* と名付けられた種などの場合には、疑いようもない［種小名は〈カニを好む〉］。一〇〇〇匹にものぼる若い虫が鰓室の中に住んでいて、雌の宿主が卵を産むと、虫は鰓室を去って卵塊の方に移動して卵を食べる。卵を食べるので、雄でなく雌にたかった寄生虫だけが生殖できる。食べられずに済んだカニの卵が孵ってしまうと、寄生虫は鰓室に戻る。

いくつかのハルパクチス類の撓脚類［ソコミジンコ類］は、普通自由生活する小さな甲殻類で、いろいろなカニの鰓室に住んでいるが、宿主であるカニを傷つけるようには見えず、それゆえ寄生的というよりも片利共生的な（宿主を傷つけない）生き方をしていると考えられる。ある種の魚やフジツボもまたカニの鰓室を使っている。クサウオ（*Careproctus*）はイバラガニモドキ（北洋イバラガニ）の鰓室の中に卵を産みつける。卵をよく換気された安全な場所に置くことは魚の生殖にとって有益ではあるが、この場合には卵の存在はカニの鰓の組織にダメージを与えるおそれもある。フジツボエボシガイの仲間のウスエボシ *Octolasmis muelleri* はアオガニの中に住むが、これについての研究から、カニの換気と呼吸率をわずかだけ高めることがわかったので、この茎の付いたフジツボは寄生的というよりも片利共生的というカテゴリーに入るだろう。片利共生と寄生の間にはごくきわどい区別しかなくて、害を及ぼすか否かは、宿主と比較しての住人の数とサイズ次第である。

捕食者

若い、そして成体のカニは、タイセイヨウタラ、ガンギエイ、エイ、ベラ、タウトッグ、シマバス、黒シーバス、コダラ、アマダイ、アナゴ、ニベなどの多くの底食性の魚によって消費される。若いカニの他の捕食者はキンムツ、オオカミウオ、メバル、タコである。若いアメリカイチョウガニは海岸の近くの海域で多くの種の底生魚に食べられ、そのうちではヒラメの類（ヒラメ、オヒョウ、シタビラメなど普通の種を含む）がもっとも重要である。成体のアオガニはいつも若いアオガニを餌食にする。タコは特に夕食にカニを好み、人間はたくさんの数のカニを逃げも隠れもできないようにして——つまり罠で捕らえて——せっせとそれを提供している。フロリダ地域ではイシガニの漁業が、罠の中に登ってきてカニを食べてしまうタコの略奪団によって影響を受けている。この頭のいい動物は罠から罠へと、バーをはしごする客のように、中身を平らげに訪れることが観察された。彼らはカニがどこにいるのか知っていて、ある場合には漁業者を悩ませるほどに捕獲高を減少させた。

半陸生と陸生のカニは鳥（クイナ、サギ、カモメ、チドリ、イソシギ、アジサシなど）や、アライグマのような陸の捕食者によって餌食にされる。シオマネキが捕食されるのは大半が、雄のような大きな防御用の鋏を持っていない雌である。巣穴は生存を保障してくれない。なぜならいくつかの捕食者は巣穴に入り込んできたり、穴を掘り下げて住人を捕まえるからである。いくつかの地域では、オカガニはイグアナの貴重な食物になっている。アジアの淡水のカニはトカゲ、ワニ、カエル、ヒキガエル、そしてカワウソ、マングース、ジャコウネコ、サルなどのような哺乳類や、またアオサギやカワセミのような鳥にとって重要な食物である。そして多くのカニを、人間が餌食としていて、これについては第8章で取り上げる。

住み場所の喪失

住み場所の喪失は、淡水のカニでの個体数減少のおもな原因になっている。淡水のカニの全種類の三分の二が、絶滅の危機にあり、自然保護のための国際連合（IUCN）の調査によれば、六種につき一種は特に危険度が高い。主として熱帯に棲む淡水のカニは、特にカニの生物的多様性のおもな地域の一つである東南アジアで、すべての動物グループのうちでももっとも脅かされている。知られている一二八〇種のうちで二二七種が、脅かされているに近いか、被害を受ける可能性が強いか、危険にさらされているか、あるいはひどく危険と考えられている。危険でないのはわずか三分の一程度で、しかし半分ほどは知見が乏しくて評価が困難である。脅威を受けているそうした種の多くは森林の伐採、排水パターンの手直し、また汚染を蒙っている住み場所にいる半陸生の種である。カニは落ち葉や藻や屑を食べることで淡水系に寄与しており、そして上に記した爬虫類や哺乳類にとってと同様に鳥にとっても重要な食物源である。

海のカニも住み場所の喪失の影響を受ける。たとえば塩水の湿地が開発のために排水されたり、マングローヴが伐採やエビ養殖池のためになくなってしまったり、カキ養殖棚が過剰に設置されたり、潮間帯が突堤や防波堤や隔壁で補強された海岸線に変えられたときなどである。アメリカ合衆国では元来の塩水湿地の半分以上が、家や工業用地や農地用の陸地造成のため埋め立てられた。さらに追加の湿地の喪失が、蚊の防除のために溝を掘ったり貯水池のために堤防を築いたために引き起こされた。幸いにも、これらの住み場所の重要性は認識され始めていて、連邦や州の法律や規則は、湿地その他の湿地の機能と価値の正当な評価を反映するようになってきた。

合衆国の海岸では、海岸の助成事業とブルドーザーでの補強が、浸食に対抗するために実行されてきた。これらの短期的な浸食への反応も、防波堤や突堤を築くことで海岸線を「硬くする」うえで好ましいと考えられてきたが、こうしたことはツノメガニの個体群に対しては明らかな負の影響がある。ツノメガニ（図2・3）はまた、海岸沿いのドライブによっても害される。海岸の交通はこのカニ集団の数を減らすだけでなく、その行動も変える――カニたちはより短い距離を歩くことになり、車が許可されているエリアの中では、住み場所の移動が短距離になってくるのだ。

侵略的な種によるダメージ

生物の種が、普通の捕食者や病気がない新しい地域に移されると、移入したこの種は生態的なダメージを引き起こすことがあり、それらは侵略的な種と呼ばれる。カニ自身も侵略的な種であり得るし（本章の後の部分を参照）、カニはまた侵略的な種の犠牲者となる場合もある。そうした例の一つは、クリスマス島に一九三〇年ころ到着したキイロクレージーアリ（*Anoplolepis gracilipes*）である。これはマレーシアかシンガポールから農産物と一緒にやってきたと考えられているが、一九九〇年代までは大きな問題を起こさなかった。このアリに対しては、それが繁殖したクリスマス島では天然の捕食者がいなかった。そして森の地上にいるカニを殺して置き換えながら、繁殖率が高くとても高密度でアリを産み出してゆく複数女王の超集団を形成していった。このアリ集団はまた、繁殖のために海岸へ移住する最中のカニをだめにしてしまう（第6章参照）。キイロクレージーアリはカニの巣穴を占領し、カニを殺し、彼らを食べてしまうことで一五〇〇万〜二〇〇〇万匹ほどのカニの代わりになったと見積もられている。オカガニはクリスマス島の観光にとってと同様に生物的多様性に対しても、死活問題である。カニは巣穴を掘り、土をかき混ぜ、それにその排泄物で栄養を与えて、森で重要な鍵となる種である。それゆえそれらの喪失は深刻な生態学的、また経済的な結果を招きかねない。

塩の湿地にはびこる紐状の草であるスパルチナ（*Spartina alterniflora*）は、北アメリカの東海岸とメキシコ湾岸で塩性の湿地で本質的な部分をなしている。しかしそれは北アメリカの西海岸と中国では侵略的な種になった。中国で、この植物に侵略された潮間帯に住んでいるカニの個体群密度に対する影響について調査がなされた。全体としてカニの数と密度は、実際にはこの草に侵略された地域では侵されていない地域においてよりも高かった。その理由はアシハラガニの一種 *Helice tientsinensis* についてはその数が、スパルチナに侵略された場所でずっと豊富だったからである。しかしながらカニの種の豊富さと多様性は、これらのエリアでは低かった。それはその他全部のカニの種が乏しくなったからである。対照的に、合衆国東海岸のスパルチナの湿地は普通はアシ（*Phragmites australis*）によって侵略されている。しかしこの場合には、シオマネキはどちらの植物が湿地の表面にあるかを「気にかけて」いる様子はなく、侵略的な種が害を与えているようには見えない。

汚染

人間社会の産物は近くに住んでいる生物に害を与えることがあり、そしてカニの場合には、影響は都市や農業地域に近い河口域でもっとも強い。各種の作用を持つたくさんの異なるタイプの汚染物質があるが、ここで特に問題となるのは金属、殺虫剤、油、またその他の工業的な化学物質などの有害物質によって汚染された局所的な地域である。

有毒な化学物質

＊金属

金属は投棄、大気からの沈積（たとえば雨）、あるいは下水などを通って岸辺の海水に入ってくるもので、こうした水はまた有機汚染物質や薬物も運んでくる。金属は工業過程の副産物であり水銀、カドミウム、銀、鉛、銅、クロム、砒素、亜鉛を含む。それらは水底沈積物の中に蓄積して、動物体内に拾い上げられ（食物、鰓、また水からの吸収を経て）、低い濃度でも有毒なことがある。カニ（その他の動物も）は、濃度が高すぎなければ金属を処理する能力を持っていて、鰓を通じてあるいは尿の中に排出し、また外骨格の中に蓄えておいて脱皮の際に廃棄することができるし、有毒でない化学状態のものとして蓄えておくこともできる。ある種の金属に結合できるメタロチオネインというタンパク質があって、カニは金属に晒されたときに、この金属結合タンパク質をより多く作る。金属はまた細胞内の小胞に蓄積されることができて、これによって小胞は、金属が害をしないように保持しておく。ただし対応可能な金属の量には限界があって、体内に程度を超えて蓄積すれば有害な作用が現れる。死を招くより遙かに低い濃度でも、金属は小触角（第一触角）の敏感な化学受容器に影響を与える（嗅覚能力の損失については第3章参照）、酸素消費量の変化、脚の再生や脱皮の妨げ、体色変化の妨げなどが生じ、行動にも変化をもたらす。幼生のような早い生育段階での作用は低い金属濃度にも敏感で、発生経過や変態はたいへん低い金属レベルでも損なわれる。

＊殺虫剤

殺虫剤は陸上で農業害虫（一般に昆虫）を殺すために作られているのだが、陸で噴霧された後に雨が降ると水に流れ込んで、カニも含めて淡水生または海生の動物に影響を与える。金属の場合と同様に、カニは殺虫剤に対抗する手段も持っていて、それを解毒する酵素を合成できる。ただしこうした防御も、殺虫剤の濃度が上がると間に合わなくなる。DDTのような塩素化された炭化水素は分解まで何十年もかかり動物の組織に蓄積する。それらは食物連鎖を登るにつれて濃度がますます高くなる（生物的濃縮と呼ばれる過程）。これらの薬物は幼生の正常な発生を妨げ、呼吸と代謝を損ない、脚の再生と脱皮を変化させ、塩分と水分のバランスを崩すなどの作用をもたらす。こうしたものは数十年前から使用が規制されてきたのだが、塩素化炭化水素などは分解がたいへん遅いので、いまだに沈殿物や生物体内に残っている。

「第二世代」の殺虫剤として開発された有機リン酸剤やカルバメート系の殺虫剤は持続性が低くされているけれども、まだ甲殻類に対して有害な影響がある。たとえば昆虫用の殺虫剤であるカルバリル

（セヴィン）は、陸で多くの昆虫防除に使われ、また太平洋のカキ棚で「ユウレイエビ」の制御のために海の環境で直接に使われるが、やはりイチョウガニにとって有毒である。イチョウガニの幼生は他の殺昆虫剤や殺カビ剤にも高度に敏感である。合衆国でもっとも普通に用いられる有機リン系殺昆虫剤のマラチオンは、脱皮を遅らせることで幼生の発達を遅くする。テメフォス（アベイト）と他の殺虫剤は神経系と行動に影響を与えて、カニは捕食者に捕まりやすくなる。

第一と第二両方の世代の殺虫剤が広範囲の影響を及ぼすことが認識されるにつれて、昆虫への毒性に絞って特化した新しい殺虫剤を開発する企てが試みられてきた。これらの新しい殺虫剤のいくつかは、たとえば特定の生物過程とかホルモンを真似ることで昆虫幼虫の脱皮周期を標的にしている。ところがカニにとって不幸なことには、甲殻類の生物学は昆虫のそれとよく似ており、それゆえディフルベンズロン（ディミリン）のような殺虫剤——これはキチン合成の阻害剤だけれども——は、カニの特に頻繁な脱皮が必要な幼生の脱皮周期を妨害する。メソプレンは昆虫の成熟と生殖を妨げるようにデザインされた幼若ホルモンのアナログ（類似物）で、これも意外なことではないが、幼生のカニに対して有毒である。

＊油

油汚染の構成要素——原油に由来するベンゼンとナフタレンを含む——もまた、甲殻類にとって有害である。これらや、またその他水溶性の油の成分はカニの代謝速度を落とし、脱皮の周期を延ばし、脱皮の際の成長に影響する。通例のように幼生は成体より敏感であり、発生は低いレベルの暴露でも遅らせられる。行動もまた影響を受ける。具体的には油汚染の直接の効果として、摂食活動の低下と化学的受容の劣化が報告されている。一九六〇年代後半にマサチューセッツ・ケープコッドで小規模の油流出があったとき、シオマネキが掘る巣穴が浅くなり（おそらく湿地の表面の下に溜まった油分を避けるためらしい）、彼らは冬の間に凍結帯を避けるほど深く潜れなかったので凍死した。四〇年後に科学者たちは、油で汚染された湿地の場所を再訪問して、部分的に油は除かれていても実質的な量がまだ湿地の表面の下に残っていて、シオマネキはまだ油に晒されている場所で沈殿物に巣穴を掘っていることを発見した。ウッズホール海洋学研究所のジェニファー・カルバートソンと共同研究者によれば、被害を受けて巣穴掘りの時に油の層を避けたカニは逃げる反応が鈍く、摂食量が低下しており、対照区域のカニに比べて密度が低かったという。油に晒された地域を調査する時には、流出した油の長期的な影響についての知見も含まれるべきだろう。「深部水準層」から二〇一〇年の春と夏に三ヵ月にわたってメキシコ湾に流出した油汚染の影響の全体像を理解するには数年（あるいは何十年）を要するだろう。早期の報告では、表皮の下に油滴を持つアオガニのメガロパ幼生が見られた。小さな炭水化物滴が八分の一インチ以下の大きさのカニの透明な殻の下に見えた。こういうカニも脱皮すれば油はなくなるが、彼らを餌食とする捕食者はとても多いので、油が食物連鎖（一つの生態的なコミュニティにおける食物関係）を上に登ってゆく可能性は大いにありそうなことだ。湾岸の成体アオガニは体内に黒い物質を伴っていることが認められた。特に顕著なのは鰓の部分だった。流出の数ヵ月後に、油のせいと思われる影響は成体の深海アカガニ（アメリカオオエンコウガニ）にも見られて、水面まで運ばれたときは大半のカニは死んでいた。彼らは罠に入るのに足りるだけのエネルギーは持っていたが、もはや底から表面への標準的な旅に耐えて生き延びられなかったらしいのだ。ハリヤー・ペリーと共同研究者は、湾岸全体で少数のアメリカオオエンコウガニしか見つけられなかった。「深部水準層」から一二マイルの、通常なら生産地点である場所の一つで、彼らはこのカニを全然見つけられなかった。

ヒューストン大学のブリッタニー・マカールとスティーヴン・ペニングスは二〇一〇年と二〇一一年の油流出の後でルイジアナの湿地でカニの巣穴を調べて、二〇一〇年に湿地の植物が影響を受けていなかったように見えるごく少量の油しか伴っていなかった地域でも、潮間帯でカニの数が大幅に減少したことを発見した。これは、湿地の植物が一見無事に見える時でも生態系は健康でないことを示している。ただしその翌年にはカニはだいたい回復していた。これはケープコッドよりもたいへんに早い回復であり、その理由はルイジアナの湿地まで行き着いた油は、海岸に届く以前に海の気候に数週間晒されていたことで、毒性が低かったのかもしれない。

＊工業的な化学物質

ポリ塩化ビフェニール（ＰＣＢ）などのような化学物質もまた、とりわけ幼生の段階でゾエア幼生の発生遅滞やメガロパの大きさ、発生の乱れなどの作用をもつため、カニにとって有毒である。ＰＣＢはまた、体色の変化や生理作用を損なう。これらの物質による汚染は、塩素化炭化水素の場合と似て、禁止されてから以後もその濃度と作用は長く尾をひいて、海の生態系で続いてゆく。またそれらは食物連鎖を通じて生物濃縮されて、その長期的な影響は全般的にはまだわかっていない。

多くの工業的な化学物質や殺虫剤が内分泌系に影響を及ぼす。内分泌系を混乱させることで、それらの効果は極めて低い濃度でも引き起こされる。植物に施されて下水から水路に入る医薬品なども、いろんな生物体内で内分泌的な作用を発揮する。カニの脱皮の周期や色素形成を変える多くの化学物質が、カニの内分泌系に影響を与えることでそうした作用を示すというのはありそうなことである。

皮肉にも、汚染はカニに直接的でないプラスの影響を与えることがある。工業化された北ニュージャージーのアオガニは、たとえば水銀やダイオキシンなど高い濃度の汚染物質を蓄積しているので、人間の安全の観点から漁獲が禁止されている。その結果としてカニの個体数は増え、個体は、もっとも大きな捕食者である人間に取って喰われているきれいな地域においてよりもより大きく育っているのだ。

富栄養化

栄養分（栄養素）とは、生物体が生き、育つために必要な化学物質である。しかし栄養素も過剰量であれば、一種の汚染となる。栄養素の過剰な供給――下水の放出や肥料が海岸の水に流入することで起こる――は、富栄養化（eutrophication）という過剰な藻の成長の問題を引き起こす。これらの栄養（主として窒素とリン酸）は、藻［ことに湖沼のような閉じた水系では渦鞭毛藻］などの繁茂を刺激するが、これらの藻も最後には死んで水底に沈み、分解され、深層水の酸素を使い果たす。栄養素の過剰によって引き起こされる溶存酸素（ＤＯ）の欠乏は、特に水の循環のわるい入り江でダメージとなる。大きな「死の地帯」――つまりたいへんＤＯ濃度が低い地帯――は、入り江から海の方へと広がることがある。メキシコ湾では広い「死の地帯」（しばしばニュージャージー州ほどのサイズ）が夏ごとに毎年のように現れ、それはたいてい、合衆国の穀倉地帯に撒かれる窒素肥料がミシシッピー川から流入してくることによって引き起こされている。

魚は低酸素地帯から泳いで逃げることもできるが、カニのような底生の動物は一般にそれほど速く逃げられず、そして酸素の欠乏で死ぬことになる。暖かい気候の時にはときどき、カニその他の動物が呼吸しようとして浅い水域に群がったり、酸素のなくなった水から完全に這い出たりする。この現象は「祝祭」などと呼ばれてきたが、酸素に飢えたカニにとっては明らかに祝祭どころではない。これは、この事態に祝祭の名を与えた人間によって夕食用に捕まえられる程度までようやく生き延びたカニの低酸素症の結果なのだ。過剰な栄養はカニに直接の低酸素症以外の仕方でも害を及ぼす。栄養素の過剰は、藻の繁茂によって水を濁らせ、海草が十分な光量を得ることを妨げるので、これはアオガニの重要な住み場所を減少させることになる。

海の放棄物と残骸

放棄され、または忘れものとなった釣り具はカニにとって危険であり、大きな経済的打撃にもなる。ワシントンのピュージェットサウンドでの遺失刺し網の研究において、クリステン・ギラルディと共同研究者は、捨てられていて、しかしまだカニが捕えられている刺し網の一つについて、一日あたりの捕獲割合を見積もり、結局死んでしまう運命にある全体数を予測するモデルを作った。彼らは一つの捨てられた網がまだ網としての寿命を持つ間に、四三六八匹のアメリカイチョウガニがこの網にかかると計算した。これは一万九六五六ドルの漁業損失であり、これと比較すれば網の撤去費用は一三五八ドルである。最近カニツボも含めて、遺失釣り具を撤去するプロジェクトが着手されて、瓦礫を除去する努力が、より健康な海と持続的な漁業のために捧げられている。海の環境から何千もの捨てられたツボを含む何トンもの瓦礫を撤去することに加えて、こういうプロジェクトは海岸沿いに雇用などの経済的な利益を産み出してきた。他のタイプのゴミと屑で、特に決して腐ることのないないプラスチックは、海の生物がそれらに絡め取られて傷ついたり、動物が飲み込んで問題を起こしたりする。もっとも、利益を得る種が一種類あって、それは大西洋のオキナガレガニ（サルガッソーガニ）である。このカニはサルガッソー藻だけに限らずに、海にただよう屑の浮遊物に乗ることができるわけだ。

気候の変化

温暖化はカニに対していろいろな効果を持つことができよう。効果のうちいくつかは、場合によって肯定的であると考えられる。一つの反応はすでに見られているように、多くの種の棲息域が移動してきていることだ。ツノメガニは以前よりはるかに北でも見られている。アオガニは以前は寒い北の気候に制限されていたが、気候変化の温暖化効果で、もっと北で生き延びることができて、チェザピーク湾の北の場所で漁獲量を増やしている。カロライナ両州沖のアオガニはわずか一年で成熟するが、他方はるか北では二年かかる。温度が上がり続ければ、中大西洋でも同様にそれらは一年で成熟しそうで、これは漁業では有利だろう。しかし種が引き続いて北へ移動してゆけば、移動してゆく先の生態系に予期できない影響をもたらすだろう。アラスカ水域の商業的に重要な各種のカニのように冷水に依存している種は、暖かい水に苦しめられるだろう。

二一〇〇年までに一～三フィートの海面上昇が予想されていて、これは潮間帯のカニに影響を与えることがあるだろう。多くの種が塩気を含んだ湿地を住み場所としていて、その高さは上に上がってゆくか、さもなくば生き延びるために内陸へ移動することになる。こうした住み場所が、気候変化にペースを合わせて間に合って高さを調節してゆけるかどうかは確かでない。より内陸への移動は、道路や町が塩性の湿地のすぐ内側にある場所では、不可能でないとしても困難があるだろう。

気候変化の複合的な見通しは海洋の酸性化ということである。化石燃料の燃焼によって空気中に放出された多量の二酸化炭素が海洋に溶け炭酸になり、そして海をより酸性にする（つまりpHを下げる）。ある見積もりによると、海洋は工業時代が始まってから以後、我々が大気中に排出した二酸化炭素のうち三〇パーセントにあたる量を吸収してきたとされる。これは大気中への蓄積を減らし、温暖化の程度を切り下げてきたが、海へのこうした蓄積には代償が伴う。海洋の酸性度の増加は、とりわけ炭酸カルシウム（$CaCO_3$）でできている殻を作る生物に影響を与える。石灰化と呼ばれるこの過程は、甲殻類を含む広い範囲の海の生物の生態と生存にとって重要である。低いpHは殻を作りにくくする。そして水が、存在している殻をむしばむほど酸性にもなり得る。サンゴのような殻を作る生物では、殻の生産量と成長速度の両方が低下する。低いpHは、タラバガニの最初の幼生段階の生存、成長、カルシウムの含有量に対してマイナスに影響する。ただしすべての種が、こういうやり方で反応するわけではない。ウッズホール海洋学研究所のジャスティン・B・リースと共同研究者は予期と違って、研究した一八種のうちアオガニとロブスターを含む七種が、より高い酸性度に晒されたとき実際により多くの殻を作ることを発見した。この驚くべき反応は、石灰化の部位でのpH調節能力の違いや、甲殻の外層が有機質の被いで護られている程度の差や、あるいは甲殻の溶解性ということのなかに原因があるのかもしれない。

カニその他の各種生物について、酸性化の影響をもっと充分に理解しようとする大量の研究が行われている。すでに見いだされた影響は、石灰化に限らずその他の生理学また行動の諸面を含んでいる。たとえばプリマウス大学のケイト・デ・ラ・ヘイと共同研究者の発見では、pHの低い海水中にいるヤドカリは、普通の海水中にいるものに比べて、合わない殻から合う殻への引っ越しを行いにくく、殻を替えるのに長くかかるという。低いpHのもとにいるカニはまた、小触角を揺らす（十脚類の「臭い嗅ぎ」反応）程度が少なく、運動量も減っていた。彼らに餌の匂いを提供したとき、低いpHの水にいるカニたちは匂いの源を突き止め成功率が少なかった。この結果は、海水のpHの低下がカニの化学受容、資源の評価、判断決定の過程を損ない、彼らの生命力資源の獲得能力を減らしてしまうことを示している。

問題のカニ

問題を持っていることの一方で、カニは寄生的または侵略的な種として、問題の源になることがある。

寄生虫

＊マメツブガニ

シロピンノ属のマメツブガニ（たとえばエンドウマメガニ、**図版7**）は軟体動物である二枚貝の外套腔に住み、また稀にウニ、ナマコ、被嚢動物、蠕虫の虫管などにも住みつく。一〇〇種類以上の違う種のマメツブガニがいて、それらは丸い傾向にあるが（やはり豆粒に似ている）、虫管に住む種は管にうまく合うように横に平たくなっている。これらのカニは宿主動物を傷つけないので、寄生的というよりむしろ片利共生的なものと考えられる。ただしこの属の一部のものには明らかに寄生的なものもいる。カキの中で見つかったカキピンノ *Pinnotheres ostreum* は寄生的と考えられ、他方イガイに住む種（*P. maculatus*）は片利共生的と考えられている。イガイの中にいるカニは、二枚貝が食物を自分の口に運ぶ粘液の糸を食べている。ある特定個体のイガイが何匹ものマメツブガニによって宿主とされていたら、寄生の緊張を感じるのはありそうなことである。利用できる食物が豊富でないときには、マメツブガニは宿主であるイガイの鰓を囓ってしまう。これは「片利共生」と「寄生」を隔てる区分線が、じっさいは曖昧なものであることを示す。中国や日本近海の太平洋にいるオオシロピンノは定常の振る舞いとして宿主の鰓を傷つけ、貝の濾過能力を損なう。長い期間続いていれば、マメツブガニは宿主の鰓に恒久的なダメージを与える。彼らは、そんなことなど予想せずに夕食にカキとかイガイを注文したシーフードレストランの客を驚かすことにもなる。

こうした寄生者は貝類の養殖に経済的な損害を与える。オークランド大学のオリヴァー・トロッティーアと共同研究者はニュージーランドの飼養場でシュモクアオリガイをサンプリングして「この貝 *Perna canaliculus* は医療に役立つので注目されている」、貝のうち約五パーセントにマメツブガニを見つけた。感染後の貝は感染していないものに比べて重量が三〇パーセント少なかった。調査者はこの貝の飼養場での生産の損失を約一七六三ポンドと見積もった。彼らはニュージーランドのこの貝の生産総量に外挿してみて、マメツブガニの感染は毎年二〇〇万アメリカドル以上の産業的な損失をもたらすと計算した。

大半の大型二枚貝は最低限何がしかの種のピンノ類の宿主になっていて、このカニたちは典型的な場で説明される。しかし彼が目的を達成する前に、彼は島の火山によって破滅する。その一方で他の者は何とかノーチラス号に逃げ込む。ファンタジーであるにもかかわらず、この映画での巨大なカニは解剖学的に正しく巨大なオカガニのような姿をしている。ただし鋏の先端が黒いことは、それらがイシガニであることを示唆している。

巨大なカニは監督ブラッド・シルバーリング、演出シドとマリー・クロフトおよびジミー・ミラーの『失われた土地』（2009）の中にも現れる。この映画は、1974 年の同名のテレビシリーズがもとになっていて、同僚とともに時間を遡る方法を発見したもったいぶった古生物学者が出てくるコメディーＳＦ映画である。カニはほんのさわりの役割を演じるだけで、全体にはいろんな恐竜やプテラノドン、トカゲ人間の種族、そしてウィル・フェレル［アメリカの喜劇俳優、1968 年生まれ］も登場する。ただしその大きな場面で、カニは横でなくて前に歩く。

ハリウッド映画での悪役カニ

1957年のB級映画『カニ・モンスターの攻撃』（ロジャー・コーマンによる「キャンプ」ホラー映画、図版28）では合衆国海軍の飛行艇が太平洋の遠い環礁へ、核物理学者カール・ウェイガンド博士率いる科学者のチームを派遣する。環礁の近くでなされた水爆実験の核降下物の影響を研究するのが目的で、このチームは消えてしまった先遣の調査探検隊に交代するのだが、積荷を降ろしている最中に海員が一人、デッキから海に転落して、波間にいる何者かによって首を刎ねられる。チームの研究所でウェイガンドは、前のチームによって残された報告書を読んで、核放射能のせいで島の生物が巨大化していることに前のチームは気付いていたことを知る。島には何も生命の兆候はないのだが、しかし調査者たちは夜中に彼らを呼んでいる声を聞き、調査に出かけて捕まって食べられてしまう。巨大なミュータントガニ（柄の付いた眼でなく人間型の眼を持っている）がいて、それは犠牲者の脳組織と知性を吸収し、その声で喋ることができる。今回の探検隊のメンバーも計画的に襲われ、突然変異してほとんど兵器では傷つけられなくなったカニによって食べられる。科学者たちはカニが島を破壊する地震と地滑りを起こしていることを発見する。残った探検隊のメンバーが島での生き残りに苦闘しながら、カニが増殖して世界の海を侵略する前に、防ぐ方法を発見しなくてはならない。この映画では、餌を捕まえるとき鋏を使うこと以外には、甲殻類の生物学の知識は何も出てこない。

プロデューサーはチャールズ・シュナー、ディレクターはサイ・エンドフィールドによるジュール・ヴェルヌの『神秘の島』（1961）では、連合軍側の捕虜たちが熱気球に乗って南部の収容所から脱出するのだが、ひどい嵐に遭遇して未知の島に不時着する。巨大なカニに襲撃された後、脱走者たちはこの普通でない島にはすでに住人がいて、彼らは見張られていることがわかる。島に住み着いていたのは、「海底二万マイル」の潜水艦ノーチラス号のネモ船長だった。彼は世界の飢餓を終わらせる方法を実験しているのだ――難破者たちが出あう巨大なカニ、ハチ、そして鳥はこれ合、獲得したこの住所で酸素を獲得し、プランクトンや宿主が作る粘液で給餌されることになる。ドイツ、フランクフルトのゼンケンベルク研究所のカロラ・ベッカーはマメツブガニのヨーロッパ種が、宿主に特異的であるというそれまでの考えとは対照的に、多数の異なる宿主に住んでいることを発見した。雌のカニは身体が比較的柔らかく、防御を宿主に頼っている。雌は若いうちにつがい、その後引き続く脱皮のつど、甲羅はいっそう柔らかく透明になる。成体雄は成熟した雌よりも小さくて硬い。小さな雄はその場所を去ってあちこち移動できるけれども、体の大きい雌は一般に宿主を去ることができず、寄生虫で典型的なことだが、生殖にたいへん大きな投資をしている。

＊サンゴヤドリガニ

サンゴヤドリガニというのは、サンゴの中に住んでいて以前は濾過食者と思われてきた。しかしメリーランド大学のロイ・クロップはカニの口器の走査電子顕微鏡写真を撮って、それが濾し取りに適しておらず、むしろサンゴの粘液を集めるのに適していることを見いだし、そしていくつかの種はサンゴそれ自体から命をつないでいることを確定させた。一つの種はその脚でサンゴを煽いだり引っ掻いたりして粘液を集める。他の種は粘液その他のごみを集めたりサンゴの組織のかけらを切り取るのにその鋏を使う。また第三の種は、粘液質のボールを作ってそれをサンゴの表面に沿って掃いて粘液やごみを拾い上げるのに、その口器と鋏を使う。クロップはそれゆえこれらの種のサンゴヤドリガニは片利共生的というよりも寄生的と考えた。

侵略的な種

土着的でない種が新しい場所に到着したとき、大半は無害か、または自分が出くわした環境変化のもとでは生き延びない。しかし一部の新しい移住者は繁茂し、こうして成功し繁殖する小さなパーセンテージのものが土着種と競合して相手を打ち負かし、食べてしまったり寄生したりして侵略的という結果をもたらす。世界のあちこちに、侵略的になった多くのカニがいる。以下にいくつかを記す。

＊ミドリガニ

ミドリガニ（イソワタリガニ、**図1・8**）はヨーロッパと北アフリカの大西洋岸に土着し、保護されている岩の海岸、丸石の浜辺、泥の平地、潮間帯の湿地などに住んでいる。塩分濃度と温度の双方の広い範囲で繁栄し、南アフリカ、オーストラリア、アメリカの東西両海岸などに侵入してきた。その幼生は約二ヵ月をプランクトンのまま過ごし、その間に何マイルも海岸沿いに広がる。それからは潮汐と海岸沿いの水や入り江への流れに掃き出され、入り江で脱皮して、幼若個体として入植（新規場所への定着）する。もし環境が適していれば、そこで新しい集団を作りながら生き延びて繁殖する。ミドリガニは合衆国大西洋岸には一八〇〇年代に到着した。おそらくは汚れた船体に付着して、ニュージャージーからケープコッドまでの海岸の湾に、ふさわしい住み場所を見つけた。一九〇〇年代の早い時期には北方へ広がり始め、そしてメイン州沿岸への到着は、オオノガイ漁業の劇的な減退と一致している。ミドリガニは、人びとに人気のあるオオノガイやクウォホッグ（ホンビノスガイ）の有力な捕食者である。二番目の大きな侵略は一九八九年にサンフランシスコ湾で検知され、そこにはおそらく商船のバラスト水の中、あるいはロブスターを出荷するときに使った海藻や藻の中、また釣りの餌虫の中に潜んでいた幼生として西海岸へ到着したのだろう。この到着は、カリフォルニアでアサリの埋蔵量が五〇パーセント減ったことと関係があるだろう。

ミドリガニは効率的な略奪者で、ビノスガイやイガイの殻を他のカニよりも早く割って開けてしまう——そして土着のカニ、魚、鳥と食物をめぐって巧妙な競争相手でもある。このカニはまたカキ、芋虫、小さな甲殻類などを食べる。ニューファウンドランド記念大学のカイリー・マゼソンとパトリック・ギャノンは、東カナダに新しく到着したミドリガニは驚くべきことに、他のカニ（岩ガニ）ならば機能する鋏が一方だけになれば餌食の消費が減ってしまう（予期される通りである）のに対して、一方の鋏を失った後でも、依然二枚貝を片付けるとき他のカニと競合して勝てることを学んだ。彼らはまた、低温が両方の種で食事を同じ程度減少させることを発見した。メラニー・ロッソングと共同研究者は新しくカナダエリアを侵略したミドリガニと、長く住んできた地域のカニと侵入者の間での食物をめぐる競合をやらせてみた。ニューファウンドランドからきた最近の侵入者は、明らかにノヴァ・スコティアとニューブルンスウィック出身の長く居着いてきた侵入者よりも優勢だった。ミドリガニが太平洋沿岸を北へ移動を続けるならば、これは北西太平洋のイソワタリガニ、カキ、二枚貝の漁業にとって懸念事項である。

東海岸ではミドリガニと一世紀以上一緒に暮らしてきた巻貝やイガイは、防御として厚い殻を発達させてきた。それはミドリガニの捕食に晒されてこなかった貝よりも潰しにくくなる。ニューファウンドランド記念大学のメラニー・ロッソングと共同研究者は、ミドリガニがロブスターに対しても悪影響があることを発見した。ミドリガニの存在下では、捕食を避けるために避難所を利用している若いロブスターは、研究室の水槽でもシェルターで過ごす時間が長く、餌の取り方が少なかった。小さな幼若個体は食事と食物の扱いに費やす時間は少なめだが、食物を探し当てるのには長い時間を使った。北アメリカのミドリガニは、持っている寄生虫の数は少なくて、古巣のヨーロッパの水域でよりも大きくなり、これも彼らの新世界での成功に寄与している特徴かもしれない。

＊チュウゴクモクズガニ

チュウゴクモクズガニ（図2・7）は「毛ガニ」としても知られている。名前は鋏の上の濃い毛の斑点からきている。韓国と中国の黄海の土着種で、巣穴を掘るカニである。ドイツで一九〇〇年代の初期に、バラスト水から偶然放出されたと信じられている。一九二〇年代と一九三〇年代には個体数が爆発的に増えて、速やかに多くの北ヨーロッパの川や河口にひろがった。イギリスのテムズ川でもまた個体数の急増があった。このカニを原因とする漁業損失でヨーロッパが受けた経済的打撃は八〇〇〇万ユーロと見積もられている。

成体は河口域で繁殖するために川を下って移住し、一～二ヵ月間をプランクトン状態の幼生として過ごした後に、川を上って淡水へと移動する。成熟に達するまでに二年かかり、四年間生きると見積もられている。幼若個体はだいたい草食だが、育つにつれて虫とか二枚貝類を餌食とするようになる。またアライグマ、カワウソ、ツル、そして魚など多くの動物が彼らを餌食とするが、彼らの侵略をはっきり鈍らせるほどの捕食者には出逢っていない。

アジアで珍味とされていることを考えて、チュウゴクモクズガニはカリフォルニアで、アジア市場のための海鮮ストアに不法に輸入されたというのが――バラスト水によるのでないとすれば――、合衆国への導入の糸口だったと思われる。このカニは合衆国西海岸では一九九〇年代にすっかり定着して、その土地の無脊椎動物や、淡水および河口域の生態系の構造や、サンフランシスコ湾域でのいくつかの商業的漁業にとっての脅威と見なされている。このカニはサケの卵への食欲によって、脅かされ危機に晒されている合衆国のサケ個体群を危険にさらしており、さらにオレゴン、ワシントン、ブリティッシュコロンビアへと北に広がりかねないことに懸念が抱かれている。カニは陸を歩くことができるので、簡単に遠く広く新しい川に入って拡散する。二〇〇六年の夏にはチェザピーク湾で見つかり、二〇〇七年までにはデラウェア湾とニューヨーク＝ニュージャージー付近で見つかった。ニューヨークとニュージャージーでは、カニ業者たちにあらゆる異常を報告するように警報が発せられた。塩分濃度の低い潮間帯では、彼らは引き潮のとき、土手に巣穴を掘るので、浸食を広げ、川の堤防を不安定にするのではないかとも懸念されている。カリフォルニアでのもう一つの問題は、水道水路の枝分かれと漁網回収にかかる手間のことである。サンフランシスコ湾ではあるトロール業者が、いくつかの機会に一網で二〇〇匹以上もカニがかかったと報告した。時間が取られるし、ひどく費用も高くつく。水道施設の運用者と生物学者は、侵略の規模に驚かされた。彼らにも個体数激増の予想はあった。しかし一日に一万匹のカニがシステムを邪魔するとは予期していなかった。カニは食べることができ、中国では価値のある商業的な種でもあるから、それらを食べてしまうことでありうる問題を最小化できないかと呼びかけている科学者もいる。「奴らを討ってしまう〈ビート〉ことができないなら、食って〈イート〉しまおう」

というわけだ。『ナショナルジオグラフィック・ニュース』で報告されたように、ロンドン自然史博物館のフィリップ・レインボーは漁業者に向かって、イギリスでも奴らを標的にしようと呼びかけた。「中国人はそれらが好きだ、特に繁殖期にそれが生殖腺でいっぱいのときには。大きなものの甲羅は差し渡し八センチ（およそ三インチ）ある――それは相当なサイズの肉だ」。

＊イソガニ

アジア海岸のイソガニ（図4・6）はニュージャージーでは一九八八年に最初に観察された。おそらく幼生としてバラスト水に紛れて到着したのだろう。彼らはその範囲をメインとノースカロライナに広げた。そして石ころの潮間帯と浅い水の住み場所でたいへん豊富になった。このカニは繁殖期が長く、広い範囲の環境条件下で容易に殖える。またたいへん高い密度で発見される。ある地域ではじっさいにミドリガニを置き換えてしまったように見える。おそらくイソガニが、新入りの小柄なミドリガニを餌食にするからだ。イソガニはまた一九九〇年代末にはフランスに現れて、そこでは土着のミドリガニと競合しながら高い密度でひろがった。

捕食者によってイソガニを制御しようとする案は、あまり有望には見えない。元来の土地には捕食者がいるのと違って、合衆国には主要な捕食者がいる証拠がほとんどないからである（ただし一部には良いニュースもある。コネチカット大学のカリ・ヘイノネンとピーター・アウスターによる最近の研究では、実験室で甲殻類を食べるベラ科の魚などはイソガニを餌食として、むしろ土着の種類よりもこちらの方を好むようだともいう）。さらにイソガニは、ここに論じている地域の場合、ごく少数の寄生虫しか持っていない。スミソニアン博物館のエイプリル・ブレイクスルーと共同研究者は、その土地では土着の六種の寄生虫者があるのに比べて、合衆国東海岸ではイソガニに感染する寄生虫としてわずか一種しか見つかっていないことを発見した。対照的に、侵入してきたミドリガニはついては、その元来の土地での一〇種に比べて、東海岸では三種の寄生虫の種が宿主となっていた。侵入的だったどちらのカニについても、いま論じている土地で寄生虫感染の量が低かったわけだが、イソガニの方が、ミドリガニよりも差が大きい。導入されてからの時間のような要素（二〇〇年対二〇年）、あるいは原産地からの距離（欧州対アジア）のような要素が、ある地域ではイソガニの成功をもたらして、ミドリガニに取って代わっていることに寄与しているかも知れない。イソガニによるミドリガニの置き換えに寄与している他の要素としては、イソガニの存在下ではミドリガニが食物の主体を動物質から植物質のものに移すことがある──この移行はミドリガニの増殖力を減らすことになる。

イソガニは、コードグラスとイガイによって塩性の湿地に作られた湿潤な日陰の環境を好む。コードグラスは、自分へと誘引する何かの物質を与えることによってイガイを引き寄せ、次にイガイの方は、捕食者を避けて隠れるための隙間をカニに提供する──こういうのは用語として「利便性の順次提供(facilitation cascade)」と言われる。またコードグラスはイガイとカニの双方に、有用な日陰を供給する。この場合、カニによる住み場所の開拓はタマキビガイ、小さな甲殻類、青ムラサキガイ、フジツボなどの土着種を押し退けているようには見えない。ブラウン大学のアンドルー・アルティエリによる野外研究では、イソガニが多くいると土着の生物の種類も多いことが分かってきた。塩性の湿地という住み場所が、深刻な問題なしにこの新住人と調和してゆけるというのは勇気づけられることである。

このカニ種が侵入地として、よりふさわしそうに見える合衆国太平洋岸で確立されていないのは、とりわけふさわしい住み場所もあるばかりか、アジアの港との間でかなり船の往来があるというのに、奇妙なことである。ただし大西洋岸と違って、太平洋岸は二つのイソガニ属の土着種、*H. nudus* と *H. Oregonensis* の地元である。デラウェア大学のミア・スタインバーグとチャールズ・エピファニオはこれらの関連種の存在が、太平洋岸をアジア海岸ガニの侵入に抵抗しているのではないかと疑問に思って、三種間の競合を研究した。縦に半分に切った塩化ヴィニル（PVC）管片の凹面を下に向けて隠れ場所を設けたものが、容器の底に接着された。隠れ場所の大きさは、その下に一匹だけがうまく入れるだけのものである。彼らは、若いイソガニ（*H. sanguineus*）が隠れ場所をめぐって両方の土着種に競り負けていることを発見した。このことは部分的に、この種がなぜ太平洋岸でうまく侵入を遂げていないのかを説明するかもしれない。

＊土着でないが潜在的に問題のある他の種

熱帯のカニダマシ（「陶器ガニ」）が、近年南合衆国のカキ礁で見つかっている。彼らはフロリダで一九九〇年代に観察されており、またジョージアとサウスカロライナ両州の海岸水域でも多数出現した。カキを食べてしまう土着のカニと違って、「ミドリ陶器ガニ」（*Petrolisthes armatus*）は濾過食者であり、カキがやるのと同じようにして水から餌を濾し取って抽出する。彼らはカキを攻撃しないけれども、食物をめぐって競合するかもしれない。ジョージア技術大学のアマンダ・ホレボーンとマーク・ヘイによれば、この陶器ガニの存在は食物の競合を通してカキの成長を抑えてしまうように見える。ただし多くの土着の魚類とカニが、若いカキよりも侵入的なカニの方を食べるので、このことは若いカキに生き延びる機会を与える。カキ礁生態系へのこの侵入の長期的な影響、そして肯定と否定両面にわたる効果のバランスは、しかしながら今後の研究課題である。

サツマイシガニはインド＝太平洋の小さなガザミ科のカニで、スエズ運河経由で地中海地域に侵入し、また南大西洋とブラジルまでのカリブ海にはバラスト水経由で侵入してきた。その広がり方は速く、否定的な影響はまだ報告されていないけれども、競合する自然の底生生態系に変化をもたらすので、土着のカニにとって潜在的な脅威と考えられる。もし土着種に置き換わってしまったり、その数を減らしたりすれば、カニ漁にも影響する可能性があるだろう。このイシガニそのものは南アジアで商業的に重要だが、合衆国にはその市場が存在しない。もしかしてその市場ができてくれれば、潜在的脅威に対しての心配は緩和されるだろう。

トゲアシガニ属の一種 *Percnon gibbesi* は、もっとも広くひろがったイワガニ科のカニで（Sally Lightfoot〔速足のサリー〕）、［図版5］と呼ばれる二種のうちの一種）、北アメリカの大西洋岸と、カリフォルニアからチリまでの太平洋岸の両側で見られる。一九九九年にシチリー島の近くの地中海で最初に観察され、それから急速に拡散し、範囲を地中海全体を通してエーゲ海やイオニア海まで広げている。日和見主義的な採食者なので、おもに岩の海岸の高いところで藻を食べている。プランクトン状態の幼生はたいへん長く生きるので、このことが、長距離輸送とバラスト水中での生存を可能にして、侵入の成功に寄与しているかもしれない。

タラバガニ（図1・13）は、オホーツク海、日本海、ベーリング海、そして北太平洋に土着の種だが、一九六〇年代に漁業を確立するためにバレンツ海［北極海の一部］に導入された。それはあまねく広い領域に住み着き、四〇〇〇万を超える数となった。大型の一般的な捕食者として、土着の底生生態系にとって大きな打撃となると予期されるのだが、ブリタイェフと共同研究者はその打撃を研究して、バレンツ海の海底生態系への影響が、カニの高い摂食活動と餌とする相手の範囲の広さから予期されていたほどには劇的でないことを発見した。カニの食餌範囲が広いのでいろいろな生物グループの間に捕食圧が分散されて、特にどれか一種類がいなくなるという事態に陥ることを防いでいると、彼らは信じている。しかしタラバガニは北太平洋からロシアのムルマン海［バレンツ海の南側］にも一九六〇年代と一九七〇年代に導入され、北ノルウェーの水域では確立している。軟質の深海底環境にある底生動物相を相手にして活発に捕食するので、海底の表面でもその直下でも棘皮動物や、移動せずに巣穴を掘って管に住んでいる多毛類や、そして大部分の二枚貝も含む軟質海底の動物相を減らしてしまった。

南極でも気候が暖かくなるにつれて、ニホンイバラガニ属の種（*Neolithodes yaldwyni*）が新しい領域に入り込んでいる。イギリス、サザンプトン大学のスヴェン・サーチャと共同研究者は、浅い海岸の水に向かって移動している何百ものカニのデジタル画像を集めた。以前にはこの水域は、そういう捕食者から四〇〇〇万年以上も、冷たい水によって守られてきたのだが、南極の海岸の広大な昇り坂を横切る何百何千というイバラガニ群を、研究者たちは見つけた。広い南極大陸の沿岸全部にわたって見れば何百万という数になるだろう。イラバガニは今や南極の大陸棚を横切って広がり、少なくともその一部は南極の大陸棚の水域で繁殖することができる。このカニの一つの種は西南極で大陸棚を横切って七五マイルを移動して、南極半島のパルマー海淵で大きな繁殖集団を確立した。南極海岸の水は寒すぎたので、これまではカニが住んでいなかった。この海域にいる底生のイガイ、二枚貝、巻貝、ヒトデ、ウニは殻が薄くて、殻を砕く捕食者に対して通常の防御を発達させていなかった。これまで一度も、このタイプの捕食に出逢うことがなかったからである。カニがいない状態のもとでは、通常ならば沈殿物に巣穴を掘って暮らす蠕虫や軟体動物も、海底の表面で多くの時間を過ごす傾向にある。このことはまた、こうした侵略的なイバラバガニが大饗宴を繰りひろげて南極の住み場所を侵略することになれば、パルマー海淵の全棘皮動物を食べて、海底の生物的多様性に顕著な減少を引き起こすことを示唆している。タラバガニは、この捕食圧に付き合った経験のない底生動物相の生態系の中に入って行ったとき、その餌の取り方も、生き延びるために適応しなくてはならない。

我々の土着の種も他のどこかでは壊滅的な侵略者になるかもしれない。北アメリカ東海岸の河口に土着だった「入り江の泥ガニ」(estuarine mud crab; *Rhithropanopeus harrisii*)は少なくとも二一の国にひろがり、環境と経済の両面にさまざまな程度のダメージをもたらしてきた。このカニは地域の生態系を攪乱する潜在力を持っており、内陸の湖や港に侵入する。これはまたパイプを汚し、刺し網に捕えられた魚を餌食にする。大西洋岩ガニ(*Cancer irroratus*: **図版2**)は二〇〇〇年代のある時期にバラスト水の中で運ばれてアイスランド沖の冷たいノルウェーの水に到着し、そこで急速に増殖して土着のカニの卵を食べている。アイスランド大学の調査者たちは、そのカニが急速に土着のカニに競い勝つことを心配している。捕獲した個体は、自然の生息地で捕えた最大のものと同じくらいの大きさがあり、このことは、土着でないカニが栄えていることを示唆している。

合衆国東海岸で人気のあるアオガニ(アオガザミ)は、一世紀ほど前に地中海でその存在を確立した。

地中海は特にスエズ運河を通して行われる商業的な航海と水産養殖で、非土着の種が導入されがちである。そして、アオガニは最近、その潜在的な生物多様性と漁業への効果で「一〇〇の最悪な侵略的種」に名を連ねた。そうした効果はまだ観察されても研究されてもいないけれども。しかしながら、それらに対する商業的漁業は確立した。

土着の種も、特定の条件下ではその土着の土地で問題になることがある。ブラウン大学のクリスチン・ホルドレッジとマーク・バートネスは、コードグラス（*Spartina alterniflora*）を食べる湿地のイワガニ（*Sesarma reticulatum*: **図1・11**）がマサチューセッツ州ケープコッドの湿地の草を食べ尽くしているのを発見した——これは、過去数年間この湿地で進んできた理由不明の立ち枯れについて、一つの説明となる。ここの周辺に舟の係留家やマリーナができてレクリエーションの釣りが増加しことから、天敵であるアオガニ、シマバス、タウトッグなどが減少したので、イワガニが急速に増加し、これが湿地の生態系に不均衡を招いたのだ。

すべての外来種が侵略的になるわけではない。アジアのノコギリガザミは、漁獲を始める目的で合衆国のフロリダやハワイに輸入されて、それが定着した地域で商業的に収穫されているが、それによる生態学的な打撃は知られていない。しかし他のワタリガニと同様にそれは活発で攻撃的であり、軟体動物、甲殻類、多毛類を食べる。商業的な漁獲が個体数を制御下に置いているので、この種は侵略的とは考えられていない。

8　カニ漁

海岸に住む人びとは生きている海の資源に何千年も依存してきた。何百万人もが漁業を職業として生計を立てている。そして多くの人びとが主たるタンパク質の供給源として、いまなお海産物に依存している。近代の工業化された漁船の船団捕獲率はたいへん高くて、漁獲される種にも、目的でない種にも、そして海の棲息場所にも広範な影響を及ぼす。過剰な漁獲は海の生態系と世界中の傷つきやすい種にとって、今も主要な脅威であり続けている。魚の漁業に比べると小さく見えるけれども、カニ漁も多くの国で重要である。

合衆国でのカニ漁の歴史

有史以前からアオガニ（図版3）は、生活を保つために捕獲されてきた。土着のアメリカ住民が浅い水の中でアオガニを捕まえるのに槍を使い、単純な罠も使ったかもしれないことを、証拠は示唆している。植民地時代にも一部の入植者は、アオガニを捕まえることで生き延びた。そして一八〇〇年代の半ばから、アオガニはチェザピーク湾で商業的に捕獲されるようになった。チェザピーク湾はメリーランド州とヴァージニア州に囲まれた、合衆国でいちばん大きな湾である。いまやカニ漁はフロリダに至る中部大西洋地域から、西の端はテキサスまで湾に面する全州でなされている。一八五〇年からの記録は、柔らかい殻のアオガニを扱う市場が東海岸で開設されたことを示している。一八七〇年には柔らかい殻のアオガニをとるための「カニ掬い」と呼ばれる最初の歯のない底引き網の特許を取り、そして掬い網や大網を持って川の中を歩く漁師たちは硬い殻のカニを集めた。カニ掬いは水底を掘るのでなく、水底に沿って滑らせる棒が付いた、カキに使う軽量の底引き網である。この道具で、生息地で隠れ場所を探している脱皮したてのカニ（「皮脱ぎ」と呼ばれる）も含めたこの場所の居住者とともに、アマモ（藻）を掻きとる。製氷機の発明と、氷が使いやすくなったことが商業的な漁業の発展に大きな役割を果たして、それによって生きた新鮮なカニを鉄道で遠くの都市まで出荷できるようになった。

チェザピーク湾はアオガニ漁の中心である。ヴァージニアは湾の下半分に相当し、硬い殻のカニを捕まえて肉を取り出すことが中心となっているが、一方メリーランド州では、焦点は殻の柔らかいカニというもっと難しいものを相手にしている。脱皮に先立って捕まえるので、脱皮の経過も観察しなくてはならない。カニ産業にはあるライフスタイルがあって、業界用語さえ持っている。カニ漁者は「水男（waterman）」と呼ばれ、カニは「ジミーズ（jimmies）（大きなサイズの雄）」、「彼女ガニ（shi-crabs）（V字型の腹部をした成熟していない雌）」、「皮脱ぎ（peeler）（脱皮しようとしているカニ）」、「スーク（sook）（丸い腹部をした成熟した雌）」として知られる。合衆国は世界をリードするカニ消費国で、毎年の消費はカニ全体で二億五〇〇〇万～三億五〇〇〇万ポンド、そして国のカニの全漁獲量の五〇パーセントをアオガニが占める。

アメリカイチョウガニ（Dungeness crab：図2・5）は西海岸の台所の歴史で、これに匹敵する役割を演じてきた。北米に土着の人びとやその他の人びとは何世紀もこのカニを食べてきたけれども、一八四八年に最初の商業的な工場がオリンピック半島の先端の村、ワシントンのダンジネスに開設された。ダンジネスガニは、この村の名前にちなんだ命名だったが、これは西海岸で主要な商業的漁業となり、サンフランシスコの歴史の中でも重要である。世紀の変わり目の直後、漁民たちはゴールデンゲートブリッジ近くでこのカニの漁獲を始めて、メイグス埠頭として知られる地域が一九二五年に州政府によって漁民の使用のために設けられた。一部の漁民が彼らの捕獲物をボートや歩道の売店で直接公に売り始めた。今日の漁民埠頭レストランの先駆けである（図版25）。最初の薪を使ったカニ茹では、漁民埠頭に一九二〇年代に現れた。料理済みで殻を割ってあるカニとテイクアウトのカクテルに人気が出るようになって、漁師の掘立て小屋だったのが、繁盛するシーフードレストランに変わっていった。

アラスカの商業的なタラバガニ漁は、公式にはアリューシャン列島の西の島アダックで一九六〇年に始まった。翌年、オランダ港のタラバガニ漁が列島の東の部分のアンアラスカの港にオープンした。五年後、オランダ港は三三〇〇万ポンドの収穫の記録を経験した。ブームが続き、そしてアラスカが破滅したのと同じパターンで、一度は国で二番目に儲かる商業的漁業だったものが、捕り過ぎやその他の問題のために苦しい時期にさしかかり、本当の回復の兆しをまだ見せていない。

世界的な商業的カニ漁

カニは世界中で捕えられ、養殖されており、消費される海の甲殻類の二〇パーセントを占め、その量は毎年一五〇万トンに達する。ワタリガニが最重要のグループである。北海道から南インドまで、マレー多島海を通って遠くオーストラリアまで見られるガザミが全体の二〇パーセントに及ぶ。他の商業的に重要なワタリガニとしてはタイワンガザミ、アオガニ、シマイシガニ、ノコギリガザミなどもある。ズワイガニ属のいくつかの種、そしてアメリカイチョウガニ、ヨーロッパイチョウガニなどイチョウガニの仲間もまたそれぞれ毎年二万トン以上も漁獲される。

北アメリカには四つの有力なカニ漁が存在する。前述の短尾類であるアオガニ（図版3）とアメリカイチョウガニ（図2・5）に加えて、ズワイガニ（図8・1）があり、そして異尾類であるタラバガニ——一九七〇年くらいまでは、これがいちばん稼ぎになる唯一筆頭の甲殻類の種だった——がある。だがこのグループの優越も、獲りすぎになって種族全体が枯渇してくるにつれて下火になった。カニ漁のもっとも生産の盛んな地域は北太平洋であり、大西洋沿岸で漁獲される唯一目ぼしいカニはアオガニである。

アメリカイチョウガニとイチョウガニの仲間

アメリカイチョウガニ（図2・5）はアラスカから南はメキシコにまで分布し、アマモの水底床や藻の中で砂や泥の底から小触角と眼だけを出して埋まり、横たわっている。このカニは通常は、一二～一

図 8.1　オオズワイガニ（*Cionoecetes bairdi*）　Photo from NOAA.

二〇フィートの深さの水中で捕まるが、塩分濃度の変化に耐性があり、河口域でも見つかる。ただし空腹時以外は、低い塩分濃度は避ける傾向にあるようだ。エビ、イガイ、小さなカニ、二枚貝、蠕虫なども含めて半分ないし完全に砂に埋まって生きている生物を目指して海底をさらっている。雄は三年で成熟し、一方で雌は二年齢で産卵する。雄は複数の雌ともつがうことができる。雄だけが漁獲されてくるので、これはこの種の生存能力を維持する上で重要なことかもしれない。

西海岸の多くではアメリカイチョウガニは冬に漁獲される。サンフランシスコでは漁獲は典型的には一一月に始まり一月に最盛期を迎える、オレゴンやワシントンでは、シーズンは春まで延長されている。ブリティッシュコロンビアではピークの時期はもっと遅く四月に始まり、一方アラスカ南部では主として夏の漁業である。アラスカのアメリカイチョウガニについて最初の歴史的な言及は一九一六年に認められ、セルドヴィアで一九二〇年に缶詰にされた。今日ではアメリカイチョウガニは海岸の基地でも海上の工場でも処理されて、丸ごとでも切り分けたものでも、生でも冷凍してでも売られている。漁業としてはニシン、イカ、二枚貝などを餌とした丸い壺で獲られる。しかし規制があって、殻の硬い雄だけが漁獲を許可される。このカニはアラスカでは商業的な漁業と個人の漁の両方を支える。商業的な漁獲に使うのと似たカニ壺、輪網、チョット網（dip net）、そして手釣糸（hand line）はどれも個人の漁にも使われる（以下、用具についてのセクションを見よ）。

二〇一〇〜二〇一一年にかけての冬に、国家海洋気象局（NOAA）は大量のカリフォルニアのアメリカイチョウガニが、その前年の二〇倍以上の量で中国へ送られたと報告した。輸出業者が九三万九〇〇一ポンドのアメリカイチョウガニを生きたまま、新鮮な状態、塩漬け、あるいは塩水浸けとして二〇一〇年に中国に出荷したのだ。二〇〇九年にはちょうど四万一五〇二ポンドだったが、それ以上に増加している。生きたカニを海を越えて出荷する技術は、カニの漁獲から市場に到着するまでの時間を最短化するために決定的であることから、固く守られている秘密である。多くのカニは冷やし、酸素を供給しつつスチロール箱に入れてプラスチックのバッグに保護し、中国行きの旅客機の貨物室に置かれる。

アメリカイチョウガニの仲間であるいくつか他のイチョウガニが、商業的にまたレクリエーションとして捕獲される。南カリフォルニアではアメリカイチョウガニが豊富ではないので、キイロイチョウガニ（*Metacarcinus anthonyi*）、チャイロイチョウガニ（*C. antennarius*）、そしてアカイチョウガニ（*C. productus*）を含む他のイチョウガニ（岩ガニ）が捕獲、売買される。東海岸には大西洋イチョウガニ（*Cancer irroratus*: **図版2**）、ジョナーガニ（*C. borealis*）、そして深海アカガニ（*Chaceon quinquedens*: **図版13**）の小規模の漁業も存在する。深海アカガニは大量にノヴァ・スコティアからキューバの大陸棚の縁に発生し、しばしば偶然ロブスター壺や沖合のロブスタートロールで捕えられる。それはロブスター壺で捕えることはできても、冷やさないと生きたままで持ち帰るのが困難なので、最近まで商業的漁業の一部にはなっていなかった。搭載型冷凍システムが使えるようになって、漁業と処理設備の発達が可能になってきた。

チャイロガニ（あるいは「食用ガニ」、*Cancer pagurus*）は西ヨーロッパで重要な商業的種であり、北海、北大西洋、地中海で見つかる。それらは赤茶色の、特徴的なギザギザの縁の丸い殻と先の黒い鋏を持った強壮なカニで、底生の無脊椎動物、特に二枚貝や、小さな十脚類や、フジツボを食べる。成体の特に雌は、生殖と関係があると思われる季節ごとにかなりの移住を行う。チャイロガニの漁業はスコットランド人にとって一〇〇〇万ポンドの価値があり、経済的にたいへん重要である。ある決まった大きさ（甲羅の幅五インチ）未満のカニの採取は英国では法律違反となり、これは古く一八七〇年代に決められている保護基準である。

タラバガニ

タラバガニは南アラスカから北ベーリング海、アジア海岸にかけて棲んでいる。漁業におけるカニの平均の重さが一〇ポンドであるのに、それらは二五ポンドになる。商業的漁業がアラスカ、カナダ、ロシア、日本、韓国に存在し、同様に南半球にはニュージーランド、オーストラリア、南ジョージア、フォークランド諸島、アルゼンチン、チリに存在する。日本での缶詰は一八〇〇年代遅くに始まり、合衆国では一九二〇年代と一九三〇年代であった。

アラスカでは、三種類の商業的なタラバガニの種がある。「アカ」、「アオ」、そして「キンイロ」である（**表2**参照）。タラバガニ（＝「アカタラバガニ」、*Paralithodes camtschaticus*、**図1・13**）はアラスカのカニで最重要のもので、ブリティッシュコロンビアから日本にかけて分布し、ブリストル湾とコディアック群島がアラスカでの個体の中心になっている。アオタラバガニ（＝アブラガニ、*P. platypus*、**図8・2**）は東南アラスカから日本にかけて住み、ベーリング海峡のプリビロフとセントマシュー島でもっとも豊富である。「キンイロ」タラバガニ（＝イバラガニモドキ／北洋イバラガニ、*Lithodes aequispinus*）はブリティッシュコロンビアから日本にかけて見られ、アリューシャン列島がアラスカ海域の中心的な個体群をなしている。「アカ」タラバガニは「アオ」や「キンイロ」よりも大きく育つことができて、甲羅の幅が一フィートにもなる。雄は雌よりも大きく、そして雄だけが合法的に売ることができる。タラバガニは広い種類のものを食物としていて、蠕虫類、殻の硬い二枚貝、イガイ、巻貝、クモヒトデ、ヒトデ、ウニ、スカシカシパン［扁平なウニの仲間で、上下に突き抜けた穴（窓）が開いている］、フジツボ、その他の甲殻類、魚の部分、カイメン、海藻などを食べる。一方幼若個体は、太平洋のタラ、タマハゼ、オヒョウ、コガネカレイ、ガンギエイ、タコ、他のタラバガニ類、そしてラッコに食べられる。

歴史的にはタラバガニ漁はアラスカでトップの漁業であり、現在も合衆国全体でもっとも重要な一つに数えられる。一九五九年に州制が敷かれて以来、二〇億ポンド、一六億ドル相当が、おもにブリストル湾地域で捕まえられてきた。二〇〇八年には、二七〇〇万ポンド以上のアカタラバガニが捕獲され、これは一億二〇二〇万ドルに相当する。獲りすぎの懸念から、経営者たちは保護をいっそう高めるために漁獲容量を減らす（たとえば漁船の数を減らす）などのカニ漁適正化プログラムを二〇〇五年に発効させた。プログラムは国家海洋漁業サービスによって監督されていて、カニ資源を漁獲者、加工者、海岸の

図 8.2　連邦漁業監視員ジェフ・スリアー。アラスカ・タラバガニ研究、回復プログラムの一環として捕獲したアブラガニ（アオガニ）を持っている。

コミュニティなど、漁業関連のいくつかのグループに割り当てて制限を課するシステムになっている。これに先立ってNOAAの国家海洋漁業局は二〇〇四年に、過剰漁獲を抑える買い戻しプログラムを実施した。このプログラムでは漁業局当局は参加者に、関係者が漁船が就業数を減らし免許を返納することの見返りとして支払いを行った。

オオズワイガニとズワイガニ

オオズワイガニとズワイガニは、ベーリング海とアラスカの他の地域で深海に豊富なクモガニである。しかしオレゴンのような遙か南でも生じる。オオズワイガニ（*Chionoecetes bairdi*: **図8・1**）とズワイガニ（*C. opilio*）は、ベーリング海を越えて北は東南アラスカまでの盛んな漁業の根幹をなしている。これら二種のズワイガニの漁業の担い手は、東ベーリング海での日本とロシアの漁業である。彼らが食べる餌は蠕虫、殻の硬い二枚貝、イガイ、巻貝、カニ、他の甲殻類、また魚の一部分などであり、他方食べられる相手は太平洋のタラ、オヒョウ、タマハゼ、ガンギエイ、そして人間である。移住のパターンはよくわかっていないところもあるが、雌雄は一年の大半は分かれて過ごし、繁殖期になると同じエリアに移動してくることが知られている。アラスカのオオズワイガニ漁は一九六一年に始まり、商業的に重要性の大きい漁業である。カニは海岸の小さなボートからベーリング海の新しい「スーパーカニ獲り船」まで、切ったニシンを一〜三日ほど海水に漬けたものを餌とするという、タラバガニに使うのと似た壺で捕獲される。この漁法は「ディスカヴァリー」チャンネルの人気のテレビ番組『激闘の捕獲劇』の目玉になっている。

その他のカニ漁

フロリダイシガニ（*Menippe mercenaria*：図1・10）を相手とするマイナーな漁業がノースカロライナからフロリダへかけて、またユカタン半島、キューバ、ジャマイカ、バハマに存在する。大型のフロリダイシガニ（別称南イシガニ）は通常、防波堤やカキ礁、あるいはその他の海岸の岩場の近くで、壺で漁獲される。これは鋏だけが収穫されるので（鋏は育ってもとに戻る）、すべてのカニ漁のうちでもっとも持続的なものである（木に果実が生《な》るのとよく似ている）。（「収穫」という語はしばしば漁業でも、捕まえたものを指すのに用いられる。しかし、この語は何かがそこに追加されることを示唆しているわけで、畜養池で育てた産物を外から追加する場合を除けば、該当しないだろう）。それぞれのカニ一匹から一本の鋏を取り除くと、動物は失った鋏を再生できるように生きたまま放される。両方の鋏を取ってしまうことも合法ではあるが、しかしこれではカニは捕食者に対して貧弱な防御しかできないので、放されたカニが生き延びることと、次回の収穫と、どちらの機会も減じてしまう。鋏のないカニもまだ食物を見つけることはできるけれども、一本でも残った鋏を持っていれば、短い時間でより多くの食物を獲得することができる。その生き残りは、鋏をカニの胴体から適切に切り離す漁師の腕前に懸っている。関節を適切な位置で突き刺し、あるいは折り取れば、カニは自切反射（第7章参照）で筋肉を収縮させて、鋏をきれいに落とす。しかしもし鋏を間違った場所で壊すと、より多くの血液が失われてカニが生き延びる機会が減ずる。国立公園管理局のグレイ・デイヴィスと共同研究者は実験的に（たぶんやり方は適切だったと思うが）鋏を取り除いたカニのうち、四分の一はそのあと飼育状態で死んでしまったことを見いだした。カニが食物をめぐって争い、また捕食者を避けねばならない野外の状態では、死亡率はおそらくもっと高いだろう。フロリダの礁島《キー》では、イセエビに次いで、イシガニはもっとも重要な商業的な種である。フロリダ州全体で捕獲される三〇〇万ポンドのうちの約半分がこの礁島で産出され、フロリダ湾内で漁獲される。

ケアシガニ（*Maja squinado*）は北東大西洋と地中海で見いだされる。商業的漁業の目的で毎年五〇〇〇トン捕獲され、そのうち七〇パーセントはフランス海岸からである。ヨーロッパ連合は最小サイズの制限を設けており、スペインやシーズンオフのフランスで、陸に上がってくる卵を抱いた雌の捕獲が禁じられているなど、いくつかの国は追加の規制を持っている。

アジアではいろいろなワタリガニ科（ガザミの仲間）が商業的漁業の対象となっている。おもに底引き網、浜辺の引網、円筒状のワイヤー罠、折り畳み式の罠、壺、そして落とし網で集められて、タイワンガザミの総漁獲量は一九九九年度で約一三万四〇〇〇トンであったと報告されている。東アフリカ、東南アジア、日本、オーストラリア、そしてニュージーランドに広く分布し、インド太平洋を通じてこの種は商業的に重要である。こうした地域では缶詰、あるいは冷凍、あるいは生のままで、硬い殻のものも柔らかい殻の状態でも得られている。インド＝オーストラリア地域のもう一つの主要な漁業としてはノコギリガザミ（マングローヴガニ）がある。この大型で活発なカニは、北オーストラリアから東はサモアとフィジー、北はフィリピン、そして西はインド洋へ入りアフリカまで、泥質の浅い水底に広く分布している。彼らは特に入り江やマングローヴ、隠れ場所のある水域で見つかり、干潮時には手で、満潮時には鉤、罠、刺し網で集められる。このカニはハワイに導入されて、そこでは商業的漁業が発展した。ガザミは日本アオガニとも呼ばれ、年間三〇万トン以上捕獲され、九八パーセントは中国の沖合で漁獲

図 8.3　オカガニ（マングローヴガニ（*Ucides cordatus*））。

される。日本から南インドまで、インドネシアを通ってオーストラリアまでに分布し、浅い砂か泥の海底で見つかる。そこでの餌は海藻や小さな魚や虫、二枚貝であり、殻幅六インチまで育つ。通常は網で捕まえるものだが、もう一つの価値ある食材として、インド西太平洋ではアサヒガニ（地方によりカブトガニ／ヨロイガニ）（*Ranina ranina*）——広い、傾斜のついた胴体と平らになった脚を持っている——がある。もう一つ、あまり普通でない種としてメナガガザミ（*Podophthalmus vigil*）というのがある。眼柄が長くて、胴体の縁に沿って溝の中に水平に収めると、胴体全体をほとんど横切る長さとなる。こうしたカニは入り江や河口の柔らかい水底に住んでいて、インドで底引き網で捕獲されている。

ブラジルでは、陸マングローヴガニ（または湿地ユウレイガニ、*Ucides cordatus*: **図8・3**）を目当てとする商業的漁業がある。カレン・ディールとヴォ

いう重い負担にも拘わらず、ロブスターの個体数は繁栄している。それは、タラ――若いロブスターを食べてしまう――が枯渇していることの間接的な影響かもしれない。

他の場所における商業的に重要なロブスターは減少していると考えられ、そしてヨーロッパでは過剰漁獲の代償を支払っている。1990年代から、カリブ海でのイセエビ漁は過剰漁獲の兆候を示しており、個体数は低下を見せていた。データの標準化と、より良いデータを集めることによって、漁業の状態のより正確な決定を可能にするだろう。イセエビは6～7か月に及ぶ幼生生活があるので養殖が困難である。それゆえカリブ海のイセエビ種、*Panulirus argus* の養殖技術開発に関心が持たれている。カリブ海での開けた海での養殖事業は海水に浸した籠にロブスターを集めることに成功した。これらのロブスターのうち少数のものが、じっさい養殖できることを明らかにする研究に用立てられた。

ロブスター漁

商業的に捕獲されるロブスターのタイプは少数しかない。しかしそれらはもっともしばしば捕獲され、また高値の甲殻類であり、100 万ドル産業を生み出して、年間全世界で 20 万トンの水揚げがある。ほとんど誰でも知っているロブスターというのは冷水域に棲むアメリカとヨーロッパの鋏ロブスター、つまりアメリカウミザリガニとウミザリガニをいう。熱帯域のロブスターも広く消費されており、鋏棘が小さいものと上靴のロブスターと、南アフリカの岩ロブスター（イセエビ）である。これらの暖かい水の種は潜りや罠によって収穫される。商業的な罠にはセメントで重しを付けられ時間とともに劣化する逃げ板などがある。罠はサンゴ礁、海藻、また硬い海底に設置されると、海底の住み場所にダメージを与える。

ロブスターはいつも良い食物と考えられてきたわけではない。17 世紀と 18 世紀、それらはしばしば肥料として用いられ、子供や、囚人や、契約した召し使いに出される「貧乏な食事」と考えられてきた。それはあまりに頻繁に召し使いや囚人の食物として普通に用いられたので、マサチューセッツ州は人々に召し使いにロブスターを週に 2 回以上出すことを禁ずる法律を通した。ロブスターが贅沢な食物としての地位を得るのは 19 世紀まででではなかった。19 世紀末と 20 世紀の交通の改善は新鮮なロブスターを離れた地域にもたらし、その高級品としての評判は高まった。

ロブスターの漁業はメイン州の経済の重要な部分をなしており、2011 年には 4 億 2500 万ドル以上に値する船が存在していて、これは記録に記されるようになったうちで最高だった。漁業はロブスターにとって死のおもな原因であり、メイン州の合法的なサイズのロブスターの 90 パーセントに届く。新しく脱皮した動物は活発に食物を捜し、小さな縄張りで給餌している硬い殻のロブスターより、罠によりたやすくかかる。メイン州は殆どのロブスターを生産し、たくさんの規制を設けている。ライセンス制や、逃げ弁を備えた罠の使用、最大最小サイズ、卵を抱いた雌（切れ目の具合で分かる）は除外することや、卵を洗い落とすことの禁止などである。一本の縄上に仕掛ける罠の数や、漁獲期と時間の制限もある。漁獲とルカー・コッホによる最近の研究は、漁業の持続的管理のための情報を供給するもので、このカニ種の成長が遅く長寿である（一〇年以上）ことを確証しているので、獲り過ぎに対して極めて脆弱であることが示唆されている。

装置

カニ壺

ワイヤとか木製で餌をつけた罠（「壺」という）は、カニ捕獲に用いられるもっとも普通の用具で、そういうカニは底生の雑食性の分解者であることが多い。アオガニ用に入り江や海口域の水で使う餌を付けたカニ壺は、鶏籠用のメッキ針金製かＰＣＶ（ポリ塩化ヴィニル、「塩ビ」）被覆のワイヤ製で内部に二つの部屋がある四角い罠である（図８・４）。下の部屋または「階下」には、「喉」という二個または四個の入口の漏斗があり、そこにカニは入るが簡単には外に出られない。その部屋の真ん中に、カニが餌に届かないようにした、メッキしたワイヤの細かい網製の「餌箱」がある。上の部屋は「客間」とか「二階」と呼ばれ、捕獲の場所である。カニは客間の床に設けてある漏斗形の穴を通って客間に入ってくるが、そこから戻って外に出ることはむずかしい。カニ壺での捕獲は、カニが逃げ出そうとする本能を利用している。餌の匂いを嗅ぎつけるとカニは入ってくるが、いったん入ってしまっても、餌には到達できないので、表面添いに上に移動するが、内部は「客間」で行き止まりになっていて、結局天井部分の

図 8.4　カニ壺（ポット）。

隅にある特別の開口部から捕まって取り出されることになる。仕掛ける人はたいてい底部に煉瓦とか金属片を付けて、カニ壺が沈むようにしておく。職業にしているカニ獲りの人たちは、罠の底部をスチールの棒で補強して、いっそうの耐久性を持たせてある。長い線と明るい色をした識別マーカーを追加した浮きブイが上方に取り付けられる。

「コンド」罠は、深海にいる黄金ガニ（*Chaceon fenneri*：**図版14**）を捕まえる効果的な手段である［名称はcondominium（リゾート地の簡易賃貸住宅）にちなむだろう］。これは大きな（二フィート半×四フィート×六フィート）の箱型の、餌を保持するシリンダーと、反対向きに二つの傾斜した入口が付いたワイヤ罠である。長い綱を使って罠を一一四〇〜二八八〇フィートの深さに置き、鉤で掴んで機械的な滑車で深海から回収するが、危険な作業になる。

タラバガニはいちばん普通にはナイロンの網で覆われた大きな六〇〇〜七〇〇ポンドの鋼の枠を用いて漁獲される。壺（籠）ごとに、ニシンを小さく切ったものを餌として加えて、海底に届く場所で水に沈める。アカタラバガニ（＝タラバガニ）やアオタラバガニ（＝アブラガニ）を獲る際には、ポットは一〜二日浸す。しかしキンイロタラバガニ（北洋イバラガニ）を獲るときはもっと長く浸す（三日以上）。重いポットに強い綱で取り付けたブイを目印として回収され、強力な水圧システムで船に引き上げる。タラバガニを獲る船は船体が四〇〜二〇〇フィートもあり、数百万ドルする。過去にはタラバガニはもつれ網や底引きでも獲られていた。しかしこうしたタイプの道具は二〇〇七年に禁止された。理由は、これらは目当てである大きな雄以外に、雌や若い雄を余分に獲ってしまうからである。

商業的な漁業では、漁獲の一部（時々その大きな部分）は、目的としていない海の生物を含んでしまう。

これは混獲として知られる。カニ壺（籠）も、他の道具と同じように魚やウミガメなど、他の種をも捕まえてしまうことがある。東海岸の河口では、たとえばダイヤモンドバックガメがしばしばアオガニ用の罠に捕えられ、それは罠を毎日手入れしていなければ溺れてしまうだろう。混獲の問題はチェザピーク湾で使用するうちの五分の一の壺が毎年嵐のせいで、あるいは壺とブイをつなぐ綱をボートのプロペラが切ってしまい失われるせいで、悪化している。遺棄カニ壺――こうして失われる壺をこう呼ぶことにするが――は、以前使われていた木と布の網罠や、メッキされた鋼線の罠と違って、ヴィニルで被覆されていてもワイヤと鋼でできているので、何年も海底に残り、すぐには壊れない。その間この遺棄されたカニ壺（ポット）はカニ、魚、カメ、そして他の海の生物を罠にかけ続ける――幽霊漁業として知られる過程である。いったん罠にかかると、動物は死ぬまで罠の限られたスペースの中で生きる運命にある。放棄され遺棄されたポットはまた、釣糸や網に絡まり、通過するボートがそこに乗り上げたりプロペラが巻き込まれたりすると、航海の危険となる。ポットは長い距離を移動して砂浜、河岸、入り江に沿って海岸に打ち上げられる。オレゴンの海岸で二〇〇六～二〇〇七年の漁業期に見失われたアメリカイチョウガニ罠と浮きが、四年後にハワイ諸島の北西域で発見された。

こうした危険や浪費に対して、遺失カニ・ポットを発見、除去するプログラムが立ち上げられている。いくつかの州では住民に、遺棄されているポットの報告と、除去への協力を依頼している。NOAAのチェザピーク湾事務所は、海底地図の作成に使う横スキャンソナーで遺棄ポットの位置を特定できることを発見した。NOAAの職員、商業的漁業者、科学者を加えた共同のプログラムが、漁業者にも補助的な収入を供給しカニ漁を復興するために展開されてきた。このプログラムでは潜水者に対して、横スキャンソナーを使ったイメージングを訓練して、遺棄されたカニ・ポットの除去に雇用する。商業的漁業者をこのプロジェクトの計画と管理に組み込むことは、彼らの取り締まり官庁や科学者への信頼を高めるのに役立った。潜水者は収入を稼ぎ、そして二万八〇〇〇個以上の遺棄された漁業用具を三年間で取り除くことができた。

もう一つのアプローチとしては、捕えるカニの数は減らさずにカメその他の混獲の低減装置（BRDs）を備えたポットを使うことがある。それぞれ漏斗型の開口部に、標的でない大型種を締め出す一方、小さなカニは通すボトルネック状の仕掛けを取り付けるのだ。こうした装置がレクリエーションまた仕事としてのカニ捕獲者に、多くの海岸の州で要求されている。ニューファウンドランドとラブラドールのベニズワイガニ漁には、規定以下の小さいサイズの個体の混獲を低くする努力もなされてきた。ニューファウンドランド記念大学のポール・ウィンガーとフィリップ・ウォルシュは、逃げ機構を伝統的な罠に組み込むと、大きなカニの捕獲には目立った相違なしに、大きさ以下のカニの捕獲は四〇パーセント減ったという結果になることを発見した。使われているもう一つ別のアプローチは、生分解性の（微生物などで分解、消失する）糸を使った逃げ板を使うことである［分解の結果、大きなカニも自由に逃げられる大きな出入口になる］。

綱

流し釣り糸というのは、レクリエーションでカニを獲る人の手釣り糸を大規模にした産業用のものである。メリーランド州の東海岸のある地域では、これが唯一の認可された道具である。この糸（綱）は、長さは一マイル以上あり、錘で沈め、周期的にウナギその他を餌として、また底に沈める。潜水者は綱の一端から始め、それをたぐり上げて船縁に取り付けたローラーにかける。船が綱の下を進んでゆくにつれて、綱と餌、そして待望のカニが、ゆっくり表面に引き上げられ、そこでは船員がカニを掬い網（取手の付いた袋網）で掬い上げる。

カニタイル

海岸に人工物を並べて甲殻類を引き寄せる隠れ場所にする試みは、おもに南アメリカや英国で使われるテクニックであり、そこではこの手法はカニタイリングと呼ばれる。下り勾配に屋根のタイルあるいは排水パイプの切れ端のような物体を並べて、間潮帯の入り江地域にミドリガニに住み場所を提供するというのも、その一つである。カニは干潮時にタイルの下から、餌に使うために収穫される。隠れ場所は脱皮中のカニが使うことも多く、それゆえ柔らかい殻のカニを収穫するのに用いられる。カニタイルは副作用として、サギや魚の餌となるべき泥に住む無脊椎動物を、その数も種類もタイルの周囲から減らしてしまう。

底引き網

低いチェザピーク湾（ヴァージニア州）のカニ獲り業者は冬の期間、半分沈殿物に埋まっている休眠中のカニを底引き網で集める。カニの底引き網は船の後ろに曳航され、幅は六フィート、重量は二五〇ポンド。枠は金属性で、網でできた袋は下半分が鎖、上半分は撚糸製である。底引き網は泥や砂を除雪機の手前の雪のように持ち上げ、長い歯は底を浚うためのいろいろな角度にセットできる。手荒く目覚めさせられたカニ（ほとんどが受精卵を抱えて、湾の低いところに移住してきた雌）は、袋の中に捕えられる。「カニ掻き（crab scrape）」というのは底引き網の手直し版で、アマモその他、カニが中にいるものなら何でも掻き込む。逃げないものの大半は「皮脱ぎ」（脱皮の準備ができている者）、あるいは「ダブリ者」（雌の脱皮を待っている雄雌のペア）である。掻き装置は、元来はカキの底引き用にデザインされた伝統的な帆走ボートであるトビウオボートから、操縦される。

トロール

トロールは海底に沿って曳かれる長い、円錐形の網である。チリとその他少数の国が、コシオリエビのようなカニに対するトロール漁を持っている。その場合網は海底に沿って曳かれる。この方法は非選択的なので、かなりの量の混獲があり、目的としていないたくさんの種が捨てられ、多くの場合には混獲量が目的とする甲殻類よりも多くを占める。およそ一五〇種が混獲のうちに記録されており、なかでもメルルーサはもっとも頻繁に犠牲となる。チリの研究者は網目の大きさと形を網の終端部で変えて、魚が逃げられる逃げ板を組み入れることで、混獲を減らす新しい網のデザインの開発も研究している。

柔らかい殻のカニを捕まえる

殻が柔らかいカニはいろいろな方法で手に入れられる。シーズンの早い時期に、若い時期の脱皮の準備をしている雌のカニは、成熟した雄を入れた罠に誘惑されてくる。「ジミー壺（Jimmy potting）」では、雌を行動とフェロモンで引き付ける二、三匹の雄をポットの上の部分に置いておく。同じタイプの性的な誘惑を使った「ジミーカニ（Jimmy crabbing）」では雄の脚の周りに紐を括り付けて放しておき、彼が脱皮前の雌を引き寄せて抱きつくことができるようにする。捕獲者は紐を丁寧に引き上げて、カップルを一緒に網で掬い取る。シーズンの遅くには、脱皮の準備をしている雄を空のポット（餌なし）で捕まえることができる。海藻のない地域の裸のポットは、その中で脱皮するための良い隠れ場所が他にないと、こうした雄を引き付ける。環境要因が、多数のカニの同時脱皮を引き起こす。いったん脱皮前のカニが集められてくると、彼らは水の循環が良好な「脱皮浮き」（水中に錨でつないだ浮いている四角い箱）に蓄えられ、そこでカニの脱皮の時期が見張られ、観察されチェックされる。この過程の中では多くが死ぬけれども、何百万ポンドという柔らかい殻のカニが毎年生産される。柔らかい殻のカニは硬い殻のカニよりもよりもずっと多くの稼ぎになるのだ。

規制と経営

合衆国での漁業者の経営は、NOAAの一部門である国家海洋漁業局によって監督されている。詳細は地域の漁業経営評議会と個々の州によって管理される。たとえばニューイングランドの漁業経営評議会は「深海アカガニ［*Geryon quinquedens*］」を取り締まり、メキシコ湾評議会は「イシガニ［*Menippe mercenaria*］」を取り締まる。中央大西洋評議会はアオガニ（ガザミ）漁を監督する。しかしその種は河口域に棲むので、個々の州がそれを取り締まる。伝統的な制御システムのもとでは、毎年許された総捕獲量の限度はあるが、しかしそれは個人に割り当てられたものではない。その結果として漁業者は、いつどこで漁をしてよいのかを定めている込み入った規制のもとで、制限総量に届く前にできるだけ多くのカニを捕まえようとしてしばしば互いに競争する。この過程で漁業者は、漁獲を最大化する試みに必要なものよりも多くのボートと用具を使い、それにつれ支出が増える。こうしたシステムはまた、安全でない悪天候の中でも漁をすることを助長する。このシステムは必要以上のカニが同時に市場に届くという結果を招くこともあり、それで値段が下がり、駄目になったものや無駄が増える。アオガニの権利を巡ってメリーランドとヴァージニアの漁業者間の競合がかなりの摩擦を引き起こす例もあった。アオガニの捕獲量が一九九〇年代のおよそ一二億ポンドから二〇〇七年に四億四〇〇〇万ポンドに落ち込んでから、メリーランドとヴァージニアは一緒にアオガニ漁が危機状態にあるとして、漁獲に対する新しい規制を課し、両州の漁業者を大いに怒らせた。

メリーランドはアオガニ漁業を「漁獲シェア」とか「個人移譲可能割り当て」などという違うアプローチに切り替えることを考えている。このシステムは多くの他の漁業でうまく機能しており、論争にはなっているが、NOAAは合衆国の漁業者をこのアプローチに移行するように勧めたい姿勢だ。漁獲シェアプログラムのもとではその年度の総計した最大限を確定して、その総計について配分が算出される。プログラムは漁業総計の許される漁獲量を配分量に分割し、この分割は漁業への過去の歴史的な関与をもとにして決まり、個人、共同体、コミュニティ、またはその他の実体ごとに割り当てられる。それらは各自割り当て限度までの漁獲を許される。通常、割り当て量は売り買いできる。それゆえカニ漁者はこのやり方で、選んだ時期に彼ら自身の分け前を超過しない限度で漁獲を行うことができる。このシステムのもとでは、参加者は漁業に賭け率を持つことになる――もしカニ個体数が増せば、総計の最大限の漁獲許容が増大するので、会社の株主と同様に各自の分け前も増える。これは彼らに、資源保全と個体数増加について財政上の関心を与えることになる。メリーランドのアオガニ漁は、カニの個体数見積もりが充分に正確で、このシステムは良い選択だった。毎年冬の浚い調査が、個体群の豊富さの正確な指標となる。科学者は調査の結果から、健全な個体数を維持するために十分な量を残した上で捕獲できるカニの数を見積もることができる。毎年度の割り当て総量の設定はあまり問題がない。漁獲シェアプログラムで難しい部分は、どうやって分け前を分配するかという決定のところだ。漁獲量の分割決定は過去の漁獲の割合にもとづくのだが、しかし他の要素もまた考慮に入る可能性がある。アオガニ漁で難しい様相を呈するのは、それが何千ものフルタイム、パートタイムの参加者を抱えていることにある。漁獲シェアに移行した他の漁業では、関係者がもっと少数だった。

アリューシャン列島と東ベーリング海のタラバガニ資源は、北太平洋漁業管理評議会の漁業管理プラン（FMP）を通じて連邦政府とアラスカ州の共同で管理されている。このプランは合衆国全体を見渡した上で、アラスカ州にとってのカニ漁管理に従う。カニ漁者の協同組合（同盟）は二〇〇五年に始まった捕獲分配に信頼を置く。それはカニ漁者に共同的な作業を行わせ、より効率的で環境にやさしい漁具を採用させるようにしている。タラバガニ漁ではポット使用は五万個から一万二〇〇〇個にまで減少した。新しい選別システムは開いた人工水路、機械化された水力テーブル、あるいは少ない手間と死亡率でカニを素早く並べるコンベヤーベルトを使っている。漁獲選別システムが導入されて五年後には、資源の保護、経済的な安定性、混獲や獲り過ぎ、そしてまた生命と傷害［人間の］の減少が達成された。

人気のあるテレビのドキュメンタリー番組『決死の大捕獲（Deadliest Catch）』は、ハリケーンの風の威力とものすごい波濤に直面するアラスカのカニ漁に焦点を合わせて、カニ漁の危険についての関心を喚び起こした。アラスカのカニ漁はベーリング海の状況のゆえに他の商業漁業よりも危険で、実際にもっとも危険な職業の一つだ。コディアック島に常駐している合衆国の沿岸警備隊救助分隊は、過酷な環境で犠牲に陥った乗組員の救援を頻繁に行っている。シーズンの死亡率は平均して一週間に一人の乗組員で、一方ほとんどのカニ漁船で傷害に遭う率は、過酷な天候と常にうねっているボートの甲板で重い機械を相手に作業する危険のせいで、一〇〇パーセントに近い。シリーズは八〜一〇隻の漁船とそれらの乗組員が一〇月のタラバガニ漁期から一月のズワイガニ漁期シーズンを通じて続く。『決死の大捕獲』のエピソードを撮影することは、カメラ担当クルーにとっても、ドキュメンタリー撮影の際に普通なら遭遇しない危険に突っ込んでゆくボートの上で、それ自体危険な職業である。あるカメラマンはクレーンからぶら下がった九〇〇ポンドのカニ・ポットが、彼がちょうど数秒前に立っていた場所を横切って難を逃れた。他の場合では、あるカメラマンは、甲板上で開いたままのハッチに誤って踏み入って肋骨を三本折った。アメリカイチョウガニの漁業にもまた危険がある。年間二人の死者を出すのは、しばしばボートが転覆するのに乗組員が救命胴着を着けていないせいである。より邪魔にならず、より多くの漁師が着用する気になる新しいライフジャケット（救命胴着）が開発されてきた。

獲り過ぎと他の問題

魚と同様に、カニの漁業も全世界で驚くべき速度で減少してきた。そこには多くの要因が絡み合っていて、個体数推計の不適切さ、混獲、幽霊漁業などということもある。気候の変化、過剰な漁、生態学的な相互作用が世界中でカニの資源量の激減に関係してきた。たとえば一九八〇年代のアラスカのタラバガニ（図1・13）の漁業の激減は、気候変化の影響、捕食者の増加、住み場所の改変、大型船の船団による過剰漁獲などが原因ではないかという議論をもたらした。二〇〇八年には二七〇〇万ポンドのタラバガニが捕獲されたが、一九八〇年の一億三〇〇〇万ポンドから激減している。二〇〇八年には個体数回復の措置が取られた。カニ合理化プログラムではシーズンごとに捕獲カニ数を制限することになり、以前はシーズンの長さだけで制限されていて全員が捕獲自由だったシステムとは対照的になった。新システムでは船の数も仕事量も前より少ない。ブリストル湾のタラバガニ漁は未だ合衆国でもっとも貴重なものの一つである。二〇〇八年に捕獲した二七〇〇万ポンドのタラバガニは一億二〇二〇万ドルの価値があった。漁業での混獲というのには雌、合法的なサイズ以下の雄、目的でないカニが含まれる。ポットは混獲を減らすように改良されてきた。そのなかには、ポットが遺失されたときの幽霊漁業を防ぐために、逃げ板と輪が含まれる。アラスカのタラバガニ資源の大半はまだ回復していない。アオタラバガニ（アブラガニ）漁もまた過剰漁獲のために厳しい時期になった。過剰漁獲に分類された唯一の資源――プリビロフ島のアブラガニ――は一九九九年以来漁獲されていない。ベーリング海およびアリューシャン列島（BSAI）漁業管理プランのもとで、州の漁業狩猟省は州と連邦の合同科学者チームに従って、過剰漁獲の限界を定める漁獲水準を設定してきた。その二〇一〇年の一〇月の会合で、北太平洋評議会は現在の漁穫量設定についての州の規制を承認した。カニ産業はブリストル湾のタラバガニに関する州の姿勢を支持した。

合衆国の市場で売られている全部のタラバガニのうち約半分はロシアから輸入されていて、それはロシア極東とベーリング海で漁獲される。極東の人口は低く、状況は過剰漁獲と不法な漁業のせいで悪くなっていた。二〇〇六年から二〇〇八年、そして再び二〇一〇年、タラバガニのロシアの不法な漁に関するスキャンダルが噴出し、ロシアからのカニ輸入の関係者が逮捕された。二〇〇七年には約二〇のロシア極東カニ漁の会社の協会である東漁業ホールディングスの関係者たちが、一万五〇〇〇トン以上、金額では二億ドル以上のタラバガニの不法輸出で告発された。ベーリング海のカニ工業のスポークスマンは、ロシアの船によって不法に捕獲されたベーリング海のタラバガニに対する合衆国の取引禁止を要求した。ある試算によると、ロシア極東で捕獲された密猟カニの量は合法的な漁獲の倍以上だという。合衆国で売られているロシアのカニの脚のサイズが小さいことは、規定以下の大きさのカニが漁獲の一部だったことを示している。二〇一〇年九月に、もっとも大きな合衆国のカニ輸入者であるアーカディ・ゴントマーカーはモスクワで逮捕、投獄された。マネーロンダリングと何百万ポンドものタラバガニを合衆国へ不法に輸出した密猟事業に関わったという件で告発されたものである。二〇一〇年の前半期に、彼の会社は二〇〇〇万ポンドのロシアのタラバガニを売っていた——これは年間のアラスカのタラバガニ全部の漁獲量とほぼ同額である。ゴントマーカーはその後すべての罪について免除された。いまや当局はロシアからのカニ買い入れに注意深くなっており、ロシアの当局も密猟者の矯正と断固たる取り締まりを約束した。同時にまたベーリング海のカニ漁者たちは高値がさらに多くの不法な収穫を刺激するのではないか、そして不法なカニの洪水が彼らの市場を再び壊すのではないかと恐れた。生産者、アラスカ州、そしてカニ販売者は、不法で報告されていないカニ漁のせいで過去一〇年間に五億ドルを失ってきたのだと言っている。

ズワイガニ（**図8・1**）は、一時はアラスカ、コディアックの経済の不可欠な部分だった。しかし急速な個体数の減少により、それらの漁業の艦隊は仕事を失っている。人類が、漁業と幽霊ポット捕獲の両者を通じて成体のズワイガニの主要な捕食者である。しかし急激な減少には他の要因がかかわっているかも知れない。カニは他の多くの種の餌食となり、寄生虫にも影響されやすい。天候のパターンも影響しているかもしれず、北太平洋の海洋の温度変動などもその可能性があるだろう。

アオガニ（アオガザミ、アメリカ食用ガザミ、**図版3**）――チェザピーク湾でもっとも重要な商業的漁業で毎年六五〇〇万ドルになっていた――は、一九九〇年代から大西洋岸のほとんどで顕著に減少してきた。毎年の個体数からの除去率はある年には七〇パーセントに達し、獲り過ぎの恐れがあるとされる五三パーセントを超えることがほとんど毎年である。個体数の減少にはまた他の要因もある。天候の具合や水に浸かった水生植物やカキ礁など重要な住み場所の喪失、また気候変動などである。個体数は一九九〇年代初頭から七〇パーセント減少した。二〇〇七年には、歴史的な不漁を招いた。二〇〇八年にメリーランドとヴァージニアの政府当局は、漁業の持続性を管理するための枠組みを設定した。枠組みでは、過剰でないと思われる捕獲の限界を設け（個体数の四六パーセント）、そして個体群が適切に再生産できるように、成体雄と抱卵している成体雌の最低限の豊富さの安全レベル（個体数八六〇〇万）を達成するために、抱卵期間の聖域を拡張する。追加の規制は、雌の捕獲を三分の一だけ切り詰める助けとなる。商業的ライセンスを買い戻すことでカニ採取人の数を減らし、そのうち一部の人員は遺失罠の回収のために雇用された。

かなりの議論と怒った水夫たちの反対を経て、ヴァージニア州は科学者たちの意見を聴き、大半がまだ抱卵していない雌のカニの保全のために、二〇一〇年と二〇一一年の冬期には　カニの底浚いのシーズンを閉鎖した。冬の底浚いでは、この間に湾を下ってきた身重の雌ガニを浚い上げる熊手状の浚い網を用いる。州が言うには、この漁法がカニ資源の生物学的健康を危うくするということだった。これに続く調査では、悪化した水質とストライプドバス（シマスズキ）のような多くの捕食者の存在にもかかわらず、二〇〇八年から二〇一〇年にかけて雌、雄、そして幼若個体の増加も伴ってカニの個体数が大いに増加していたことがわかった。これは、救われた雌が成功裏に再生産して個体数増加を加速したことを示している。この管理の実行を通じて、世界でも最大のカニ漁業の一つが、壊滅近い状態から健全な個体群へと、ちょうど三年でもち直したことになる。調査のすぐ後から、ヴァージニアの水夫たちは州議会に対して、冬の浚い網のモラトリアム（猶予期間）を終わらせて、湾の底部から再度、冬籠りして抱卵している雌を浚い取る許可を取り付けるロビー活動に取りかかって、成功を収めた。彼らは遺棄されたカニ・ポットの回収では、カニの浚い取りに比べて充分な金は得られなかったのだ。

合衆国西海岸沿いのアメリカイチョウガニ（**図2・5**）漁はもっと安定的だが、それでもなお多少の浮き沈みがあった。ただこれは必ずしも漁のせいではない。何十年かにわたる個体数減少は一九五〇年代に始まっていた。オレゴン大学のアラン・シャンクスとG・カーティス・レーグナーによる研究では、個体数の規模は幼生の成功の変動次第、おもにメガロパの帰還によって決定されることが示唆されている。それは「春の移行」――海が下に向かう湧き出し状態から上に向かう湧き出し状態に変わる時に起こる季節的な変動――のタイミングに大いに懸っている。下に向かう湧き出し（downdwelling）というのは、表面の水が下に向かって動く場合で、一方上に向かう湧き出し（updwelling）は、養分の豊富な深い水層から上への動きである。上に向かう湧き出しの始まりは三月から六月の間のどこかで起こる。一般に上に向かう湧き出しが早いと、生産量が大きくなる。上に向かって湧き出す水は表面にいる水中のプランクトンの成長、そして食物連鎖全体を刺激する栄養素を上層に持ち上げるからである。早い春の移行はアメリカイチョウガニのメガロパ幼生をより多く帰還させてくる。

サケその他の漁業が減退するにつれて、アメリカイチョウガニの漁業はより重要になってきた。二〇一〇年の一二月に、オレゴンのアメリカイチョウガニ漁業（州によって制御されている）は海洋会計評議会から、「持続的に漁獲されている」とお墨付きを得た。西海岸のカニ漁業がそうした証明を得たことは初めてである。この証明は、漁業が資源を過剰開拓しておらず環境に深刻なダメージを与えていないことを示唆している点で価値がある。漁業の持続的な取り組み姿勢とは、規定サイズ以下の雄は海に返し、雌はすべて放し、混獲を最小限にする仕掛けを使うことなどを含む。寸法の制限は一世紀以上にわたって設けられてきたもので、また雌捕獲の禁止は一九四〇年代のことである。一九九五年には船の数を制限し、そして船が大型化してより多くのポットを使ったので、同様にポットの数も制限した。理由が何であったにせよ、二〇一一年はアメリカアイチョウガニにとって旗印となる年だった。そして豊富な供給にもかかわらず価格は高く留まっていた。個人的なバイヤーは中国向けの輸出が多いが、漁獲したもの多くを買い付けた。需要はまた、海洋会計評議会による持続的漁業という指定後にヨーロッパでも高まった。三六年間漁業してきたオレゴンのカニ漁師のアル・ガンは成功の秘密を、「良い船、最良の道具、最良の餌、そして最悪の天候でも漁業する意志が必要」と言う。

しかしワシントン州の漁師は、追加の規制に直面している。一九七四年に法廷の決定ではネイティヴアメリカンの部族に五〇パーセントの漁獲割合が割り当てられ、部族でない漁獲船団は（すでに過剰な容量だったのだが）もっと小さなエリアの中に置かれた。ワシントン州の部族でない者のカニ漁の四分の三は、いまや海岸の幅三八マイルの範囲に制限されている。ワシントンのアメリカイチョウガニ漁業者協会の議長レイ・トステは「彼ら（ネイティヴアメリカンのカニ漁獲者）の三〇に対して我々は二八八存在していて、不均衡がある」と不平を申し立てている。ワシントンの海岸の二〇〇マイルからの商業的漁業はライセンスなしでは不可という漁業禁止と、オレゴンとカリフォルニアのカニ漁業者の北上を差し止めて、それによって二万個の罠をワシントン州の海岸から撤去して州の船と仕事を保全している州法律の推進を、トステは後押しした。州の法律はまたそれと別に罠に限度を設け、三万五〇〇〇個の罠を撤去している。トステはまた遺失したカニ罠の回収計画の設定を助け、連邦政府にはより一層の船団削減のための買い戻しプログラムの提示を求めていて、そうなれば残ったカニ漁業者により多くのカニが得られることになるだろう。トステは子孫の代までの将来を確実にすることを望み、漁業産業は資源を賢く使うポリシーを採用すべきであると考えている。彼の発言は重視されている海洋魚類保全ネットワークの会議での商業的漁業利益を説くユニークなものである。

カリフォルニアでは、二〇〇八年設立のアメリカイチョウガニ・タスクフォース（DCTF）からの勧告に基づいて、この漁をより安全また競争的にすることを狙った法律が二〇一一年に導入された。アメリカイチョウガニはカリフォルニアではもっとも利益が多く生産性の高い漁業の一つなので、漁業者と消費者からの要求は高まっている。DCTFは、サケ漁の機会逸失の緩和に充てられた州の金がカニ漁に流入して、その結果カニへの圧力が高まるのではないかと懸念を抱いていた。漁業者には、数が制限されているカニ・ポットの設置を増やし捕獲を増大させたい潜在的な圧力があり、それが「武器競争」を作り出している。オレゴン州やワシントン州からの船は各自の州でのポット制限に反応して、カリフォルニアにカニ・ポットを置きに来ることで問題を悪化させている。法律の規制の方は、漁業者が最短期間で可能な限り捕ろうとするカニ漁期初頭の競争ラッシュを緩和しようとする。勧告ではポットに蓋をかぶせ、次いでポットの数を減らして漁業活動の分量を抑えるようにとなっていた。

ノコギリガザミ（マングローヴガニ）は、地域の漁業者がホテルやレストランでの消費のため、地域や全国市場に供給するため、そして商業的な輸出のために行う西インド洋での活動で、これは西マダガスカルのマングローヴ湿地で重要である。そこではカニは手作業、網、掬い取りで集められる。需要は、特に輸出市場から急速に高まっている。大部分は統制が掛けられていないマダガスカル漁業の性質上、カニ集団が急速に激減していることを、証拠が示唆している。

一方で、タイワンガザミを扱う合衆国の輸入業者は、二〇一一年にインドネシアとフィリピンでの漁業の持続性を改善するための段階を踏んだ。国家漁業協会のカニ評議会は、規定サイズ以下のカニの収穫を終わらせる目的で作った最小サイズの要求を採択した。一一社の合衆国の会社が全国のタイワンガザミ市場の六〇パーセント以上を占めていて、これらが今回、甲羅が差し渡しが三インチ以上であれば捕獲してよいことを要求している。インドネシア政府は公式にこの制限を認識し、すべての輸出されるカニでこの基準に従うよという指導を、漁業関係の関係機関に発した。

オカガニは多くの熱帯地域で捕獲される。ヤシガニ（**図版1**）は熱帯太平洋では食物として長く集められてきた。多くの太平洋の島で、それは欠乏を来たしており、保全基準が必要とされている。ポリネシアのニウイ島では、科学者は、卵を抱いている雌は捕獲せず、合法的な最小サイズを設け、繁殖期には産卵地域を一般のアクセスから閉ざし、輸出を停止し、一般が関心を持つキャンペーンを始めることを推奨している。遺憾ながら勧告のどれも実行されていない。バヌアツのような他の島はいくらか前向きであり、公的な教育プログラムの結果としてヤシガニがメニューに現れることは滅多になくなってきた。グアムでは、卵を抱いていないヤシガニ［雌］あるいは甲羅の幅が四インチ以下のカニは獲ってはならないと指定している。

多くの種にとって、漁業は大きな雄だけを収穫するので個体群の構成を変える。雄のみを捕獲する漁業は雄のサイズを小さくし、性比を雌に傾ける。このことは、あまり精子を持たない小さな雄により多くの交配の機会をもたらす。これは「精子制限」という結果になる可能性があって、こうして漁獲された集団中では、雌は残った雄から充分な精子を受け取らない。（雄のみの）ハナサキガニの漁業では近年漁獲が減少し、雄のサイズが小さめになり、性比が雌に偏ってきている。より多くの漁獲がなされた年の雌の生殖成功度は、漁獲が少ない年のそれよりも低い。この場合、小さな雄と個体群中に残った少数の大きな雄は、雌に適切な精子を供給できていないのだ。

アオガニ（**図版3**）では、わずか八パーセントの成熟雌が二年目の産卵のために生き延びる。それらの平均の大きさは顕著に減少してきたが、これが大きな個体を取り除いた結果なのか、あるいは温暖化した気候のせいだろうかという点は明らかではない。雄のサイズは局地的に大きなカニを取り除いたことにより局所的に小さくなったので、精子制限は生じうるかもしれない。雌を保全する一方で雄を集中的に漁獲したことで、性比は三対一に変化したものと見られる。

水耕養殖

水耕養殖は農業での水耕と同等物で、魚、甲殻類、軟体動物、水生植物などのような水生生物を養殖する。甲殻類の水耕養殖は可能ではあるが難しい。それはカニやロブスターがタンクの仲間を、特に脱皮後、共食いすることが多いからである。餌の取り方の習慣が決定的であって、草食動物は肉食動物よりも養殖しやすい。理由としては食物連鎖の基礎近くのものを食べるので、食物がより利用しやすく安価なこと、また動物が互いに食べ合う可能性が低いことを意味するからである。養殖では異なった種への給餌が開発されている。エビに比べて大きなスケールのカニの養殖はない。どんな生物の水耕養殖についても同様だが、混み合った環境は水質や病気の問題を増幅する。重合養殖——違う種を一緒に育てるやり方——では、異なる餌を用いてタンクの隙間を使い、互換性のある種を育てられる。これは、より信頼できる成功と収入が期待できる。

ワタリガニ

インド太平洋では、大きなマングローヴガニであるノコギリガザミが、魚の池で養殖されていて、それは貝類とか養殖されている魚の一部を食べてしまうが、しかし池の魚から得られる収入を充分に補うだけのものが得られる。このカニはマングローヴと入り江に広く分布している。イギリスのバンガー大学のリー・パークスと共同研究者は、孵化場で育てたカニと野生のものの間にいくつかの違いを示した。野生のカニはより重さがあり、とげが頑丈だった。そして孵化場のカニは腹部の形に不恰好なものが、より多く見られた。孵化場で育ったカニは最初、底に埋まって隠れる行動が少なかったが、数日間沈殿物に混ざって暮らしていると、この防御的な行動は野生のカニに匹敵するくらいに増えてきた。

合衆国ではアオガニは、脱皮前の限られた期間だけ（一般に数日から数週間）畜養してから、甲羅の柔らかいカニとして収穫される。そうすると同じ大きさの硬い殻のカニよりも高値で売れる。アラバマ大学のダウ・ワトソンと共同研究者は脱皮を誘発する方法を発見して、これで年間を通じて柔らかい殻のカニを得られるようにした。彼のチームは脱皮を阻害するホルモンのレセプターを単離して、そのレセプターをブロックするようにデザインされた化合物について脱皮誘発能をテストしたのだ。レセプターのブロッカーを畜養場でひろく分布させるには、注射とか食物片などの開発がさらに必要だろう。ただ、柔らかい殻を作り出す施設の中ではカニの死亡率が高く、全数のうち約四分の一のカニは回収と取り扱いの間にストレスのせいで死ぬ。それに加えて、多数の動物が限られた空間に住んでいるときに起こりがちな高い伝染病発生率がある。孵化場でのカニへのウイルス侵入を防止する研究があれば、柔らかい殻のカニが市場に届く前に死ぬ数を減らすだろう。

科学者たちは長らく、何種類ものカニを卵から早期の成体段階へと実験室で育てることに成功していた。チェザピーク湾の空になってしまったもと集団を復元しようとして、アオガニの部分的ライフサイクルの養殖が開発されている。メリーランド大学のヨナサン・ゾハーと共同研究者は、野生に放つために幼生と幼若個体を育てるための養殖技術を開発した。幼若個体は優秀な生存率で、年間を通じて生産される。二〇〇二年から二〇〇六年にかけて養殖されたカニをタグ付けして、幼若個体の住み場所に放出した。養殖されたカニも野生の対応物と同様生き延びて、放たれた場所で局地的な個体数増大をもたらし、素早く性的成熟に達して育ち、つがい、放たれた場所から産卵場所まで移住し、放出後五〜六ヵ月後には生殖層の一員となった。幼若個体を自然で起こるよりも一年のうち三〜四ヵ月早く生産すれば、同じ齢の野生のカニが翌年まで産卵しないのに比べて、放たれた雌は放たれたその同じ年内に産卵が可能である。それゆえ養殖された幼若個体を放つことで、個体数回復をスピードアップすることができる。そしてチェザピーク湾の生殖層を補給するために、孵化場からの幼若個体を利用することは可能である。この方法の実行は、魚の孵化場によって野生の魚集団を補給するためにも一般的に使用できるだろう。ただし研究では、孵化場で育てられた魚は捕食者を避けず、あるいは野生の魚と同じようには育たないことも明らかなってきた。ただスミソニアン環境調査センターのエリック・ジョンソンと共同研究者は、孵化場で育てたものと野生のアオガニの生存率が、野生状態のもとで等価であることを発見した。孵化場で育ったものと野生の幼若個体はまた、成長率も同様だった。これは、孵化場のアオガニは孵化場の魚と違って、環境に放たれたときに不利を背負っていないことを示している。日本ではガザミが、似たようにストック（もと個体群）を高めるのに養殖されている。

タラバガニ

タラバガニの幼生はコディアック島（タラバガニ、「アカタラバ」）とプリビロフ島（アブラガニ、「アオタラバ」）でかつて損なわれた資源の再構築技術を磨くプログラムの一環として、アラスカで養殖されている。他の種と違ってタラバガニは冷水に棲み、ゆっくり成長する。しかしロシアでの幼生の養殖は高い生存率（三〇〜九〇パーセント）を示した。研究者は孵化のやり方を学んでおり、アカとアオのタラバガニの幼生を大きなスケールの孵化場で養殖している。アラスカタラバガニ研究回復生物学（AKCRRAB）プログラムはアラスカ海洋補助金、漁業者グループ、各コミュニティ、NOAAの諸研究室、アリューティク・プライド甲殻類孵化場およびチューガッハ地域資源評議会、およびアラスカ大学の協同事業である。彼らがいま育てている幼生は野生に放出されていないが、何をどれだけ給餌すべきか、人工的な棲息場所、水流の速度、また温度は何度が生存に最適か、孵化場がそれらのカニ資源を再構築する上で役割を果たすことができるかどうかが、研究されている。二〇一〇年に、二七〇万のタラバガニの幼生が一八個体の雌からの孵化に成功した。科学者たちは孵化場のカニがどうやって野生でやってゆくかを学ぶための実験をデザインし、孵化場で育てたタラバガニをタグを使って識別する方法を開発している。チェザピーク湾の努力に習って、彼らは若いカニの大きさの範囲で、カニの生存と脱皮後のタグ保持をテストしている。イバラガニ（キンイロタラバガニ）は幼生期が比較的短く、全部の幼生段階に給餌する必要がないので（つまり卵黄栄養 lecithotrophic なので［第4章参照］）、養殖の魅力的な候補である。幼生への給餌はほぼすべての養殖実施での大きな問題点である。

モクズガニ

チュウゴクモクズガニ（上海ガニ、［鋏部に毛の束があることから］毛ガニとも呼ぶ、図2・7）はその美味な肉と豊かな卵により中国で人気がある。ただしこの種はヨーロッパや合衆国では不人気の侵略者である。一九八〇年代以後に中国での個体群は過剰な漁、汚染、移住を分断するダムなどのせいで急激に減少した。それ以来このカニは、中国で重要な畜養種となった。生産高は食糧農業機構（FAO）によれば二〇〇五年に五〇万トン、二二億ドルに上る。それは世界のすべてのカニの養殖生産の三分の二に達する（残りはノコギリガザミやその他のワタリガニ）。この種はたくましく雑食性なので、餌の供給が容易である。市場はおもにアジアで、大半は中国それ自体の中で消費される。その養殖は一九七〇年代遅くに、水門によって川から隔てられた湖に小さな野生のカニを放つことから始まった。ほとんどのモクズガニは二つの湖——江蘇省の太湖と陽澄湖——で養殖されている。幼若個体は揚子江（長江）の河口から獲得され湖に移され、そこではネットで仕切った区画で湖岸につなぎ止められ、トウモロコシ、海藻、巻貝などで給餌する。太湖は豊富な栄養を運ぶ山の流れによって涵養されている。地方政府は湖の水質にたいへん几帳面で、すべての給餌は認可されなくてはならない。若いカニは冬には巣穴で休眠する。春には湖中央の大きな檻に移して育てられる。幼若個体集めから最終収穫まで、カニを上海や香港の大きな市場に出荷する準備ができるまで二年かかる。卵が孵る少し前に、抱卵しているカニは幼生を育てるタンクに移される。

モクズガニはまた、全ライフサイクルを通じて育てることもできる。新しく孵化したゾエア幼生の密度は一立方メートル当たり二〇〜三〇万個に調節される（一立方メートルは約一立方ヤード）。抱卵していたカニは、一度この密度が達成されると別のタンクに移される。幼生の養成には三週間かかり、その間にゾエアは五回脱皮してメガロパ段階になる。メガロパが二〜三日齢になると塩分濃度をほぼ真水のレベルまで徐々に低下させる。熟齢のメガロパは、網の囲いの中に入れて、交配用の池で育てられ蓄えられる。

カニやロブスターの養殖と対照的に、エビの養殖は多くの地域で大規模に展開され、特にアジアと南アメリカでは場合によって何がしかの環境問題を引き起こした。タイとエクアドルはそれぞれのエビ農場のためにかなりのマングローヴ林を切り倒し、農場から排出される廃棄物が付近の湾で水質を汚染した。より汚染の少ないシステムの開発が進められている。もう一つの論争のたねは、飼料とする魚の種類に関することで、つまりエビの給餌に使う魚が不足してくるという問題だ。工業は大豆のような植物タンパクにもとづいたエビの飼料を開発しつつあり、それで魚の飼料の量は減る。もしカニ養殖が最終的にエビ養殖と同じくらい成功するようになったら、計画段階の間に環境への打撃を考慮しておかなければ、同じ問題のいくつかが、もち上がってくるだろう。

9　カニを食べる

カニの肉は魚に似て、栄養のある食物であり、カロリーと脂肪分は低く、タンパク質と心臓病を防ぐ助けになるというオメガ‐3脂肪酸が高い。これらの脂肪酸は妊娠中とか授乳中の女性にとって特に重要であり、それは子供の神経系の発達に必要だからである。オメガ‐3脂肪酸はエビよりカニ肉に多く含まれていて、炎症を軽減し、免疫機能を高め、あるタイプの癌の危険度を抑える。カニ肉はまたビタミンとミネラルに富んでいる。高レベルのビタミンB‐12を含んでいて、このビタミンは神経の健康機能に決定的である。新鮮なカニ肉の構成は約七五パーセントが水分で、二〇パーセントがタンパク質、一〇～六パーセントが脂肪、一～二パーセントがミネラルである。料理された肉のカロリーの値は一オンス当たり二五～三五カロリーである。おもなミネラルとしてリン、マグネシウム、そしてカルシウムを含み、そしてカニ肉は亜鉛と銅の良い供給源でもある。

生きたカニ

いくらかのカニはそのまま出荷用に売られる。ただしカニは、捕獲過程で損傷を受けているかもしれない。漁具によって甲羅や脚に及ぼされる物理的なダメージ、またデッキの上にさらされていたことによる生理的なダメージもある。カニが生きているか死んでいるか見分ける能力は、カニを売るために陳列する際に重要である。外から見える傷は、それだけではカニ生存の判断の有効な手がかりにならず、体内あるいは生理的な外傷も含めねばならない。これは探り当てるのが難しく、最近脱皮したカニで起こりやすい。反射をテストすることは、内部的な傷害を評価するのに良い方法であり、なぜなら反射は神経系の活性を測定することであり、傷害と環境ストレスの双方から受けるダメージを反映しているからだ。ベーリング海のオオズワイガニとズワイガニの研究で、国家海洋漁業局のアラン・ストナーと共同研究者は口、眼柄、鋏、脚の動きを含む一揃いの反射が、将来の生死の運命に信頼できる予報を発していることを発見した。

中国の南京では、生きたカニを売る自動販売機がある。一匹のチュウゴクモクズガニ（中国では「毛ガニ」と呼ばれる）はサイズによって一・五〇ドルから七・五〇ドルである。自販機の中では生きたまま休眠させておく低温に保たれる。カニを食べるには厄介な手続きも必要だ。料理された後殻をこじ開け、肉を掘り出すのに特別な用具を必要とする。多くの人は、肉を江蘇省製の酢に浸ける。チュウゴクモクズガニの輝く赤オレンジ色のハラコ（卵）は、その上品でクリーミィな風味ゆえに賞味される。チュウゴクモクズガニは合衆国で広く売られていたが、今は大半が侵略的な種として禁止されている

（第7章参照）。ニューヨークでは、生きているカニでも死んだものでも、販売は禁止されている。しかしカリフォルニアでは、許可があればその漁獲はできる。このカニはまた、いくつかのヨーロッパの国で（たとえばオランダ）侵入種であって、その国で捕獲、売買される。一度侵入種が確立し、制御ができないとなると、以下の言い分は意味をなす。「奴らを討ってしまうことができないなら、食ってしまおう」。

カニ肉の処理

カニは死ぬと微生物の成長と酵素の働きによって急速に悪くなる。カニが生きている間は、酵素は生化学的制御のもとにあるが、しかし死んだとき酵素は肉の品質を落とし始める。消化酵素は肉を破壊する。歩留まりを落とし、新鮮なカニ肉に風味を添えている化合物は破壊される。悪化は、魚よりもたいへん早いので、カニは処理されるまで生きたままに保たねばならない。漁船の上でカニを保持する通常の方法は、水をかけ流しにした檻に入れておくか、あるいは海水を継続的にポンプで給水する大きなタンクに入れておくかである。ポンプの効率は、カニを生きた健康状態に保つのに十分な溶存酸素を維持できるものでなければならない。アラスカ海洋認可プログラムでは、タラバガニとオオタラバガニの漁業に勧告を与えている。勧告によれば、水温は自然環境に可能な限り近く保たれるべきであるし、カニが接触する表面はすべて、ことに生け簀の内側は滑らかで耐腐食性であり、しばしば清掃するべきものとされている。カニに注ぎかける水の循環は混入細菌を含まないものでなければならない。カニは二四時間はデッキ上に保存できるし、状態がごく良好ならば四八時間まで保存可能。船上で保持時間が延びるとタラバガニとオオタラバガニのどちらでも死亡が増す。低温は肉の品質を確保する助けになり、また処理前にカニを冷やすことは微生物の数を抑える助けになる。

カニ肉の殺菌法――素早い加熱とそれに続いて氷水に浸すやり方――は二〇世紀半ばに発達を見た。この有用な処理法によって、凍らせたカニ肉は一〇日～一二日程度でなく半年から一年も保存が効くようになった。特に処理して食べきれないほど多くのカニが獲れたとき、カニ肉を貯蔵するのに役立つ。殺菌は有用な短期間のカニ肉貯蔵の方法でもあり、それは二重継ぎ目の蓋がついたエナメル引きの缶にパック詰めされる。閉じた缶は華氏一七五度の熱湯に半ポンド缶では七〇分、一ポンド缶ならばしっかり一〇〇分以上漬けて細菌を全部破壊するように、缶の中心の肉が最低一分間、華氏一七〇度になるようにする。滅菌された缶は貯蔵中は冷所（華氏三三度～三五度）に保つべきである。以上の処理はカニ肉の色、匂い、味に何ら影響を及ぼさないように見える。

処理プラントがカニ肉を調理し、掘り出し、パック詰めする。アカガニ［オオエンコウガニの仲間のAtlantic deepsea red crabを指すか］やアメリカイチョウガニは調理の前に、内臓と鰓を除くために部分的に解体されることもある。市場に出される三つのものとして、カニ全体と、カニ肉と、カニの残骸がある。ほとんどのカニも肉だけのために処理されるので、たくさんの残骸が出て、かつてはこの残骸は捨てられていた。しかし今では副産物も商売になる。甲羅の破片やキチン質や濃くなったタンパク質や、くず肉も含めて、肥料や農場の動物の餌として用途があるのだ。

図 9.1　メリーランドのカニ漁ハウス。

チェザピーク湾のカニ処理はカニ解体の「ハウス（作業小屋）」（図9・1）の仕事だ。ここでは、一〇〇〇ポンドのカニで満たしたバスケットを保持できる大きな桶や鍋の中でアオガニを煮る。煮た後ではカニは「掘り出し室」のための準備ができていて、そこで脚や甲羅を分解し、裂いて肉を取り出す。カニ解体のハウスは伝統的にその地域の女性、しばしば漁師の妻が運営していて、肉を取り出し、それを運び、鋏、後ろ鰭（つまり遊泳脚に力を与える筋肉）、そしてその他の小さなかけらに、目覚ましいスピードで区分けする。彼らは素早く働いて背中を刺し、甲羅を剥がし、目と口の部分を切り取り、鰓と内臓を取り除き、脚を切り離し、こじ開けたバックフィンを含む後ろの体の部分から筋肉を取り出し、小さな「フレーク肉」をナイフの手前からほじり出す。最後には鋏を山分けにして外し、それをばらして壊し、肉を取り出す。仕事は素早い。それは支払いがポンド（重量）に応じているからである。何人かは一五分間で三〜四ポンドの肉をつまみ出すが、肉はカニ全体の重量の小さなパーセンテージに過ぎないから、これは一五分間に二〇〜三〇個体のカニを捌くことを意味している。言い直せば一分間に一〜二匹のカニということだ。

多くのシーフードをパッキングする企業が、メリーランドの東海岸に位置している。スミス島にはたくさんの献身的な女性の掘り出し手がいて、彼女らの多くは漁師の妻である。彼女らは、州の保健局が認可した大部屋である協同作業所で働き、長いテーブルに就いて、カニを漁師から受け取る。漁師の活動場所は近くの小さな埠頭であり、彼らはスミス島カニ肉協同組合を一九九六年にチェザピーク湾の小さな島(人口七五人)で、困難に面しているカニ産業を救うために始めた。ほとんどの掘り出し人は今でも女性によって担われているが、しかしこの土地の漁師の妻よりもむしろ、一時ビザを持った外国人労働者であることが多い。十分な労働者の人手を得ることに問題があって、いくつかのカニ・ハウスは閉鎖した。以前低調だったカニ処理の分野に、第一線の農業ビジネス企業が乗り込んできて、地場産業を脅かした。ミセス・ポールの会社は最初に参入してきたものの一つで、メリーランドのクリスフィールドにプラントを建てて、凍らせたカニにたっぷり辛子を効かせて揚げたのを作り、そしてその後にはあらゆる種類のカニの産物に手を広げて、パン粉をまぶして揚げることから冷凍、パッケージングまで手がけるようになった。ダフィ・モット社(林檎ソースで有名)は凍ったカニ片をパックする会社をティルマン島に開いた。ジョージア州とカロライナ州でも伝統的な処理加工産業は他の大手企業によって置き換えられつつある。

カニ肉を缶詰にする工程は一八七〇年代後半に最初に開発された。加熱処理され、つつき出された後に、取り出した鋏と胴体の肉を分ける。それは、缶詰業者は塊の肉にもっとも高く金を払い、脚肉の小さな破片は値段が安いからである。肉は色落ちを防ぐため弱酸の溶液（酢酸かクエン酸）に晒して浸ける。そして羊皮紙で裏打ちしたあるいはエナメル引きした缶に、鋏の肉を天辺と底置き、胴部の肉は真ん中に来るようにパックされる。塩の溶液とクエン酸からなる酸＝塩に浸ける処理は、缶詰では必要な加熱によって放出される銅によって、タンパク質の分子から青い銅酸化物が生成し、変色するのを防ぐために開発された。肉を塩化ナトリウムと乳酸とアルミニウム塩の溶液に浸けると、これは銅を安定させるので青い色が生成しない。缶は、カニ肉と缶それ自体との化学反応を通じて色落ちすることを妨げるために模造羊皮紙で裏打ちされるか、特別なエナメル仕上げを施される。蓋を缶の上に乗せるのが缶を閉じる過程の第一段階で、そして缶は華氏二一二度で一〇～三〇分加熱される。それから缶は完全に密封され、一時間以上熱処理される。

カニの食べ方

カニはロブスターやエビと違って、大きな肉片となる筋肉質の尾（腹部）を持っていない。その代わりに、鋏や脚に力を与えているもっと小さな筋肉が食べられる。ただしイシガニ［フロリダイシガニ、イソオウギガニ属］（**図1・10**）のように大きな鋏を持つ種では、脚肉よりも鋏が肉の主要な部分となっている。硬い外骨格があるので、クルミ割りやつつき棒などの道具なしには肉は取り出しにくい。イチョウガニの類はアメリカイチョウガニもそうだが、殻がたいへん厚い。一方ワタリガニ類(ガザミ科)は、殻がもっと薄くて割りやすい。ガザミでは、泳ぎ用の第五脚(泳脚)のための筋肉が大きく、背板の部分が食用として珍重される。アメリカイチョウガニは背板を欠くけれども、その重さの約四分の一が筋肉である。西海岸の多くの人々はアメリカイチョウガニを感謝祭、クリスマス、そして新年のために食べる慣習を持っている。

カニを調理するもっとも簡単な方法——熱湯中で茹でること——は、それを食べるにはいちばん難しい方法であり、ナイフと槌とクルミ割りが、殻を割り開ける道具として必要である。肉に到達しそれを食べるには、それに引き続いていろいろ面倒な作業に挑戦しなければならない。鋏を割って肉を取り出すには、小さな木槌がしばしば使われる。雄の腹部(「エプロン」)の下側はスリムで、それは飲み物の缶のタブのように、取っ手として使うことができる。エプロンをナイフでこじ開け、後ろに引いて切り取り、そこにナイフを入れると背面があらわになるので、上の部分と下の殻をこじ開けて切り離すことができる。そして肉をそこから引き出して食べる。しかし内部は、こうしてこじ開けて多少食べやすくなったとしても、まだ硬い殻で区切られた個室の連なりになっているので、食べられるカニ肉が比較的少ない量しか残っていないのに、その肉を取り出すのはけっこう大仕事だ。これは用意された何かの道具を使うよりも手仕事の方が簡単である。カニ全体がソースに浸けられて出されてくることもあり、これで味は上等になるかもしれないけれども、ソースは全体を汚ならしくしてしまう。レストランがカニ全体を注文した客に、プラスチックの前掛けを配ってくれるのも無理のないことだ。余分のナプキンと、指洗い鉢と、ウェットティッシュは欠かすことができない。ほとんどの夕食の客は、カニ・ハウスの働き手ほど専門家でないから、ある人にとってはカニを食べることは、貴重というよりも、多くの時間と手間を費やすことになる。なぜなら肉質の尾っぽの部分がないので、比較的小さな肉を求めてたくさんの仕事に取り組まねばならないことになる。

多くのシェフと博愛家はカニが殺される方法に懸念を示してきた。在来普通のやり方では、煮立った熱湯の平鍋に生きたまま落とすのだが、死ぬまで数分間はかかる。もっと人道的なやり方は甲殻類をほとんど瞬間的に殺すことだろう。発明家のサイモン・バックヘイヴンは、クラスタスタン［甲殻類の即死という意味］と名付ける装置を作った。それは麻痺させて痛みなしに動物を殺すために電流を使うのだが、発明者によれば、肉は同様に良い味だという。

アオガニは殻が硬いうちでは、もっともしばしば食べられる。水を張った大きな鍋で蒸すときに酢と香辛料を加えるのが、東海岸では普通である。カニは大きな調理釜の上に引き上げたトレーの上に置かれ、そして窯の中ではこの層の間にたくさんの香辛料を加える。ニューオーリンズのような場所ではそれらをたっぷりしたケージャン風に、あるいは「カニ茹で」用の香辛料を加えて煮ることも多い。釜はそれから蓋をして、カニが赤く変わるまで茹で続ける。調理されたカニは手で割るのだが、しかし大半の夕食者は殻をこじ開けて鰓のような欲しくない部位を取り除くのに小さなナイフを使う。「トマリー（tomalley）」として知られる消化腺（肝膵臓）は、通常は取り除かれるけれども、ある人々には珍味と思われている。多くのアジアの文化では雌のカニの卵（そして時には卵巣）が食べられる。

メリーランド州の東岸には、茶色の紙のテーブルクロスを敷いた多くのフォーマルでないカニ・レストランがあり、そこでは夕食者は一方の手で木の槌を扱い、他の手で剥がしナイフを使う。手は手首まで（あるいは肘まで）カニの内臓とスパイシーなべたつき、それに加えて溶けたバターでべたべたになるけれども——それでも結構楽しい。甲羅の幅が六〜六インチ半あるカニは、大きな黒板のメニューに「ジャンボ」としてリストされる。「小」、「中」、「大」はどの季節でも手に入るが、ジャンボを得るもっともよい季節は夏遅くから秋早くであり、その季節には、季節を生き延びられるだけ幸運だったカニが休眠の準備を始めている。

アオガニはその季節の最初の脱皮を晩春に行う。漁獲者はこうしたカニを「ピーラー（皮脱ぎ）」と呼んでいる。脱皮の過程は夏の間、カニが育つにつれて何回か行われる。カニパックの「ハウス」は、一時的に彼らを水槽の中に飼っておき、それらが脱皮して殻が柔らかく、肉質になり、販売できるまで待つ。大きさによって等級と値段が決まり、中級の幅が三〜四インチから、上級は五インチ半以上まで格付けされる。柔らかい殻のカニはまず最初に鰓、前面（顔）、そして腸を切り取って準備されてから、ソテーにするなり焼く、あぶる、グリルすることができるが、いちばんよくやるのはメリケン粉、卵、香辛料入りのバターに浸けてから、カリカリになるまで油で揚げる。こうしたカニはアントレーとして、あるいはサンドウィッチ材として提供できる。そして脚もその他もカニ全部が食べ尽くされる。うんと凝るレストランならば、柔らかい殻を軽いバターとニンニクの中でソテーするかもしれないけれども、カニ・ハウスの通常の料理ならば、しっかりフライしてロールパンか白トーストにマヨとトマトを一緒に載せるようなものだろう。

取り出された肉、特に背側フィン部分からの大きくまとまったものはまた、カニのケーキ（塊）、カニのスープ、カニのちょっと浸け、またその他の料理に使うことができる。伝統的には、カニのケーキはフライにされる。しかしこんにちでは多くの健康志向の人たちはむしろ焙ったり焼いたりする方を取るだろう。

タラバガニは生きたものとして手に入れると、きれいに洗い脚をはずしてから、沸騰している熱湯で煮て、次いで冷水、どちらも多少塩気を効かせたもので処理する。脚の方は「切片」と呼ばれ、凍らせられて出荷される。肉は暖かくしても冷たくしても食べられ、そのままでも溶けたバターと一緒でも、ガーリックまたはソースとでも、サラダに入れてもよい。

すり身

すり身はロブスター、カニ、エビの肉の舌触りと味を真似した魚由来の産物である。魚の原料は典型的にはポロック［タラ科］やメルルーサのような白身の魚から作られ、ペースト状に潰し圧縮されたものので、自然素材の結合剤を加えて加熱すると弾性をもってまとまる。ニカワ状になったペーストには、それからいろいろな添加物、たとえばデンプン、卵白、塩、サラダ油、ソルビトール、砂糖、大豆タンパク質、また香辛料を加え、そしてカニ（またはエビ）から得た「液汁」で風味付けされる。甲殻類で発見されたアスタキサンチンという抗酸化物質が、しばしば色付けのために添加される。たいていの加工肉と違って、すり身への化学添加物はほとんど全部が自然製品からの由来である。ゲルを型に入れ、形を整えて薄片に切ると、それを巻き上げたときには、本物のカニ肉の質感を真似たものになる。西洋市場でもっとも普通のすり身製品はイミテーションのカニ肉であって、しばしば「海の脚」とか「クラブ(krab)」として合衆国では売られており、合衆国に入ってきたのは一九八〇年代初めころだった。もっとも日本ではすり身製品を何百年も使っている［かまぼこ等と、誤りでもないが、同質と位置づけているようだ］。一九六〇年代初め日本での技術の発展で、アラスカのポロック（あるいはスケトウダラ）にもとづいた工業の成長が促進された。その後この材料種は他のもの、タラやティラピアなどによって補われるようになった。工業化されたすり身製造の過程は、日本、北海道の漁業研究機関の科学者たちによって、増加した漁獲を処理するために改良され、そして寿命を延ばすための保存のためのより良い方法が開発された。現在、全世界では二〇〇～三〇〇万トンの魚類、すなわち世界の魚供給量のうち二～三パーセントが、すり身素材となる産物の生産に充てられている。疑似カニ肉［「かにかま」など］は合衆国で一般的であり、毎年の売り上げは二億五〇〇〇万ドルを超える。本物のカニの肉より安いことが人気の理由だろう。技術は改良され続けていて、甲殻類の命を救い、他の仕方では浪費されていたかもしれない食物を利用している。

有名なカニ料理とそれらの源流

「遠すぎるところまで歩くカニは鍋に落ちる」（ハイチの諺）。

海ガニのスープ

サウスカロライナ州のチャールストンは海ガニのスープで有名である。この豊かでクリーミーなスー

食物以外のカニ産物

キチンは甲殻の主要成分であり、カニ処理プラントからの廃棄物でもあるが、加工処理でキトサンという物質にすることができる。キトサンは、透析、写真乳剤、人造織物、印刷インク、絆創膏、化粧品、抗凝固剤などを含む無数の産物と過程に使われる。種子の処理剤や植物の成長促進剤、そして植物が昆虫、カビ、病原体、その他の病気から自己を守る天性の能力を高める生態学的に親和的である生物殺虫剤として、農業にも使われる。キトサンは、山を荒廃させる松の甲虫に対する松の樹の自然防御力を高めることもできる。それは濾過装置の一部として水処理に用いることができて、ここでは細かい沈殿物粒子と結合させてリン、ミネラル、そして油分を水から除く。それは健康を売り物にしている店では脂肪を引き付けるものとして錠剤の形で、また消化管の中から脂肪を引き付けて、摂取した人は食べる量を控えなくても体内からの排出によって体重が減らせるという主張とともに売られている。ただし研究からは、こうしたダイエットの主張は真実ではないと示唆されているのだが、それにしてももしキトサンが空腹を遅くして、それゆえ使用者が食後に腹が空くのが通常よりも遅くなるとすれば、そのことは体重減少には寄与するのかもしれない。

キトサンのほかにも、メイン州のロブスターの殻は装飾的なタイル、鍋を載せる三脚台、飲物グラスのコースターを製造するのに使われている。それをカウンターの表面の製造にも使えないかと研究が進んでいる。擂り潰したロブスターの殻でできた生分解性のゴルフボールや植物の鉢も、試作品が作られた。ここでおまけとなる利点は、植物の鉢の場合に、そこに植えた花とか野菜にとって有用な高いカルシウム含有量をもっていることだ。シーフードの廃棄ごみを商業価値のある製品に変えることは、シーフード産業とって有益である。

プは、ビスク（濃いクリーミーなスープ）とチャウダー（ジャガイモや他の野菜の厚切り）の異種交配で、アオガニの肉を使っていて、町の名物料理と考えられている。スープにカニのハラコ（卵）を加えることからこの名が付いていて、バター、クリーム、シェリー酒、そしてニクズク、シャロット、玉ねぎのような香辛料も加えられている。カニの卵を加えることは、チャールストンの有名な市長（在任 1903-1911）R・グッドウィン・レートのコックだったウィリアム・ディアスによるものとされている。この地方の物語によれば、社長ウィリアム・ハワード・タフトがレート市長によって「ワインつきの正餐に招かれたとき」、レートたちの一行はコックに、彼らがいつも出されている青いカニのスープを「ドレスアップ」するように求めた。コックはオレンジ色の卵を加えて色どりを与え風味も改善して、こうしてチャールストンの美味な名物が発明されたのだという。

バルティモア・カニケーキ

このクラシックなアメリカ料理はカニ肉とパン、クラッカー、パン粉、ミルク、マヨネーズ、卵、玉ねぎ、そして香辛料のような材料からなっていて、赤か緑のトウガラシのような他の材料も加える場合もある。混合したケーキはソテーし、焼くかグリルにいれるかして、提供する。カニケーキといえば伝統的にチェザピーク湾で、特にメリーランドとバルチモア市が思い出される。メリーランド・カニケーキを出す多くのレストランは、ケーキを揚げるか焙るかして提供するだろう。それらはソースと共に、たとえばレムラード、タルタルソース、マスタード、ケチャップのようなソースとともに出される。サイズは小さなクッキーほどの大きさからハンバーガー大まで、いろいろある。特に美味なものは、背側と胴体からのまとまった肉に加えて鋏の肉を含んでいる。鋏の肉は味の良さと繊維質の食感のゆえに、どっしりした肉の豊かさとバランスを保っている。カニの種類としてはどれも使うことができるが、チェザピークのアオガニが伝統的であり最良のものと考えられている。カニケーキは大西洋沿い中部の諸州、メキシコ湾、そして太平洋の海岸沿いで人気があり、そこはカニ加工業が栄えている場所でもある。西海岸では、土地のアメリカイチョウガニがしばしば主たる材料となる。

他のカニ料理

柔らかい殻のカニは、油、新鮮なパセリ、レモンジュース、ナツメグ、醤油、そしてタバスコソースでブラッシングして用意され、これをまず適度な高温で薄い茶色になるまで焼いてから、裏返して反対側を調理する。

カニビスクは刻んだ玉ねぎ、バターかマーガリン、小麦粉、甲殻類か鶏の出汁《だし》、牛乳とクリームの混合乳かクリーム、カニ肉、そして塩も加えた豊かなスープである。玉ねぎはバターの中でソテーされて、小麦粉を加え、出汁と混合乳（またはクリーム）を段階的に混ぜ入れる。約五分後に味付けのために塩を振り、徹底的に加熱され、パセリでツマを添えられたカニ肉が煮汁に加えられる。

カニジャンバラヤはカニ肉、ベーコン、切った玉ねぎと緑トウガラシ、小麦粉、調理した米、缶詰のトマト、ウスターソース、パプリカ、そしてタイムから出来ている。ベーコンはカリカリになるまで調理され、玉ねぎと緑トウガラシが加えられ柔らかくなるまで調理される、そしてそれから小麦粉とその他の材料（カニを除く）を加えて、数分間かき混ぜながら調理する。割ったカニの脚をご飯の混合物の上に置いてから蓋をして、そして中火で五分間くらい、つまりカニに完全に火が通るまで調理する。

食品の安全の問題

損傷

前にも触れたが、カニ肉はあまり長く室温に放置すると急速に悪くなる。悪くなったカニ肉はべとつき、アンモニア臭を発し、色は黄色っぽくなる。肉が変色していたり乾いていたりしたら、買ってはならない。カニ肉は冷蔵庫のもっとも冷たいところに置けば三〜五日間くらい新鮮さを保っていられるだろう。もしカニを家で調理しようと計画しているのであれば、生きたカニを買ってきて、冷蔵庫の中で一日二日は保つけれども、できる限り新鮮なうちに、できればその日のうちに消費するのが最良である。よく知られている店あるいは評判の良い鮮魚店かスーパーマーケットで、カニを仕入れてからどのくらい長くタンクの中にいたか聞いてみること。もし一週間以上ならば、それは避けるべきである。活きがよくて活動的なカニで、新鮮で潮の匂いがするようなものを選ぶべきで、生臭い匂いや、とりわけアンモニア臭のあるものは不可である。死んだカニを買ってはならない。それを調理するときには肉が悪くなっているだろうから。もし生きたカニを買うならば、それを息のできる椀とかコンテナの中に入れて、湿らせたペーパータオルか湿らせた布で覆い、冷蔵庫の冷たい場所に置くようにする。時々それらを点検して、もし死んだならば、直ちに料理すること。

凍ったカニはOKであるが、ただし凍ったシーフードは生のものほど味が良くない。専門家は凍ったカニ肉はカニケーキ、鍋料理、またはスープのために使うべきであると示唆している。新鮮なカニ肉は、凍らせてしまうと肉が硬くなり乾燥するからである。調理済みの品はフリーザーで三〜六ヵ月間保存することができる。しかし貯蔵が長引くと、肉はいっそう硬くなり、乾いてくる。殻の柔らかいカニは前方と甲羅と内部器官と鰓を取り去り、それから洗って、空気を通さない冷凍庫にラップで個々のカニごとに包んで保存すれば、うまい具合に凍らせることはできる。

汚染

シーフードの安全性についての懸念には、化学的な汚染のおそれも伴っている。幸いにも、食物連鎖の上位にいるマグロやカジキと違って、カニが水銀やPCBのような汚染物質を食べて安全でない程度まで蓄積することは、滅多にない。海産物に富んだ食物を食べるときの大きな懸念の一つは、水銀にさらされることにある。カニは水銀については低い傾向にあって、この点では良い海産物といえるだろう。しかしながらニュージャージーのハッケンサック湿地のように、高度に汚染された都会近郊の場所では、ダイオキシンや水銀などの高いレベルの汚染物質の蓄積があるのでアオガニ（そして魚も）の漁獲が禁止されているところもある。

毒素

オウギガニ（扇蟹）科の一群の種は高度に有毒で、食べると人間にとって危険がある。これらの有毒なカニにはインド太平洋に原産するオオヒロバオウギガニ属のもの（ヒロバオウギガニ、*Lophozozymus pictor*）、ウロコオウギガニの類（*Demania spp.*）、ウモレオウギガニ（*Zosimus aeneus*）、ツブヒラアシオウギガニ（*Platypodia granulosa*）、およびスベスベマンジュウガニ（*Atergatis floridus*）が含まれる。これらのカニはどれを食べても、よく調理されている場合であっても極めて危険で、いくつかの場合では死亡に至ることが証明されている。これらの種のすべてはオウギガニ科（Xanthidae）に属しており、明確な色のマーカーがあり、それは捕食されるおそれのある相手に対して警告として機能するのかもしれない。

カニは、ハマグリやイガイなど貝に起こることに似て、有毒な藻からの毒素を貯える可能性がある。特にオウギガニの仲間は、麻痺性の貝毒中毒（ＰＳＰ）の原因であるサキシトキシンを蓄積できるらしい。サキシトキシンはアレキサンドリウム（*Alexandrium*）属の焔色植物（渦鞭毛藻類）のような顕微鏡的な藻類によって作られる物質である。

サキシトキシンは神経／筋肉伝達を妨害する神経毒である。カニを食べることでＰＳＰになるのは太平洋側では必ずしも珍しくないが、大西洋側では稀であって、ハマグリやイガイを食べて陥る場合の方が普通である。アメリカイチョウガニは時として内臓にＰＳＰを持っている例が見られるので、毒素が蓄積するみそ（肝膵臓）を食べないようにと勧告がなされている。オウギガニは雑食性なので、毒素の源は常には明らかでなく、渦鞭毛藻からとも限らない。細菌や赤色石灰藻のある種類などが毒素の源としてひと役買っていた。いくつかのオウギガニは大量のマヒ性の貝毒をもち運んでいる。一個体のウモレギオウギガニは体内に何百人も殺すのに十分な毒を持っているとも報告されている。この種では六五パーセントないし一〇〇パーセントの個体が有毒の可能性があるので、用心して避けるべきである。

毒素を含んだ甲殻類を食べた後には、三〇分以内に兆候が出る。早期の兆候は唇がピリピリすること、痺れ、脱力、筋肉の調節の対応関係がうまくできないことなどである。ピリピリする感覚の燃え上がりは唇と顔から始まって、それから上半身の末端、そして指と爪先へと広がる。徐々に体が麻痺し、自発的な動きがだんだん困難になる。毒素が効果を発揮し続けると、それは呼吸に使う筋肉である横隔膜を麻痺させ、犠牲者は窒息死に至る。致死量では一二時間以内に死を引き起こすことがある。南東アラスカで二〇一〇年の夏にＰＳＰの発生があった。犠牲者の何人かはアメリカイチョウガニを食べ、そのうち何人かは明らかに内臓を食べていた。内臓は筋肉よりも毒素を蓄積しやすい。五例のＰＳＰの事例が報告されていて、おそらくはアメリカイチョウガニによる少なくとも二例の死亡が含まれている。漁業狩猟省と州の保健当局はアラスカの住民に、カニの内臓を食べないように警告した。

ドウモイ酸はまた別タイプの顕微鏡的な藻類、珪藻のシュードニッチア（*Pseudonitzchia*）が生産する神経毒物質である。この毒は記憶喪失をもたらす中毒症状を引き起こす。モグラガニ（濾し食者、［図１・５参照］）が有毒なプランクトンを食べると、このカニは鳥、カワウソ、そしてそれらを食べる魚にとって有毒になる。幸いなことに人間は、一般にモグラガニを食べない。

ヤシガニを食べた後で病気になった人びとの報告がある。ある地域ではヤシガニは、軽度の毒を持っている植物を食べる。この植物毒がカニの体に組み込まれて、人間に対して、報告されたような効果を引き起こすものと信じられている。おまけにこの植物毒は、このカニを食べることから来たと推測される催淫性がある。

寄生虫

カニ肉を調理せずに食べると、たとえば寿司の場合、何かの寄生虫、特に吸虫（肝蛭としても知られる）が人間に移される可能性が、わずかながらある。いくつかの種の肺吸虫があるうちパラゴニムス（*Paragonimus*）は、生あるいは調理された甲殻類を食べることで人間に感染する。こうした寄生虫は海のカニよりも、淡水に棲むもので普通である。取り込まれた寄生虫は腸を貫通し、腹部、横隔膜を通って移住して、最終的に肺に達して、この場所で呼吸器に兆候が出て、咳、胸の痛み、血痰などが見られる。二〇〇六年にオレンジ郡（カリフォルニア州）の保健当局で、何人かの人が胸の感染症がパラゴニムスによるものと診断される珍しい状況が生じた。感染源は日本から輸入された淡水種のサワガニを提供しているレストランであることが判った。明らかに、感染した客たちはその小さなカニを生で食べていた。六〜一〇週間後に、彼らは咳、呼吸困難、下痢、腹痛、熱、そしてじんましんを発症した。寄生虫の存在が医学的に確認された。パラゴニムスによる危険の一つは、体内で移動するときに生ずる。これは他の器官に陣取ることがあって、もっとも深刻なのは脳に居付く場合である。

アレルギー

食物アレルギーは一般的なもので、甲殻類によるアレルギーは食物アレルギーのうちでもよく見られるタイプの一つである。カニによるアレルギーは、全身の免疫系によるカニ自体、またカニを含む食材に対する拒否反応である。兆候はカニを食べた直後には起こらず、数時間から数週間まで、いろいろな長さ時間継続する。免疫系はアレルゲン（免疫原因物質）との出逢いへの反応として、免疫グロブリンE

（IgE抗体）とヒスタミンを生産する。カニに対してアレルギーのある人は、他の種類の海産物に対してアレルギーがあったりなかったりするが、しかし通常はロブスターやエビなどの他の甲殻類に対してアレルギーがあっても、おそらくアサリ、イガイ、魚などにはアレルギーがないことも多いだろう。カニに対するアレルギー反応は、深刻な場合も穏やかに済んでいる場合もあって、兆候は全身どこにでも現れる皮膚の発疹（蕁麻疹《じんましん》）を含むが、もっと深刻な兆候としては喘息、呼吸困難が生ずる場合もある。そういう場合には、すぐに内科医に連絡を取るべきである。息切れは、気管をブロックする腫れによる場合には、急速に深刻になることもありうる。他の症状としてはめまい、頭痛、腹具合がおかしい、嘔吐、下痢、アナフィラキシー（場合により致命的な反応になる恐れもある）がある。そうしたアレルギーを持つ人々にとって最良のアプローチは、カニを食べないようにすることだ。しかしもしも深刻な症状、あるいはアナフィラキシー反応が起きた場合には、アドレナリンの注射が推奨される。抗ヒスタミン剤やブロンコディレーター（気管支拡張剤）が、喘息には推奨される。カニにアレルギーのある人は、すり身を食べることも避けるべきで、なぜならそれは香り付けのために少量のカニを含んでいるからである。アレルギーはカニを食べることだけから来るとは限らない。養殖設備やカニ加工プラントで働いていて広範に職業的暴露を受けた労働者のうちには、特に新しく脱皮したカニによって喘息を発症する人がいた。明らかに一部の人びとは、カニの甲羅の主要な成分のキチンに対してアレルギーがある。

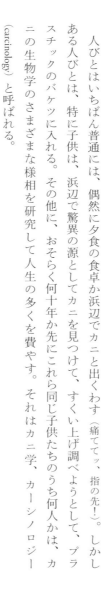

10 カニと人間

人びとはいちばん普通には、偶然に夕食の食卓か浜辺でカニと出くわす（痛ててッ、指の先！）。しかしある人びとは、特に子供は、浜辺で驚異の源としてカニを見つけて、すくい上げ調べようとして、プラスチックのバケツに入れる。その他に、おそらく何十年か先にこれら同じ子供たちのうち何人かは、カニの生物学のさまざまな様相を研究して人生の多くを費やす。それはカニ学、カーシノロジー（carcinology）と呼ばれる。

カニの観察

公共の水族館や熱帯魚を売るペットショップの水槽は、動物園や博物館と似たやり方で、人びとにとって魅惑的な学習経験と、魅力ある生物と馴染みになる手段を供給してくれる。公共の水族館は魚、鳥、海の哺乳類の展示を持つことが多いけれども、そこには一般に、いくらかのカニその他の無脊椎動物もいるだろう。一部にはふれあい水槽——魚や無脊椎動物（通常ヤドカリを含む）を飼っていて、手で触って探ることができる浅い水槽——をもつ施設もある。公共の水族館は研究組織に加盟しているかもしれないし、あるいは自分自身で研究を行っていて、研究がその地方の水域にいる種類に特化している場合があるかもしれない。水族館は、動物園や博物館とも共通していることだが、保護問題について公共とコミュニケートする大きな力を具えている。子供も大人も、海の環境のことから種の同定、棲息場所から保護の仕方まで学ぶことができる。水族館はまた、海洋や淡水のシステムとその住人について社会に知らせることができる。床に美しいモザイクを持っている施設もある（**図版26**）。最も印象的なカニの展示のいくつかは、「クラブジラ」のような大きなタカアシガニ（**図1・14**）を含んでいる。タカアシガニとしては中程度の大きさの個体がニューヨーク、リヴァーヘッドのアトランティスマリンワールド水族館にいて、中ぐらいのサイズでしかないけれども、たいへん印象的である。

人びとはシュノーケルをつけたりスキューバダイビングによったりして、カニを観察することもできる。カニは、サンゴ礁ではるかに派手に目立ち輝く色をした魚に比べると観察が容易でない。しかし鋭い目、忍耐強さ、そして決断力があれば、それらは見ることができる。水中カメラはあなたの観察を記録することができる。この本の中の多くの写真は、シュノーケル潜水やスキューバダイビングをしているときにこの方法で撮られたものだ（他の写真は水族館に飼われているカニ）。カメラは高価なものである必要はなく、多くの「焦点合わせ速写」のデジタルカメラが利用できる飼育保管の水槽がある。もし濡れるのが嫌ならば、多くの熱帯地域のツアーでは主催者が礁の上に案内して、観察者は乾いたままでカラフルな礁の生物が見られるガラス底のボートを走らせている。もっと高価なオプションとしては、何時

美術の中にカニを見る

彼のもっとも有名な作品に属するものではないが、ヴィンセント・ファン・ゴッホは 1889 年の絵でその背景に一匹のカニを描いたし、その他にも二匹、ヨーロッパで一般的な食材のイチョウガニと識別できるものを描いた。1889 年のアルルの病院からの退院後、ファン・ゴッホは静止生物の連作を描いたなかに、これらのカニの習作も含まれている。二つのカニの絵は同じカニの右側面と背後を示したもののようだ。その背後にある一枚は、アムステルダムのファン・ゴッホ博物館にあり、そして二匹のカニの絵はロンドンの国立美術館にある。レンブラントは朝食テーブル上の静物の中でカニを使った。この作品はロシア、サンクトペテルブルグのエルミタージュ博物館にある。幾人かの他の画家もカニを題材にして静物画を描いた。ただしフランツ・シュナイダーの絵は『「カニと果物のある静物』と題されているが、実際にはロブスターを描いている。

「ファイン・アート」はさておき、ポピュラーカルチャーの中のカニ像は豊富である。カニが重要な漁業である多くの地域では、カニをポップカルチャーのシンボルにしてきた、土産物に利用できるものとしてTシャツ、ナプキン、キーチェーン、ポスター、宝石、絵、彫刻、そしてそこにカニのアイコンも数えあげることができる。いくつかの国では、郵便切手にカニが描かれており、そしてカニを宝石デザインとしたものはたくさんある。サンフランシスコの漁夫の埠頭にはカニの彫像があり（図版 25)、モナコの水族館の床には美しいカニのモザイクが見られる（図版 26)。

間も水面下にいて以前は到達できなかった海の深い場所を訪れることのできる乗り物というのもある。全体としてカニを見ることに関しては、半陸生や陸生のカニを陸で観察することの方が簡単である。もしあなたが静かに座っていれば、カニは最初の驚きを忘れて通常の行動に取りかかるだろう。

レクリエーションのカニ獲り

ただ観察するということの域を超えて、カニと交流するべつの道にはカニを捕まえることがある。カニの摂食行動を観察し、その性癖に気付き、その泳ぎを——もしカニが逃げ出せば——観察する機会が得られる。アオガニの豊富さ、その色どり、その匂いは、扱いに手こずるという評判にもかかわらず、レクリエーションで捕まえるお気に入りの相手になっている。もっとも人気のある方法の一つは、七フィートほどの長さの釣り糸に餌をつけたのを突堤やボートから垂らすことである。いちばん普通の餌はメンヘーデン［北米東岸に多い雑魚として魚油の原料などに利用］と鶏の首（それゆえこうしたカニ漁りの人を呼んで「チキンネッカー」）だが、しかしどんな魚でもよい。餌を付けた糸を水に投げ入れ、底を横切ってゆっくり引く。手応えが得られたら、糸をゆっくりと手元近くまで引き寄せて、カニを長い柄のタモ網で掬い上げる。

橋から使うのに有効な何種類もの罠もある。輪網は、直径の違う二個のリングを網に結びつけたもので、単純で安上がりの罠である。餌を付けて底に沈めると、罠は水底に平らに横たわって、カニは餌を食べ始める。罠を引き上げるとき上のリングが最初に持ち上げられて、カニは罠に掛かる。ドローバックは水底が平らな砂か泥質である比較的静かなところでのみうまく働くもので、大変ゆっくりとまっすぐに下されねばならない。ピラミッド罠（折り畳んだ星形）と箱罠は金属製のもので、水底に着地したときに下がる（開く）ような袖部分がある。こうしたものは値段も張り込み入っているけれども、強い流れの中でも、また水底が小さな岩で覆われた場所などでも使える。ピラミッド型の罠は完全に平らに畳めるが使うのが面倒であり、他方で箱型罠は嵩張るがいつもよく機能する。

カニは水が浅くて澄み、静かならば、罠なしでも掬い網（開口を輪形に保たれているネットかメッシュ製のもの）でも捕まえられる。カニは湿地の周りや橋の杭や隔壁から掬い上げることもできる。痛い思いをしないように用心して手袋をはめ、カニを背後から掴むのが上策と言われているが、しかしアオガニの鋏は自分の体の上や下からでも、あなたに届いてしまうから、ご用心！　相手をつまみ上げるのにもっとも安全な方法は、両手で泳ぎ脚の肘部分を持つことだ。しかしアオガニは、滅多に言うことをきいて協力してくれないので、相手に触らずに直接蓋つきの籠やバケツに移す方が容易だろう。しかしカニは網にしがみ付いて、はずすのに難儀するかもしれない。移した籠は、湿らせて冷たく保ち、カニを直射日光のもとに放置することは、特に夏は避けねばならない。バケツの水にカニを入れておくのは厳禁。なぜならば溶存酸素が使い果たされてカニは死んでしまう。西海岸ではカニ獲りはピュージェット・サウンドで人気がある。毎年この地では、レクリエーションのカニ獲り客たちは何百万ポンドというアメリカイチョウガニを捕まえる。ポットとか輪網を使うが――つなぎの水中作業着の人やダイバーの場合は素手で捕まえる。掴むのに最も安全な場所はカニの背中だが、普通に背後から掴み上げると、鋏は掴んだ者の手に届いてしまうこともある。

カニの集団を維持している各州は、州ごとに採取者に対しての規制を設けている。メリーランド州では猟期があるが、許可ライセンスは必要でない。殻の硬いカニにも「殻脱ぎ」にも最小サイズの制限があり、一日に獲って良い限界が一人当たり何ブッシェルであるか、何フィートの糸を使ってよいか、何本の手許糸を使ってよいか、いくつの罠を使ってよいかという規制がある。カニ壺（ポット、瓶）では、壺からカニが逃げられるように脱出装置を取り付ける必要がある。多くの州では、すべての商業的なスタイルのカニ壺は、ポットが見失われたり放棄されたりしたときに、カニや他の動物が脱出できる開口部を作るようにデザインした生分解性の壁を含まねばならないとしている（第8章参照）。ワシントン州では、アメリカイチョウガニについて寸法制限と漁季を定めてあり、そして許可のライセンスが必要である。ピュージェット・サウンドとファンデフカ海峡のリクリエーションのカニ漁者は全員、アメリカイチョウガニ漁獲を各シーズンの終わりに記録カードで報告しなければならない［ワシントン州は合衆国北西端の州で、ピュージェット・サウンドとファン・デ・フカ海峡はこの州の西側の複雑な入り江地形］。

甲殻類学：カニの研究

なぜカニを研究するのか？

私は「なぜ人々はカニを研究するのか？」という質問状を何人かのカニ生物学者に、この生物に興味を持たせているものは何かを学ぶために提出した。私はいろいろな興味深い反応を受け取った。駆け出しの生物学者にとってカニを魅惑的にしたものは何か、カニの研究をライフワークにするように彼らを誘ったものは何かを示すために私は回答の一端を紹介しよう。

スミソニアン博物館のジョン・クリスティは次のように書いている。

私は脊椎動物の陸での行動生態学者として訓練された。サルを研究するつもりで、大学院生として最初の夏をコスタリカで費やした。ところが、私がホエザルかなと思うもののちらちらする影が、樹冠の高いところで何やら定かでないことをやっているのを見ているのが急速に退屈になってきた。そこで結局は芝椅子を熱帯の浜辺の上に開いて、平坦な眺めの中で何千匹ものシオマネキが戦い、求愛し、つがうのを観察することに決めた。

クリスティはよく知られたシオマネキの行動生態学者である。

西ワシントン大学の故パシー・マクローリンは、死去の二ヵ月前に私に書いてよこした。彼女は合衆国の魚類・野生生物局の仕事とともに、タラバガニの餌となるアラスカの底生生物の動物相を研究する仕事を持っていた。

私のオフィスにやってきた全部の試料の中にたくさんのヤドカリがいた。そこで私のボスが言うことには、東ベーリング海にたった一種類のヤドカリしかいないから私は悩まされる必要がないとのこと。私が見た標本には明らかに一種類よりも多いものがいるように見えたから、この問題をさらに追求して、結局チュクチ海からコロンビア川までの東北太平洋に住んでいる三一種のヤドカリについて、博士論文を書いた。それ以後はヤドカリが私の「生きる道」となって、その何年後も、その多様性が私を熱中させ続けてきた。

マクラローリンは我々のヤドカリについての知識に多くの重要な寄与を行ってきた。

国家海洋漁業局のリンダ・ステーリクは軟体動物を研究する同僚がいて、その捕食者に興味を持ち、そこからアオガニの豊富さと移住を研究するようになった。「それから私は、彼らの食餌に熱中するようになった。カニの腹を開くことは、水底に住んでいる者たちの網羅的なサンプルを開くことに似ていて、カニがふさわしいものを集めてくれたので、あなたはそれをふるいにかけなくていい。」ステーリクはアオガニの生物学についての我々の知識に多くの貢献を持っている。

コロラド州のドン・マイクルズは学部学生として無脊椎動物の生理学の研究室でカニに興味を持った。

我々はカニの心臓へのセロトニンの効果を研究していた。これは私のカニの解剖学への最初の導入であり、私は自分が見たものに夢中になった――青灰色の血をもった循環系、すり潰す歯を持った大きな胃、餌食を挟んで潰す力強い鋏、防衛を提供する石灰化した外骨格、そして動きのための繋ぎ目で接続する関節。こうしたことから私は、硬い外骨格を持つ動物が組織に成長の空間を提供する新しく、さらに大きな外骨格を正確に複写する仕方はどうなっているんだろうと疑問を持った。

それは古い外骨格を捨て、新しい外骨格が急速に海水を取り込み、急成長時に最高潮に達する生理学的な過程の洗練された協働関係を必要とする。私は今なお、カニがどうやってそれを行うのか理解しようと試みているところだ！

マイクルスは脱皮の生化学と生理学の広範囲な仕事で認められている。

ニュージャージー技術研究所のジョージ・ゴロワッシュは彼らの神経系を評価している。

カニは神経機能の基礎的な仕組みを研究するのにずっと単純な（少なくともニューロン（神経細胞）の数という点で）システムを提供してくれる。特にカニには前腸の背側表面に、食物の消化に必要なそれぞれ異なったリズムのパターンで活動する二五〜三〇個の神経細胞からなる小さな神経節がある。これらのリズムの発生、多重な要因による制御、外傷によって失われた後にリズムを補う能力もまた、この系を既に他の動物（哺乳類のような）で起こることが証明されている基本的な原理の数々を示す研究のための大いに単純なモデル系となっている。他の利点としては、値段が安いことや利用の可能性、そして神経細胞のサイズが大きくて、そのことが異なった種類の取り扱いを容易にするということがある。

デラウェア大学のチャールズ・エピファニオはもともとは医学系進学課程にいた。

私は生物学を専攻し、友愛会に加わり、大学のサッカーチームのキャプテンとなり、成功した外科医となって、それにつきものの地方でのクラブ生活を送るというわが道を順調に進むかに見えた。ところがジュニア年度の中間あたりで、私は教授の一人とともに研究プロジェクトで仕事する機会があった。そのプロジェクトはカニとは関係がなかった――じっさいそれは、digenetic trmatode 吸虫の研究だったのだが――しかしそこで、長い人生につきまとうこととなる「研究の虫」に出くわしたのだ。私は海の生物学――その時はセクシーに聞こえた――を学びにデューク大学に行き、カニ幼生の小さな世界ではおそらくナンバーワンだったコストロー／ブックハウト研究室に行きついた。そのあとは（言われるところでは）一つの歴史である。

彼はカニの生態学、特に幼生段階についての多くの重要な貢献を果たした。ノースカロライナ州立の大学院でトム・ウォルコットは、カリフォルニアの岩の海岸のカサガイの生理学的生態学の研究をやり、それからノースカロライナ（NC）に移った。

NCの海岸では岩には出逢わなかったから、私は自分がカリフォルニアの岩の海岸で見たものの代わりに、砂浜でテーマを見つける必要があることは明らかだった。我々はすぐさま浜辺を訪れて、息を飲んだ。「しかし、……動物はどこにいるんだ?」慣れ親しんできた豊富さと多彩の代わりに、そこには片手で数えるほどの普通の大型の無脊椎動物しかいないように見えた。コキナ（小型の二枚貝）、ハマトビムシ、スナホリガニ（Emerita）、そしてスナガニ（「ユウレイガニ」、Ocypode）である。

スナガニは灰色のスーツを身に着け、白い「顔」をしていて、黄色い脚で驚くべき速さで爪先歩きする。学部学生が「課題方向の決まった研究」を必要としていたので、私は、もし見つけられればシオマネキとスナガニは満潮の間巣穴に籠っているときに酸素の問題があるんじゃないかと示唆した。彼は忠実に図書館に行った。次のミーティングで彼はあて外れを表明した。「スナガニの文献など、何も見つかりませんでした！」「ふうむー！」と私は言った。「それは面白い……」次の夏はこのカニたちの隊列を見ることで費やされた。昼も夜も優雅な小さなカニ——彼らは生きるために本当は何をしているのか。その生理学的な挑戦は何かを見つけ出すための基本的な訓練なのか。

彼の妻で共同研究者のドンナ・ウォルコットは、細胞と発達生物学の訓練を受けており、彼らの子供たちと一緒にある期間の休暇を取った。彼女が科学に戻る準備ができたとき、トムはオカガニと仕事をしていた。彼女は、夫がどこかよその熱帯の浜辺ではしゃぎ回っている間、研究室の実験台の周りで核酸の小さな皿をせっせと片付けているのは気が進まないと結論した。そこで彼女は自分の専門分野の細胞と分子の研究を共同研究に持ち込むことにした。

元シティカレッジとリード・カレッジのリンダ・マンテルはこう書いた。

そう、私が学生に語る物語は、小さな女の子だったころ浜辺で水を歩いて渡っていたとき、足に何かを感じたことだ。足もとを見下ろすと、踵にカニがぶら下がっていた！　そこで足を振るとカニは落ちた（これは本当）。そして私はカニに拳を振って言った、「お前をつかまえるよ！」（あまり本当らしくない)。何年もしてからウッズホールの海洋生物学研究所にいて、研究すべき何かを探し求めたとき、一連の幸運なめぐり合わせの末に目標をアオガニの上に定めた。アオガニで仕事を始めてから、もちろん、私は急速にカニがなんと特別で驚くべき適応をしている生物か——樹や沼地から池まで——ということを、すぐ理解するようになった。

マンテルは浸透調節の理解に重要な寄与を行った。

ヴァージニア州立大学のピーター・デ・ファーもまた、子供時代に方向を決めるような経験を持っていた。「私はコネチカットの海岸で毎夏を過ごし、ちょこまかと走り回るカニを見つけるために岩をひっくり返すことに——私は熱中した。もしかしたら最後の藁(決め手)は次のようなことだったかもしれない。防波堤のところでシュノーケル越に、私は大きなアオガニを見ようとして入口になっているところを覗きこんだ。すると鋏が挙がり、正面攻撃としか言いようのない勢いでカニは私めがけて泳いできた。これが決め手だった。デ・ファーはカニの生理学、汚染生理学に貢献しており、環境保護でも活動している。

オクラホマ大学のペニー・ホプキンズが言うには、

私は質問への答えが少々ありふれたものではないかと心配です——私がカニを研究するのは、ザリガニが研究できなかったからでした! カニについては良い供給源を見つけられましたが、大学院のとき研究していたザリガニの方は、集めて送ってくれる人がいなかったのです。私は自分が研究するものはすべての甲殻類に通用すると考えることにしていますが、何年もするうちにシオマネキ（*Uca pugilator*）と恋に落ちたと言わねばなりません（スナシオマネキ、**図2・1**参照）。それは美しい動物でその研究は魅力的です。

ホプキンズは脚再生に関わる細胞過程の理解に大きな寄与を果たした。

フィールドの女性

カニの自然史を研究する科学には長い歴史があり、そして他の多くの主題と比べてもこの分野には通例以上の数の女性がいることは興味深い。もっとも早期の人の一人はマリー・ジェーン・ラスバン（1860-1943）だった。彼女はアオガニ（アオガザミ、*Callinectes sapidus Rathbun*）も含めて一〇〇〇種近くのカニの種を同定した（記録）（これは良い味にちなんで付けられた唯一の種小名かもしれない。カリネクテスというのは「味が良い」という意味なのだ）。彼女の兄が合衆国漁業委員会で働いているとき、彼女はマサチューセッツ州ウッズホールでの協会の夏の研究室の旅行で彼に同行し、そこで興味が刺激されて、無給で委員会の仕事をするボランティアとなった。一八八四年には漁業委員会で委員となり、国立博物館の海の無脊椎動物部門の「記録担当」に任命され、後には副主事となった。彼女のもっとも重要な仕事はアメリカのイワガニ、クモガニ、イチョウガニ、尖口類［ヘイケガニ等も含む］に関する四つの大きな研究論文であり、これらは合衆国国立博物館紀要として一九一八〜一九三七年の間に出版された。彼女はその活動した日々の多くでは比較的主要ではない地位に留め置かれ、これは女性にとってその頃典型的なことだったが、それにもかかわらず彼女は大きな貢献を果たした。
ジョスリン・クレーン（1909-1998）はニューヨーク動物園協会に研究員として一九三〇年に加わった。彼女はウィリアム・ビーブとともに潜水球でバミューダ沖の〇・五マイル以上の深さに潜水して、その結果について論文を書いた。彼女は経歴の多くを、シオマネキの形態学と行動学の研究に費やして、それは彼女のモノグラフ『世界のシオマネキ』（1975）で頂点を迎える。トーベン・ウォルフは彼女の才知について、二〇〇〇年一一月号の甲殻類協会のニュースレター『ザ・エクディシアスト』の記事で逸話を語っている。

プエルトリコからの帰途、クレーン博士は彼女と一緒に、ニューヨークでさらに研究するために、たいへん活きのいいシオマネキの一群を運んでいた。明らかに彼女は、とりわけニューヨークでは形式主義の一点張りである税関通過のとき（私も経験がある！）、無愛想な係官に待ったをかけられた。その人物は取り締まりを、生きた動物の持ち込みは脚の数で等級づけされている（少なくとも、されていた）ものと見ていた。二本脚と四本脚（つまり鳥と哺乳類）、論外！——六本脚と八本脚（昆虫、クモその他）明らかにダメ！ ぞろぞろと多数の脚（ヤスデその他）——これも同様にダメ！ これらの五つの区分けを一緒に考えてから、ジョセリンはカニの脚を数えてみて、と係官にやさしく言った。一〇本というのは税関の規則一覧に何も含まれていなかったから、彼女はカニを持ち上げ、係官ににっこり微笑んで、あと何事もなく通関した。

ドロシー・スキナーの甲殻類への関心は、ウッズ・ホールの海洋生物学研究室での学生のときの経験から出発していた。生物学と化学双方のトレーニングを受けた彼女は、脱皮や生殖の制御、甲殻類の外皮と筋肉の構造、サテライトDNAの特徴など多岐にわたる研究を追及することができた。その中で彼女は甲殻類の生物学のランドマークとなる論文を何本も出版した。

ドロシー・ブリス（1916-1987）はハーバード大学で博士号を取り、アメリカ自然史博物館でキャリアの大半を費やした。彼女は一九五六年にそこに加わってから、一九六七年に無脊椎動物の学芸員に任命された。彼女はランドマークとなる寄与を脱皮の神経内分泌的コントロールの研究に対して行い、また一〇巻からなる仕事『甲殻類の生物学』の編集主幹だった。そしてアメリカ動物学者協会の議長を務めた。どの分野の研究でも比較的少ない女性しか科学的キャリアを持っていなかった時期に、このように多数の女性が甲殻類学では成功したキャリアを持っていたのは、興味深いことである。

自然の中でカニはどのように研究されたか

元来は、カニを研究する唯一の道はレクリエーションの観察者にも利用可能な方法と同じこと――カニを研究室に持ってきて水槽の中でそれを研究するか、あるいは潮間帯や浅い水にいる彼らをそのもともとの棲み場所で観察するかだった。シュノーケルを着装して浅い水中にいる種をそれが棲んでいる場所で観察するという、また別の方法もあるが、多くのカニは用心深くて長くは観察者が観察できる状態に留まっていない。探査船はさらに深い水中からカニを集めることができて、その生き残りは研究室で研究できる。しかし最近何十年かの間に、テクノロジーは、もともとの棲み場所にいるカニを観察する新しい方法を、科学者に提供した。スキューバ（もともとは Self-Contained Underwater Breathing Apparatus（自己包含型水中呼吸装置）の頭文字を綴った略語だが、今では単語として受け入れられている）によればダイバーは、深くに住んでいるカニを観察できる。スキューバ装置の範囲内（およそ一〇〇フィートの深さ）に住んでいる種はダイバーによって観察できるが、しかし空気の供給に限度があるので、ダイバーは時間に注意を払う必要があり、観察対象の目当てが何か本当に面白いことをやっているときに、上昇しなければならないこともあるだろう。今ではスキューバの範囲を超えて深くに行き、長時間水中にいて——アルビン号のような調査潜水艇で——映像を船や陸の研究室に送り返すことができるし、遠隔操作調査艇（ROV）や自動海底調査艇（AUV）もあるので、科学者は、乗り物に乗って潜ることをしないでも深海を観察できる——興奮を掻きたてる度合いは劣るが、ずっと安全ではある。グライダーと呼ばれる推進装置のない船は何ヵ月も大洋に留まっていることができて、海の物理的特質を研究する上で素晴らしいけれども、今のところ装着したセンサーは、生物の細かい研究のためには限界がある。現在の水中ロボットは敏速でもあるし、洗練されたセンサーを装備しているが、電源のバッテリーが一日くらいしか保たないと、研究者にとっては海洋の生活の短いスナップショットが提供されるだけである。何ヵ月も長く機能する新しい水中ロボットがモントレー湾水族館調査研究所（MBARI）によって開発され、二〇一〇年に導入された。科学者はこのおかげで、海岸から何百マイルも沖合いの海の生物を研究できるようになる。このロボットは「テシス（Tethys）」と名付けられ、現在のロボットのスピードとグライダーの行動範囲を具えていて、水の物理的科学的な性質も同時に記録しながら、生物を追うことができる。テシスの助けによって、科学者はより多くを学ぶことができるだろう。衛星経由でそのミッションを手直ししたり、データを受け取ることもできるから、科学者が費用もかさみ時間も長くかかる船の旅を減らして、さらに多くを知る助けになるだろう。科学者たちは現在、テシスの第二ヴァージョンを建造しており、そして遂には食物連鎖上の違う生物を同時に追跡できるロボットのチームを編成することも望んでいる。

遠隔測定――遠距離からの測定ができるような技術――というもう一つのアプローチもあって、トムおよびドンナ・ウォルコットは、自由に動き回るアオガニに無線タグを取り付け、餌あさり、つがい、攻撃、脱皮、そして移住の詳細を明らかにするためにこれを利用した。しかし成体のカニにはタグ付けすることができるが、はるかに小さな幼生にはタグは付けられない。幼生が最初に孵ったところまでどうやって戻ってくるのかを研究するために、トム・ウォルコットは、幼生のように振る舞う航跡装置を製作した。この「プランクトン・ミミック（擬似プランクトン）」は幼生のような振る舞いをするようにプログラムされて、水中を泳いで上がったり下がったりするロボットの浮遊者である。しかしこれにはグローバルポジショニングシステム（GPS）と、ピンガーと、無線および発光ダイオード（LED）の標識と、衛星送信機がついていて、それゆえ定期的に浮上して現在地を「家に電話する」ことができる。

ペットとしてのカニ

陸ヤドカリ（**図版8**）はしばしばペットとして飼われる。彼らは雑食あるいは植物食で、いろんな餌を食べる。ペットとして飼われる人気のある種にはカリブのオカヤドカリ（*Coenobita clypeatus*）、および太平洋のオカヤドカリ（*C. compressus*）がある［Coenobita はオカヤドカリの属名。以下C. と略す］。これほど一般的でない種には *C. brevimanus* や *C. rugosus*（ナキオカヤドカリ）、*C. perlatus*（サキシマオカヤドカリ）そして ***C. cavipes***（オカヤドカリ）などがある。カリブではオカヤドカリはレースに使われる。ヤドカリは輪の中心に置かれ、人びとは、どの一匹が最初に輪から外に出るかということで賭けをする。競走馬と違って、カニはまっすぐに線上を進むと想定されていることなど知らないし、またどこへ行くと想定されているか、あるいは競争していることも知らない。それゆえ賭けている人間が興奮して叫ぶ一方で、ヤドカリの何匹かは全然動こうとしない。

カニ［ここで言うカニは、もっぱらヤドカリ］はペットショップで売られるが、土産物店でも売られ、そこでは売り子はあまり（または全然）この動物の適切な扱い方を知らない。広まってしまった間違い情報を中和するために、彼らのカニを適切に扱うようにと、ペットの所有者に助言するために以下に挙げるような機関がある。数年前これについての議論が（crust-l）メーリングリストで交わされた。ある人は次のように書いた。「私は土産物店に居たところ、生きたカニとアクセサリーの展示を手にしてる人がいました。ある女性はその一つを娘に買って、それと一緒に小さな金網籠と、カニに水を供給するスポンジと、餌の皿用の貝殻を買いました。カニが何を食べるか聞かれると、彼女は何でも餌として与えると言いました。ピザの皮、パスタ、ステーキ。基本的に自分たちが食べるどんな種類の食物も、カニにも与えるというわけです。私は彼女が店を去る前に、何とかその女性に話しかけましたが、私がカニについて彼女に与えた適切な扱い方についての情報は、聞き流すだけの耳に落ちたのだと思います。もっともありそうなこととしては、カニには短期間のうちに死ぬでしょう。ほんとうに残念」。hermit-crabs.com、hermitcrabassociation-com そして land-hermitcrab.com のクリスタ・ウィルキンは以下のように応答している。

私の見るところ、オカヤドカリをペットとして「首ったけ」になる人というのが、いつでもいるようだ。大半の人びとは売り物になっているのを浜辺で見かけると、それを家に持って帰れる生きた土産物と見なす。いくつかの組織は、これらの魅力的な動物をおもちゃのように見せることに全力を挙げている。二〇〇三年より以前には合衆国では、二種のオカヤドカリのみ買うことができた。*C.clypeatus* と *C. compressus* である。その後テキサスの輸入業者が大量の *C.brevimanus*、*C.rugosus*、*C.violascens* そして *C.perlatus* を輸入した。輸入業者はその動物の扱い方を何も知らず、何千匹もが市場にさえ届く前に死んだ。……二〇〇一年に私は、この動物が捕まえられている時どう扱うのが適切なのかを教える組織を、共同で立ち上げた。私（そして、そこらじゅうにいるヤドカリ趣味の大勢の大人たち）は、飾り立てた殻のことなんかよりも、カニに囚われた中でよい生活を与えることを気にかけているのだ。……私は、オカヤドカリはペットとして保有されるべきものではないという結論に達した。囚わている中での死亡率は、所有された最初の一年間に八〇パーセントに達する。この動物を無理に飼い保持するのは、我々にとって価値などあることではない。私は何年も前から、ペットショップで買うことは止めて、ただ手放したく思っている人から引き取ることだけやっている。

Crabworks.comのキャロル・オームズは違う意見を持っている。「私の二匹のヤドカリは、私の世話のもとで三四年以上過ごし、このごろではずっと長い時間――二〜三ヵ月もかかる完璧な脱皮を成し遂げ終わったところです。飼育下で育てられている生きているヤドカリの年齢として知られている世界記録です。成功の鍵は充分な湿気と暖かさ（80／80）、良い運動（毎晩私のアパートを四〜五時間歩き回る）、湿気のある分離したヤシの実の繊維を温度モニターしてある脱皮桶、毎晩異なる餌、たくさんの愛。一九七六年に彼らがそんなに健康でこれほど長生きすると、誰が知っていただろうか？ 私は今でも、これまでずっと同じように大好きです」。彼女はまた、多くの人がどうやって世話をするのかという適切な情報なしにそれらを買い、たくさん買うことに熱をあげる人などもいることを懸念している。ヤドカリは野生では集団で生き仲間も必要とするが、脱皮のための隠れ場所も運動するスペースも見つけられないようにして何ダースも詰めこまれているよりは、六匹くらいまでで一緒にいるのが、囚われた状態で生活するのにはうまくいきやすい。

ペットの持ち主からの質問の手助けには、ヤドカリ協会がオンラインで（hermit-crabs.com）利用できる。これは取り扱い方や敷物のことなど適切なカニの世話、また世界じゅうの推奨されるペットショップの報告を載せている。オカヤドカリを飼うのは難しくない、しかし正しい温度と湿度が不可欠である。野生のヤドカリは雑食性で何のかけらでも食べるから、飼っているなかで給餌するのは比較的たやすい。特に餌の基礎として、売り出されているヤドカリの餌を使い、豊富で新鮮な食物と取り扱いによってそれを補う場合には。ヤドカリには、好きなものを選べるようにいろいろな殻を供給するべきである。ヤドカリに好きな殻があることを確信するのにはちょっとした実験をやってみることができる。しかし多

ペットのヤドカリの情報

・Crab Street Journal　記事、よくある質問（FAQ）、要点を記したシート、買い物の助言、その他にもいろいろを載せたオンライン雑誌。www.crabstreetjournal.com

・Epicurian Hermit　ヤドカリの給餌のすべて、栄養情報、餌のリスト（安全性の可否）、レシピその他を含む。http://pets.groups.yahoo.com/group/epicurean_hermit/

・Hermit Crab Cuisine　ヤドカリに与える餌の参考サイトで、飼育者は各種の餌の栄養価や安全性を調べることができる。www.hermitcrabcuisine.com

・Naturally Crabby　最新の飼育情報、とっておきの珍しい写真その他。www.naturallycrabby.com

・陸ヤドカリオーナー協会（「ハーミーズ」グループとしても知られる）。ヤドカリのオーナーのための情報交換のためのオンラインのコミュニティ（Yahoo! グループを通じての）。http://pets.groups.yahoo.com/group/hermies/

・「ヤドカリ――ペットとして世話が簡単あるいは扱いを間違えられた動物？」ヤドカリのペットとしての使用を諦めさせるビデオ。http://www/youtube.com/watch?v=UgLuONHYCWI

くのペットショップで売っている色を塗った殻を買ってはいけない。ヤドカリは玩具ではなく、その殻も同じだ。情報が欲しいヤドカリのオーナーのためには、オンラインの情報源が他にも多くある。

オカヤドカリとの相互作用は、ペットとして飼ったりしなくてもできることだ。彼らが生活している熱帯の国を訪れれば、旅行者としてそれを観察し手に持ったりして、それからもと通りに放してやる機会もある（**図10・1**）。

海のヤドカリのある種のものは岩礁の水槽の中で人気があり、紅色のヤドカリ（ヨコバサミ属、*Paguristes cadenati*）やマーシャル島のユビワサンゴヤドカリ（鮮やかな青色のヤドカリ、*Calcinus elegans*）などもそうである。短尾類は、海と陸どちらも人気上昇中の水槽ペットであり、乾かしたイトミミズ、ホウネンエビ（アルテミア）、あるいは乾燥フレーク食品などを餌として与える。シオマネキ（「黄金シオマネキ」）も含めて、ペットとして飼うカニはその他の各種シオマネキと同様に、空気と乾いた地面にも触れられることと同時に、水中にある程度の塩分を必要とする半陸生の海水のカニである。残念なことに一部のペットショップでは、シオマネキを淡水の水槽に飼っていて、購入者にも同じようにすることを勧める。何週間かは淡水でも生き延びているが、最後には弱って死んでしまう。彼らはまた陸と空気に届くことも必要なので、砂の一部が水から出ている水槽の坂になったところは具合がよく、またカニが水から出てもタンクからは出ずに登れるよう中央に大きな岩を置いた水槽も同様である。小さなマーケットで「虹カニ」――これはムラサキオカガニ（*Gecarcinus*）のことらしいが――これを対象としているものや、「赤ガニ」、これは半地上性のベンケイガニ（*Sesarma*）を扱うものもある。他にキンチャクガニ（異尾類、**図版20**）のような色彩の豊富なカニも、ペット売買では手に入る。

図 10.1　コスタリカのオカヤドカリ（*Coenobita* sp.）とカリフォルニアのエミリー・マイナー（*Homo sapiens*）の出会い　Photo by P. Weis.

占星術と夢の中のカニ

カニは黄道帯十二宮の四番目であるカニ座（Caner）の「宮（sign)」である。太陽はカニ座に夏至の6月21日に入り、7月22日頃にここから出る。占星術家は、この徴のもとに生まれた人は保守的で家を愛すると考える。こうした人たちは外面的には手強く見え――ものに動じないで、感情的でなく、粘り強いとされ――ときには思索的な側面もあるとされる。空想にふけりがちで、芸術や文学、とくにドラマの玩味力があって、かなりの文学的芸術的才能があることもあると思われている。

こうしたことのどこが、現実のカニと見合っているのだろうか？　一部の占星術家によれば、たくさんの類似点があるという。カニは横歩きできる。これと類似してカニ座の人は、人生の中で、直接にでない比喩的な意味で「動く」ことができる。カニの体が殻で覆われているように、カニ座の人は自己防衛的で感受性が強いと思われていて、傷つくと自分の中に引っ込むこともあるという。カニは自分をいろんな棲み場所の中でも守り、環境の変化に耐える。それと同様にカニ座の人は、あまり大きな変化は避けて、防衛的であるのだという。カニのうちには全身を植物や動物で飾ることによって自分を隠すものがあるのと同様に、カニ座の人は環境に溶け込み、人生の中で大きな波乱をもたらさない傾向があるとされる。

夢の解釈ではカニは最初にネガティヴなシンボルに見え、不愉快なまたは「気難しい」人格を表現している。鋏は依存しすぎることの多い依存的な人物を象徴する。カニはまた、効果的に前に進めないこと、問題に拘泥していることを象徴する（カニはしばしば横に動くから）。いくつかの民話では、カニは健康が思わしくないことの兆しだという。しかし夢の中のカニについて、もっと前向きの解釈では、それは知的な滋養に加えて。海と海から得られる滋養の象徴だとされる。

外国の神話と文化の中のカニ

中国の文化では、おそらくは甲羅を指す中国語が科挙（中国の帝国で用いられ、国の官僚政治のためにもっとも良い行政官僚の選出を目指してデザインされたシステム）で可能な最高得点の語呂合わせになっていることから、カニは繁栄と成功と高い地位を象徴する。カニのシンボリズムは信頼、感情、防御、交通のような性質を含む。カニと調和のための中国の言葉は同じように発音される。カニのシンボルは平和への欲望を表す御守りの上に使われる。黄金のカニは落とし穴や危険を防ぐことを助け職業上の問題を解決すると言われる。カニがものを硬くつかむ能力は人々に彼らのゴールを追い求めることを助けると思われており、その鋏は強さと活力を象徴する。カニは速く考え、器用で、注意深く、敏捷である。その横への動きは成功と、あくまで頑張る、区別立てする、そしてキャリアの成功を達成する能力を意味する。学習者は、カニがよい成績を取ることを応援してくれるという希望から、カニを高く評価する。

マレーシアの神話では、キャンサーは何千年も前に深い穴に住んでいた大きなカニだった。その来行きは潮汐に影響があった。これはルドヤード・キプリングの『ただそれだけの』短い物語、「海と遊んだカニ」（「キプリングの作品については 121 ページ参照）の中で回想されているカニの役割である。

ギリシア神話では、カニはヘラによって、ヘラクレスと九頭の怪物ヘビのヒドラの間の戦いに関与した後に、天国の中に場所を与えられて報いられた。ヘラはヒドラを助けるために大きなカニを送り込み、カニはヘラクレスの脚を噛んだけれども踏み殺された。ヘラクレスと対立していたヘラは、カニに不滅性をもって報い、彼を星座の中に置いた（彼女がヘラクレスを嫌悪したのは、彼が主神ゼウスの一人の息子であり彼女の統治を脅かしていたからかもしれない）。この神話の中のカニは、古典的な直接的でないアプローチを使っている。ヘラクレスがヒドラと苦闘しているとき、カニは彼と直接対決するのでなく。彼の足に噛みついたのだ。

ポップカルチャーのなかのカニ

漫画、テレビ

カニは映画やテレビ番組で大きく取り上げられている。一九八九年のディズニーのアニメ映画『リトルマーメイド』ではカニのセバスチャンがキング・トリトンの召し使いである。公式には、彼は庭師でキング・トリトンの娘たちの音楽教師であるが、しかしまた彼はわがままな娘エリアルに目を付けていると示唆されている。このキャラクターは映画のために開発されたもので、ハンス・クリスチャン・アンデルセン（アナスン）のもとのストーリーには居なかった。カニであることに加えて、セバスチャンは、そのフルネームはホライト・フェロニウス・イグナシアス・クルスタセオス・セバスチャンというのだが、また彼のカリブ風のアクセントとポピュラーソング『海の下』を歌っていることで知られている。セバスチャンは二枚の子供たちのためのレゲエのアルバムをウォルト・ディズニー・レコード・レーベルから出している。彼はまたおもちゃの豆袋、クリップアート、Tシャツ、コンピューター画面の壁紙、そしていろいろな他の製品として利用されている。彼の外見はどうも不明瞭なので、カニなのかロブスターなのかについて多少議論があるけれども、ディズニー社は、セバスチャンはもちろんカニだと言っている。彼は異尾類のタイプらしく、腹の見え方からしてどうやらコシオリエビの仲間（galatheid）のように見える（表2参照）。

『スポンジボブ・スクエアパンツ』は一九九九年に始まった子供向けの人気のあるアメリカのテレビ番組。スポンジボブはペットの巻貝グレイと一緒に、海底のビキニボトムの町に、必要物がすべて備わった二つの寝室があるパイナップルに住んでいる。彼の人生の夢は大洋の究極のフライ揚げコックになることである。彼の雇い主は、クラスティ・クラブ・レストラン［日本語の番組ではレストラン・カニカーニ］のオーナーで金に憑りつかれた欲深い赤いカニのユージン・クラブズである。クラブズ氏はあまりにも欲深いので、通常他人（や彼自身）の安全や安寧を無視して儲けのためにほとんど何でもする。

『シャーマンズラグーン』は、ジム・トゥーミー作の全国配信の日刊コミックストリップで、多くのアメリカの新聞や全世界でも見受けられる。このコミックストリップは娯楽だけでなく、サメの鰭切りや、漁獲の過剰、そして海の保護区域の重要性などのような保護問題について教育もしている。トゥーミーは読者に海の保護について考えさせるために連載を立ち上げ、その提唱について国家海洋大気圏省から賞を得た。二〇一〇年の七月には、海の住人がメキシコ湾でのＢＰ事故の石油漏れによる被害に巻き込まれるという筋書きを扱った［二〇一〇年四月ルイジアナ州沖合の掘削施設での事故で大規模の環境被害も生じ、中心企業体British Petroliam（ＢＰ）の名前で呼ばれる］。シャーマンのラグーンという礁湖は太平洋のカププ島の傍にあるという熱帯孤島の楽園で、人間の侵略と戦うためにチームを組むシャーマンというのろまの大きな白い鮫、彼の仲間のウミガメ、そしてその他のサンゴ礁の住人たち——カニも含その一員——のいろんな取り合わせが登場する。ヤドカリのホーソーンは、「爪先つまみ、小銭つまみ、部品ががたがたの、マッチョの、ビール缶住まいの、暮らしの逆側から目を覚ますヤドカリ」だと描かれている。

にはパレードと、美しい野外劇（「甲殻類姫」）と、ボートレースと、美術と工芸の展示と、カニ料理と釣りのコンテストと、水泳会と、謝肉祭と、ゲームと、たくさんの食物がある。

・ニュージャージー州。ローワー・アロウェイズ・渓谷町は９月に食物と楽しみとエンターテインメント満載の毎年のカニと工芸の祭りがある。最大の呼び物はカニダービーである。

・ニューヨーク。毎年７月ロングアイランド、ハワードビーチのオールドミルヤッチクラブは、カニレースを持つ。彼らはアオハサミガニと、コーンと、半分の殻の上のハマグリと、ビールと、ワインと、ソーダと、踊りと、そしてゲームを提示する。

・オレゴン州。アストリアワレントンカニシーフード祭りは４月遅くに開催される。それは北西の料理場、美術と工芸、オレゴンとワシントンのワインのセレクションとビアガーデンを含む。ライブミュージックとともに伝統的なカニの夕食が出される。

・サウスカロライナ州。リトルリバー（ミルトルビーチの近く）は水際で美術と工芸、食べ物、エンターテインメントを含むアオガニ祭りを持つ。

・バージニア。ウェストポイントのカニ祭りは１０月の最初の週末にある。カニ謝肉祭は食べること、音楽、ゲーム、美術と工芸、アンティーク、そして商業ブースを含む。

・ワシントン。１０月の２週目の週末にポートエンジェルスで催されるアメリカイチョウガニとシーフードの祭りは、新鮮なカニの大きな鍋、新鮮な有機コーン、そしてコールスローを伴う「カニ供食」を持つ。地元のレストランは追加のシーフードとデザートを供給する。ワイン利きと、ビアガーデンと、音楽と、その中で参加者は大きな保持タンクからカニ罠と餌を使ってカニを捕まえようとする「カニ捕まえ競争」がある。勝者はそ捕獲を得ることが出来、カニをきれいにしてその場で料理してもらえる。タグ付けされたカニを捕まえた者は特別賞を勝ち取る。訪問者はオリンピック半島の生態学と自然史を学ぶ、そして売り上げの一部は流域の教育や他の保護活動を補助する。

カニ祭り

多くの合衆国の海岸の州では毎年カニ祭りが開かれ、それにはゲーム、音楽、美術と工芸品、土産物、そして――もっとも重要なこととして――カニを中心とする食品類が含まれる。

・アラスカ。毎年春のコディアック・カニ祭りは写真展示、スポーツイベント、ボートツアー、職人のテント、謝肉祭、足レース、ライブミュージック、そして競技者が自分の好きなレシピを入れてコディアックのシーフード産物を使っているか、栄養価、オリジナリティ、味はどうかによって判定される料理コンテストというのもある。ギャラリーはカニ祭りのポスターを売り、アートショー、歩道の本売り、詩の朗読、パレード、マラソン、9.3マイルのピラー山レース、そして「イディダロック」トライアスロン（自転車41マイル、走りピラー山、泳ぎコミュニティプールで1マイル）がある。他のカニ祭りはより食べ物に集まっており運動には乏しい。
・カリフォルニア。サンフランシスコでは11月に遅いカニ祭とともにアメリカイチョウガニのシーズンが始まる。三つの賞を取った産品を取り入れた夕食、現地でとれたイチョウガニと現地産のワインとビール。祭には料理のクラス、カニツアー、魚釣り遊覧、甲殻類とワインの夕食、カニケーキ料理コンテストとワイン試飲などもある。
・フロリダ州。パナッカ村は、アオガニ祭りが行われる週末を除けば静かな町である。毎年楽しみの日には何千もの訪問者が、ショッピング、エンターテインメント、田舎のもてなしを目がけてやってくる。
・メリーランド州。メリーランドのクリスフィールドは町のおもな工業がカニ肉なので「世界のカニの首都」として知られている。この地方では水運によって、生きたカニと、吊るして燻製にしたカニ肉双方の世界への出荷をして。彼らのカニ祭りはレイバー・デー（労働の日）の週末にある、そしてイベントには有名なカニダービー、またの名をカニレースもある。全面的よりのカニ達は走りで州政府カップを巡って競う。祭り他のヤドカリと違って巻貝の中でなくビール缶がお気に入りで、初期のころの漫画では一年に一度ほど彼を殻を脱ぎ捨てては、仲間たちやスキューバダイヴァーのあたりを裸でうろつき回る。関心といえば連載の他の連中からお金とか資源をせびったり、ジョークを飛ばしたり、無礼をはたらいたりすることなど。繰り返される筋書きは、素早く金持ちになる図式と、仕事での冒険、これは通常友人たちから巻き上げるやり方である。その性格はクラブス氏に似ているようにも見えるが——どちらもあまり好ましいとは言いかねる。

カニが人間社会と文化で重要な役割を演じていることは明らかである。この本で描いてきたように、彼らの生活と生物学についてもっと知ることは、いろんなもののシンボルとしてではなしに、彼らの本当の姿——注目すべき生物体として——を知り、その真価を評価する助けとなるはずだ。彼らはおそらく他のどのような基本的に海生の動物よりもたいへん色々な種類の場所でその生活に適合している。一生の間に個体発達の上で大きな変化を遂げ、魅惑的な行動を持ち、そして環境を共有している他の種とさまざまの仕方で相互作用する。彼らの個体数は乱獲、環境汚染、気候変化、棲み場所の喪失などのような人間の活動でしばしば減少している。この本の読者が、これらの魅力的な動物についてよりよい理解と正しい評価を得て、その保護と保全への関心を高めるように望みたい。

謝辞

私は私の夫、ペドリック（ペーター）・ワイスに感謝したい。彼は何十年も研究の同僚であり、この本の展開を通じて強力な援助者であった。ペーターはまたここに含まれる写真のいくらかを撮影し、また他の人によって撮られた写真を用意してくれた。また同様に初校を読んでコメントすることもしてくれた。私は写真提供者すべてに感謝している。また、オピアヌスのカニに関する記述について知らせてくれたグレゴリー・ジェンセンと、北西太平洋とアラスカでのカニ漁に関しての議論と洞察についてレイ・トステとジェフ・ステファンに感謝している。

私の研究室で働く多くの大学院学生の皆は、カニの生物学に関する刺激を与えてくれ、また新しい情報をもたらしてくれた。あなた方の熱中と、良い仕事と、良い付き合いのすべてに感謝する。研究の同僚のテリー・グロバー博士は動物の行動と統計に関する非常に貴重な洞察を与えてくれた。

私はまた私の孫娘のエミリーとジェシカ・マイナーにも、カニを恐れず海辺でそれらを見つけた時に「いいいいいううううー！！」と言わなかったことを感謝したい。

私は、私たちの研究を援助してくれたことについて、国家科学協会、国家海洋大気圏庁、環境保護協

会、合衆国地理調査協会、ニュージャージー海洋許可プログラム、ニュージャージー環境保護省、環境調査協会に感謝している。

私はコーネル大学出版会のヘイディ・ロベッティの、初めからこのトピックに興味を持って校正の過程で大変貴重だったすべての仕事と助力に感謝している。スコット・ヴァン・サントは草稿の査読者として多くの有用な示唆を与えてくれた。また、刊行の過程で世話をしてくれた出版社のスーザン・スペクターにもまた多くの感謝を。

私はまたどこであれカニとその生息地を守るために働いているすべての環境グループの熱心な仕事にも感謝している。

訳者あとがき

カニの本の翻訳を手がけることになって、訳者のひとりは、はるか昔パズル形式の初歩入門書のなかで、タラバガニは「カニ」ではないと得意そうに講釈していたことを思いだした[1]。ついでのことに、ザリガニもカブトガニも「カニ」ではないと、負け惜しみ屋が文句を言っているとも書いている。これらのこと自体は間違いではない。今回のワイスの本でも、たまたま正統的に節足動物の分類の概説に触れるあたりから解説が始まっている。ただしそうした知識を訳者たちは、分類系統の断片として知っていても、要するに受け売りにすぎない。この本で著者はカニについての何から何まで、推薦者のリンダ・マンテル（第10章のアンケートに答えている一人でもある）が言うように、「ほとんど百科全書的」な知識を披瀝している。カニと言えば原題にもある「横歩き」と、童謡の「あわて床屋」くらいをまず連想する読者にとっても（訳者も正直のところそれに近かった）、珍しい話題にいろいろ触れることのできる楽しい読み物となることを期待する。（話題となる挿話、たとえばカブトガニの血液製剤は雑菌による汚染の判定用に大いに利用され、ただし血を三分の一ほど抜かれた気の毒なカブトガニも、海に戻すと大部分は一ヵ月ほどのうちに回復して生き延びることなど、二〇編あまりが拾われ、色を網掛けして、随時文中に挿入されている）。

たしかに本書（Judith S. Weis: *Walking Sideways: The remarkable world of crabs.* Cornell University. 2012）の守備範囲は多岐

にわたり、「百科全書的」というのも、あながち仲間褒めではない。プランクトン状態で海中ですごした幼生のカニは、幼若個体から成体へ、それにつれて砂浜、岩場、ときには意外なほどの深海や逆に水環境にほとんど頼らないオカガニなど、元来の定住場所へと戻ってゆく。大きな変化を伴うこともある一生を、ワイスは棲み場所、そこでの適応的な機能と形態、行動、生態など、ときに風変わりだったり意外なこともある現状を、研究者たちの知見も豊富に交えながら紹介する。これがだいたい本書の前半。(なお余分な付言。横歩きにはそれ用の別個の神経系があるわけでもなくて、四角い平面の本体の横向きに脚がごちゃごちゃ付いていると、縦には脚がからんでつまずいてしまうというだけのことらしい)。

後半ではカニと人間の関係が大きな主題となり(漁獲、食材としてのカニなど)。おいしいカニ料理の評判のゆえに、獲りすぎも問題となり、その防止を重視する行政側と、それでも獲りたい漁業者側がときに対立しながらも、やはり種の保全と維持が欠かせないという最後の立場の一致は、他の漁業資源であるマグロやウナギのことを考えれば、日本の読者にとっても理解できるだろう。規制などの新しい動きが、ときには業界紙なみの詳しさで解説されている。研究的な知見とともに「産業としてのカニ」にも詳しいことは、本書の特色の一面かもしれない。

著者は、研究的な事柄では研究者の名前を挙げるのを方針としている。あえて言えば、単なる名前だが、もしある事実でもう少し調べてみたいという読者にとっては、思いがけず役に立つこともあるのではなかろうか。またカニの名前も(研究者と並べて申し訳ないが)、著者は極力挙げる方針なので、和名の確定には手こずるところもあった。和名は学名のようにきちんと規約にもとづく呼称ではなく、人気のある種では地方ごとの慣用の名前もある。たとえばズワイガニはマツバガニ(鳥取、東京)、エチゼンガニ（福井）など。しかし図版にきちんと掲載されているものでは、そうした混乱は少ない。たとえば訳書で利用した辞典類のうち手前の二点

・三宅貞祥『原色大型甲殻類図鑑』（Ⅰ、Ⅱ）、保育社、昭和五七→平成一〇年。
・武田正倫『原色甲殻類検索図鑑』北隆館、昭和五七年。
・内田享監修『谷津・内田動物分類名辞典』中山書店、昭和四七→六三年。

ではともに、タラバガニに近縁のアブラガニが別名または別称アオガニとしてあるので、常識的また無難な名前を選べば問題はない（三宅の図鑑でイワガニの「別名アブラガニ」としてあるのは別種の追加情報で、これは単に無視すればよい）。

無脊椎動物のうちでも陸塊によって隔てられている昆虫などに比べて、カニの仲間、ことにその幼生たちはすべて海による「水続き」なので、隣接する水域に科・目《もく》など上位の分類群で無関係のものが見られる例は少ないように思う。ともかく今回のカニの場合、さきの二つの図鑑は日本の種を取り上げているのだが、属の検索ではいくつかの例外を別として、本書に登場する外国のカニたちも同属で、見当のつく場合が多かった。しかし同属でも種が国産種と違うと、図鑑の和名はそのまま該当せず、「～の類」などとしても、しっくりこないことが多い。索引に学名を併記するなどして適宜に処理したが、誤りなど残っているかもしれず、指摘を得られれば有難い。カラー・ページも含めて多くの図版が、カニたちの正体をいくらかでも親しみやすくする手配写真として役立ってくれるかと思う。

こうした図版や、いくつも挿入されている挿話（ヴィネット）、そして厄介な索引も含めて、始終支援に奮闘してくれた贄川雪さんに、お礼を申し述べたい。

二〇一五年一月

訳者

（1） 長野敬・鈴木善次『パズル・生物学入門』講談社ブルーバックス、昭和四四年。現在も一応、電子書籍タイプで生き延びているようではある。

カニの不思議

2015年1月31日　第1刷印刷
2015年2月12日　第1刷発行

著者　ジュディス・S・ワイス
訳者　長野 敬＋長野 郁

発行者　清水一人
発行所　青土社
東京都千代田区神田神保町1-29　市瀬ビル　〒101-0051
電話　03-3291-9831（編集）　03-3294-7829（営業）
振替　00190-7-192955

印刷所　ディグ（本文）
方英社（カバー、表紙、扉）
製本所　小泉製本

装幀　岡 孝治

ISBN978-4-7917-6839-4　　Printed in Japan

索引

あ

か

さ

た

な

は

ま

や

ら

参考文献

背景知識

Bliss, D.E. 1982. Shrimps, lobsters and crabs: Their fascinating life story. New Century Publishers, Piscataway, NJ.

Bliss, D.E., ed. 1983. The biology of crustacea. 10 vols. Academic Press, New York.

Burggren, W.W., and B.R. McMahon, eds. 1988. Biology of the land crabs. Cambridge University Press, Cambridge.

Fincham, A.A., and P.S. Rainbow, eds. 1988. Aspects of decapod crustacean biology. Zoological Society of London Symposia 59. Oxford University Press, Oxford.

Pechenik, J.A. 2000. Biology of the invertebrates. 4th ed. McGraw Hill, Boston.

1　カニを紹介する

Abele, L.G. 1974. Species diversity of decapod crustaceans in marine habitats. Ecology 55:156-161.

Ju, S.-J., D.H. Secor, and H.R Harvey. 1999. The use of extractable lipofuscin for age determination of the blue crab, *Callinectes sapidus*. Marine Ecology Progress Series 185: 171-179.

Plaisance L., M.J. Caley, R.E. Brainard, and N. Knowlton. 2011. The diversity of coral reefs: What are we missing? PLoS ONE 6(10): e25026. doi:10.1371/journal. pone.0025026.

2　生息地

Appel, M., and R.W. Elwood. 2009. Motivational trade-offs and the potential for pain experience in hermit crabs. Applied Animal Behaviour Science 119: 120-124.

Bell, G.W., D.B. Eggleston, and E.j. Noga. 2009. Molecular keys unlock the mysteries of variable survival responses of blue crabs to hypoxia. Oecologia 163: 57-68.

Decelle J., A.C. Andersen, and S. Hourdez. 2010. Morphological adaptations to chronic hypoxia in deep-sea decapod crustaceans from hydrothermal vents and cold seeps. Marine Biology 157:1259-1269.

Elwood, R.W., and M. Appel. 2009. Pain experience in hermit crabs? Animal Behaviour 77: 1243-1246.

Frick, M.G., K.L. Williams, A.B. Bolten, K.A. Bjorndal, and H.R. Martins. 2004. Diet and fecundity of Columbus crabs, *Planes minutus*, associated with oceanic-stage loggerhead turtles, *Caretta caretta* and inanimate flotsam. Journal of Crustacean Biology 24:350-355.

MacPherson, E., W. Jones, and M. Segonzac. 2005. A new squat lobster family of Galatheoidea (Crustacea, Decapoda, Anomura) from the hydrothermal vents of the Pacific-Antarctic Ridge. Zoosystema 27: 709-723.

Nordhaus, I., M. Wolf, and K. Diehle. 2006. Liner processing and population food intake of the mangrove crab *Ucides cordatus* in a high intertidal forest in northern Brazil. Estuarine, Coastal and Shelf Science 67: 239-250.

Schuhmacher, H. 1977. A hermit crab, sessile on corals, exclusively feeds by feathered antennae. Oecologia 27: 371-374.

Silliman B.R., and M.D. Bertness. 2002. A trophic cascade regulates salt marsh primary production. Proceedings of the National Academy of Sciences 99: 10500-10505.

Somerron, D. 1981. Contribution to the life history of the deep-sea king crab, *Lithodes couesi*, in the Gulf of Alaska. Fishery Bulletin 79: 259-269.

Steimle, F.W., C.A. Zetlin, and S. Chang. 2001. Essential fish habitat source document: Red deepsea crab, *Chaceon (Geryon) quinquedens* life history and habitat characteristics. NOAA Technical Memorandum NMFS-NE-163.

Stewart, H., S.J. Holbrook, R.J. Schmitt, and A.J. Brooks. 2006. Symbiotic crabs maintain coral health by clearing sediments. Coral Reefs 25: 609-615.

Trott, T., R Vogt, and J. Atema. 1997. Chemoreception by the red-jointed fiddler crab *Uca minax* (Le Conte): Spectral tuning properties of the walking legs. Marine and Freshwater Behaviour and Physiology 30: 239-249.

3　形と機能

Baldwin, J., and. S. Johnson. 2009. Importance of color in mate choice of the blue crab, *Callinectes sapidus*. Journal of Experimental Biology 212: 3762-3768.

Bliss, D.E., ed. 1983. The biology of crustacea. Vol. 5, Internal anatomy and physiological regulation, ed. L.H. Mantel. Academic Press, New York.

Dunham, D.W. 1978. Effect of chela white on agonistic success in a diogenid hermit crab (*Calcinus laevimanus*). Marine Behavior and Physiology 5: 137-144.

Griffen, B.D., and H. Mosblack. 2011. Predicting diet and consumption rate differences between and within species using gut ecomorphology. Journal of Animal Ecology 80: 854-863.

Hemmi, J., J. Marshall, W Fix, M. Vorobyev, and J. Zeil. 2006. The variable colours of the fiddler crab *Uca vomeris* and their relation to background and predation. Journal of Experimental Biology 209: 4140-4153.

Herreid, C., and S.M. Mooney. 1984. Color change in exercising crabs: Evidence for a hormone. Journal of Comparative Physiology B: Biochemical, Systemic and Environmental Physiology 154: 207-212.

Leschen, A.S., and S.J. Correia. 2010. Mortality in female horseshoe crabs (*Limulus polyphemus*) from biomedical bleeding and handling: Implications for fisheries management. Marine and Freshwater Behaviour and Physiology 43: 135-147.

Lovett, D.L., T. Colella, A.C. Cannon, D.H. Lee, A. Evangelism, E.M. Mullet' and D.W. Towle. 2006. Effect of salinity on osmoregulatory patch epithelia in gills of the blue crab *Callinectes sapidus*. Biological Bulletin 21.0: 132-139.

Palma, A., and R Steneck. 2001. Does variable color in juvenile marine crabs reduce risk of visual predation? Ecology 82: 2961-2967.

Palmer, J.D. 2003. The living clock: The orchestrator of biological rhythrns. Oxford University Press, New York.

Pardo, L., K Gonzalez, J.P. Fuentes, K. Paschke, and O.R. Chaparro. 2011. Survival and behavioral responses of juvenile crabs of *Cancer edwardsii* to severe hyposaliniry events triggered by increased runoff at an estuarine nursery ground. Journal of Experimental Marine Biology and Ecology 404: 33-39.

Reddy, PS., and M. Fingerman. 1995. Effect of cadmium chloride on physiological color changes of the fiddler crab, *Uca pugilator*. Ecoroxicology and Environmental Safety 31: 69-75.

Reid, D.G., and J.C Aldrich. 1989. Variations in response to environmental hypoxia of different colour forms of the shore crab, *Carcinus maenas*. Comparative Biochemistry and Physiology Pan A: Physiology 92: 535-539.

Simpson S., A.N. Radford, E.J, Tickle, M.G. Meekan, and A.G. Jeffs. 2011. Adaptive avoidance of reef noise. PLoS One 6(2): e16625. doi:10.1371/journal.pone.001662.

Stensmyr, M., S. Erland, E. Hallberg, R Wallen, R Greenaway, and B.S. Hansson. 2005. Insect-like olfactory adaptations in the terrestrial giant robber crab. Current Biology 15: 116-121.

Sylbiger, N., and P. Munguia. 2007. Carapace color change in *Uca pugilator* as a response to temperature. Journal of Experimental Marine Biology and Ecology 355: 41-46.

4 生殖と生活環

Anderson, J., and C. Epifanio. 2009. Induction of metamorphosis in the Asian shore crab *Hemigrapsus sanguineus*: Characterization of the cue associated with biofilm from adult habitat. Journal of Experimental Marine Biology and Ecology 382: 34-39.

Bergey, L., and J.S. Weis. 2007. Molting as a mechanism of deputation of metals in the fiddler crab, *Uca pugnax*. Marine Environmental Research 64: 556-562.

Bliss, D.E., ed. 1983. The biology of crustacea. Vol. 2, Embryology, morphology, and genetics, ed. L.G. Abele. Academic Press, New York.

Christy, J. 1983. Female choice in the resource-defense mating system of the sand fiddler crab, *Uca pugilator*. Behavioral Ecology and Sociobiology 12: 169-180.

Christy, J. 2010. Pillar function in the fiddler crab *Uca beebei* (II): Competitive courtship signaling. Ethology 78: 113-128.

DeVries, M., and R Forward. 1989. Rhythms in larval release of the sublittoral crab *Neopanope sayi* and the supralittoral crab *Sesarma cinereum* (Decapoda: Brachyura). Marine. Biology 100: 241-248.

DeWilde, P.A. 1973. On the ecology of *Coenobita clypeatus* in Curaçao. Studies of the Fauna of Curaçao 44: 1-138.

Diesel, R. 1989. Parental care in an unusual environment: *Metapaulias depressus* (Decapods Grapsidae), a crab that lives in epiphytic bromeliads. Animal Behaviour 38: 561-575.

Ju, S.-J., D.H. Secor, and H.R. Harvey. 1999. The use of extractable lipofuscin for age determination of the blue crab, *Callinectes sapidus*. Marine Ecology Progress Series 185: 171-179.

Kim T.W., J. H. Christy, and J.C. Choe. 2007. A preference for a sexual signal keeps females safe. PLoS ONE 2(5): e422. doi:10.1371/journal.pone.0000422.

Kim, T.W., K Sakamoto, Y. Henmi, and J.C. Choe. 2008. To court or not to court: Reproductive

decisions by male fiddler crabs in response to fluctuating food availability. Behavioral Ecology and Sociobiology 62: 1139-1147.

Michener, J. 1974. Chesapeake. Random House, New York.

Morley, S.A., M. Belchier, J. Dickson, and T Mulvey. 2006. Reproductive strategies of sub-Antarctic lithodid crabs vary with habitat depth. Polar Biology 29: 581-584.

Oppian. ca. 170 AD. Haleutika. Trans. A.W. Mair. Openlibrary.org. http://penelope.uchicago.edu/Thayer/E/Roman/Texts/Oppian/Halieutica/1*.html.

Stevens, B, G. 2003. Timing of aggregation and larval release by Tanner crabs, *Chionoecetes bairdi*, in relation to tidal current patterns. Fisheries Research 65:201-216.

Terossi, M., L.S. Torati, I. Miranda, M.A. Scelzo, and F.L. Manrelatto. 2010. Comparative reproductive biology of two southwestern Atlantic populations of the hermit crab *Pagurus exilis* (Crustacea: Anomura: Paguridae). Marine Biology 31: 584-591.

Thatje, S., and N.C. Mestre. 2010. Energetic changes throughout lecithotrophic larval development in the deep-sea lithodid crab *Paralomis spinosissima* from the Southern Ocean. Journal of Experimental Marine Biology and Ecology 386:119-124.

Webb, J. 2009. Reproductive success of multiparous female Tanner crab (*Chionoecetes bairdi*) fertilizing eggs with or without recent access to males. Journal of Northwest Atlantic Fishery Science 41: 163-172.

Ziegler, T., and R. Forward 2006. Larval release behaviors of the striped hermit crab, *Clibanarius vittatus* (Bosc): Temporal pattern in hatching. Journal of Experimental Marine Biology and Ecology 335: 245-255.

5 行動

Abele, L., PJ. Campanella, and M. Salmon. 1986. Natural history and social organization of the semiterrestrial grapsid crab *Pachygrapsus transversus* (Gibbes). Journal of Experimental Marine Biology and Ecology 104: 153-170.

Backwell, P.I., J.H. Christy S.R. Telford, M.D. Jennions, and N.I. Passmore. 2000. Dishonest signalling in a fiddler crab. Proceedings of the Royal Society B: Biological Sciences 267: 719-724.

Barshaw, D., and K. Able. 1990. Deep burial as a refuge for lady crabs, *Ovalipes ocellatus*: Comparisons with blue crabs. Marine Ecology Progress Series 66: 75-79.

Bauer, R.T. 1989. Decapod crustacean grooming: Functional morphology, adaptive value, and phylogenetic significance. In Functional morphology of feeding and grooming in crustacea, Crustacean Issues 6, ed. B. Felgenhauer, L. Wading, and A.B. Thistle, 49-73. Balkema Press, Rotterdam.

Briffa, M., and R.W. Elwood. 2000. The power of shell rapping influences rates of eviction in hermit crabs. Behavioral Ecology 11: 288-293.

Coen, L. 1988. Herbivory by Caribbean majid crabs: Feeding ecology and plant susceptibility. Journal of Experimental Marine Biology and Ecology 122: 257-276.

Cunningham, P., and R. Hughes. 1984. Learning of predatory skills by shorecrabs *Carcinus maenas* feeding on mussels and dogwhelks. Marine Ecology Progress Series 16: 21-26.

Detto, T., M. Jennions, and P. Backwell. 2010. When and why do territorial coalitions occur? Experimental evidence from a fiddler crab. American Naturalist 175: El 19-E125.

Hazlett, BA. 1966. Factors affecting the aggressive behavior of the hermit crab *Calcinus tibicen*. Zeitschrift für Tierpsychologie 6: 655-671.

Hoyoux, C.H., M. Zbinden, S. Samadi, E Gaill, and P Compere. 2009. Wood-based diet and gut microflora of a galatheid crab associated with Pacific deep-sea wood falls. Marine Biology 156: 2421-2439.

Hyatt, G.W 1983. Qualitative and quantitative dimensions of crustacean aggression. In Studies in adaptation: The behavior of higher crustacea, ed. S. Rebach and D. Dunham, 113-139. John Wiley, New York.

MacDonald, J., R Roudez, T. Clover, and J.S. Weis. 2007. The invasive green crab and Japanese shore crab: Behavioral interactions with a native crab species, the blue crab. Biological Invasions 9: 837-848.

Micheli, E 1995. Behavioural plasticity in prey size selectivity of the blue crab *Callinectes sapidus* feeding on bivalve prey. Journal of Animal Ecology 64: 63-74.

Pereyra, P, M. Saraco, and H. Maldonado. 1999. Decreased response or alternative defensive strategies in escape: Two different types of long-term memory in the crab *Chasmagnathus*. Journal of Comparative Physiology A: Neuroethology, Sensory, Neural, and Behavioral Physiology 184: 301-310.

Ramey, P.A., Teichman, J. Oleksiak, and F. Balci. 2009. Spontaneous alternation in marine crabs: Invasive versus native species. Behavioral Processes 82: 51-55.

Rebach, S., and D. Dunham, eds. 1983. Studies in adaptation: The behavior of higher crustacea. John Wiley, New York.

Reichmuth, J.M., R. Render, T. Glover, and J.S. Weis. 2009. Differences in prey capture behavior in populations of blue crab (*Callinectes sapidus* Rathbun) from contaminated and dean estuaries in New Jersey. Estuaries and Coasts 32: 298-308.

Roudez, R.J., T. Glover, and J.S. Weis. 2008. Learning in an invasive and a native predatory crab. Biological Invasions 10: 1191-1196.

Stevens, B. WE. Donaldson, and J.A. Haaga. 1992. First observations of podding behavior for the Pacific lyre crab, *Hyas lyratus*. Journal of Crustacean Biology 12: 193-195.

Wight, K., L. Francis, and D. Eldridge. 1990. Food aversion learning in the hermit crab *Pagurus granosimanus*. Biological Bulletin 178: 205-209.

Winn, H.E., and B.L. Olla, eds. 1972. Behavior of marine animals. Vol. 1, Invertebrates. Plenum Press, New York.

6 生態学

Bach, C., and B. Hazlett. 2009. Shell shape affects movement patterns and microhabitat distribution in the hermit crabs *Calcinus elegans, C. laevimanus, and C. lateens*. Journal of Experimental Marine Biology and Ecology 382: 27-33.

Blackmon, D.C., and D.B. Eggleston. 2001. Factors influencing planktonic, postsettlement dispersal

of early juvenile blue crabs (*Callinectes sapidus* Rathbun). Journal of Experimental Marine Biology and Ecology 257: 183-203.

Bliss, D.E., ed. 1983. The biology of crustacea. Vol. 7, Behavior and ecology, ed. F.J. Vemberg and W.B. Vernberg. Academic Press, New York.

Boles, L.C., and K.J. Lohmann. 2003. True navigation and magnetic maps in spiny lobsters. Nature 421: 60-63.

Bortolus, A., P. Laterra, and O. Iribarne. 2004. Crab-mediated phenotypic changes in Spartina densiflora Brong. Estuarine, Coastal and Shelf Science 59: 97-107.

Boyko, C.B., and P.M. Mikkelsen. 2002. Anatomy and biology of *Mysella pedroana* (Mollusca: Bivalvia: Galeommaroidea), and its commensal relationship with *Blepharipoda occidentalis* (Crustacea: Anomura: Albuneidae). Zoologischer Anzeiger: A Journal of Comparative Zoology 241: 149-160.

Buckley, W., and J. Ebersole. 1994. Symbiotic organisms increase the vulnerability of a hermit crab to predation. Journal of Experimental Marine Biology and Ecology 182: 49-64.

Canepuccia, A., J. Alberti, E Daleo, J. Pascual, J.L. Farina, and O. Iribarne. 2010. Ecosystem engineering by burrowing crabs increases cordgrass mortality caused by stemboring insects. Marine Ecology Progress Series 404: 151-159.

Cannicci, S., R Ruwa, and M. Vannini. 2010. Homing experiments in the tree-climbing crab *Sesarma leptosoma* (Decapoda, Grapsidae). Ethology 103: 935-944.

Carle, E. 1991. A house for hermit crab. Simon and Schuster, New York.

Damiani, C.C. 2003. Reproductive costs of the symbiotic hydroid *Hydractinia symbiolongicarpus* (Buss and Yund) to its host hermit crab *Pagurus longicarpus* (Say). Journal of Experimental Marine Biology and Ecology 288: 203-222.

Eggleston, D.B., and D.A. Armstrong. 1995. Pre- and post-settlement determinants of estuarine Dungeness crab recruitment. Ecological Monographs 65: 193-216.

Hultgren, M., and J.J. Stachowiez. 2009. Evolution of decoration in Majoid crabs: A comparative phylogenetic analysis of the role of body size and alternative defensive strategies. American Naturalist 173: 566-578.

Kim, T., TIC Kim, and J.C. Choe. 2010. Compensation for homing errors by using courtship structures as visual landmarks. Behavioral Ecology 21: 836-842.

Layne, J.W., J.P. Barnes, and L.M. Duncan. 2003. Mechanisms of homing in the fiddler crab *Uca rapax*. 2. Information sources and frame of reference for a path integration system. Journal of Experimental Biology 206: 4425-4442.

McConnaughey, R.A., D.A. Armstrong, B.M. Hickey, and D.R Gunderson. 1994. Interannual variability in coastal Washington Dungeness crab (*Cancer magister*) populations: Larval advection and the coastal landing strip. Fisheries Oceanography 3: 22-38.

Oppian. ca. 170 BC. Haleutika. Trans. A.W. Mair. Openlibrary.org. http://penelope.uchicago.edu/Thayer/E/Roman/Texts/Oppian/Halieutica/1*.html.

Pardo, L.M., C.S. Cardyn, and J. Garcés-Vargas. 2011. Spatial variation in the environmental control of crab larval settlement in a micro-tidal austral estuary. Helgoland Marine Research. doi:

10.1007/s10152-011-0267-y.

Paulay, G., and J. Srarmer. 2011. Evolution, insular restriction, and extinction of oceanic land crabs, exemplified by the loss of an endemic *Geograpsus* in the Hawaiian Islands. PLoS ONE 6(5): e19916. doi:10.1371/journal.pone.0019916.

Poltev, Y.N., and I.N. Mukhametov. 2009. Concerning the problem of carcinophilia of *Careproctus species* (Scorpaeniformes: Liparidae) in the North Kurils. Russian Journal of Marine Biology 35: 215-223.

Rotjan, R.D., J.R. Chabot, and S.M. Lewis. 2010. Social context of shell acquisition in *Coenobita clypeatus* hermit crabs. Behavioral Ecology 21: 639-646.

Shanks, A.L., and G.C. Roegner. 2007. Recruitment limitation in Dungeness crab populations is driven by variation in atmospheric forcing. Ecology 88: 1726-1737.

Shives, J.A., and S. Dunbar. 2010. Behavioral responses to burial in the hermit crab, *Pagurus samuelis*: Implications for the fossil record. Journal of Experimental Marine Biology and Ecology 388: 33-38.

Stachowirz, Jj., and M. Hay. 1999. Mutualism and coral persistence: The role of herbivore resistance to algal chemical defense. Ecology 80: 2085-2101.

Stachowitz, J.J., and M. Hay. 2000. Geographic variation in camouflage specialization by a decorator crab. American Naturalist 156: 59-71.

Stevens, B.G. 2003. Settlement, substratum preference, and survival of red king crab *Paralithodes camtschaticus* (Tilesius, 1815) glaucothoe on natural substrata in the laboratory. Journal of Experimental Marine Biology and Ecology 283: 63-78.

Steward, H.L., S.J. Holbrook, RJ. Schmitt, and A.J. Brooks. 2006. Symbiotic crabs maintain coral health by clearing sediments. Coral Reefs 25: 609-615.

Stoner, A. 2009. Habitat-mediated survival of newly settled red king crab in the presence of a predatory fish: Role of habitat complexity and heterogeneity. Journal of Experimental Marine Biology and Ecology 382: 54-60.

Tricarico, E., S. Bertocchi, S. Brusconi, L.A. Chessa, and E Gherardi. 2009. Shell recruit- ment in the Mediterranean hermit crab *Clybanarius erythropus*. Journal of Experimental Marine Biology and Ecology 381: 42-46.

Walker, S.E. 1994. Biological remanie: Gastropod fossils used by the living terrestrial hermit crab, *Coenobita clypeatus*, on Bermuda. Palaios 9: 403-412.

Wells, R.J., R.S. Sreneck, and A.T Palma. 2010. Three-dimensional resource partitioning between American lobster (*Homarus americanus*) and rock crab (*Cancer irroratus*) in a subtidal kelp forest. Journal of Experimental Marine Biology and Ecology 384: 1-6.

7　カニの問題と問題のカニ

Alrieri, A., B. van Wesenbeeck, M. Bermess, and B. Silliman. 2010. Facilitation cascade explains positive relationship between native biodiversity and invasion success. Ecology 91:1269-1275.

Becker, C., and M. Turkay. 2010. Taxonomy and morphology of European pea crabs (Crustacea: Brachyura: Pinnotheridae). Journal of Natural History 44: 1555-1575.

Blakeslee, A., C.L. Keogh, J.E. Byers, A.M. Kuris, K.D. Lafferty, and M.E. Torchin. 2009. Differential escape from parasites by two competing introduced crabs. Marine Ecology Progress Series 393: 83-96.

Britayev, TA., A.V Rzhavsky, L.V Pavlova, and A.G. Dvoretskij. 2010. Studies on impact of the alien red king crab (*Paralithodes camtschaticus*) on the shallow water benthic communities of the Barents Sea. Journal of Applied Ichthyology 26 (Suppl. 2): 66-73.

Culbertson, J.B., I. Valiela, E.E. Peacock, C.M. Reddy, A. Carter, and R. Van der Kruik. 2007. Long-term biological effects of petroleum residues on fiddler crabs in salt marshes. Marine Pollution Bulletin 54: 955-962.

De la Haye, K., J.I. Spicer, S. Widdicombe, and M. Briffa. 2011. Reduced seawater pH disrupts information gathering, resource assessment and decision making in the hermit crab *Pagurus bernhardus*. Animal Behaviour 82: 495-501.

Edgell, T., and R. Rochette. 2009. Prey-induced changes to a predator›s behaviour and morphology: Implications for shell-claw covariance in the northwest Atlantic. Journal of Experimental Marine Biology and Ecology 382: 1-7.

Gilardi, K.V.K., D. Carlson-Bremer, J.A. June, K. Antonelis, G. Broadhurst, and T. Cowan. 2010. Marine species mortality in derelict fishing nets in Puget Sound, WA, and the cost/benefits of derelict net removal. Marine Pollution Bulletin 60: 376-382.

Heinonen, K., and P. Auster. 2012. Prey selection in crustacean-eating fishes following the invasion of the Asian shore crab *Hemigrapsus sanguineus* in a marine temperare community. Journal of Experimental Marine Biology and Ecology 413: 177-183.

Holdredge, C., M.D. Bermess, and A.H. Altieri. 2009. Role of crab herbivory in die-off of New England salt marshes. Conservation Biology 23: 672-679.

Hollebone, AL, and M.E. Hay. 2007. Population dynamics of the non-native crab *Petrolisthes arnatus* invading the South Atlantic Bight at densities of thousands per m2. Marine Ecology Progress Series 336: 211-223.

Kropp, R. 1986. Feeding biology and mouthpart morphology of three species of coral gall crabs (Decapoda: Cryprochiridae). Journal of Crustacean Biology 6: 377-384.

Matheson, K., and P. Gagnon. 2012. Temperature mediates non-competitive foraging in indigenous rock (*Cancer irroratus* Say) and recently introduced green (*Carcinus maenas* L.) crabs from Newfoundland and Labrador. Journal of Experimental Marine Biology and Ecology 414-415: 6-18.

Mazumder, C., and N. Saintilan. 2010. Mangrove leaves are nor an important source of dietary carbon and nitrogen for crabs in temperate Australian mangroves. Wetlands 30:375-380.

McCall B.D., and S.C. Pennings. 2012. Disturbance and recovery of salt marsh Arthropod communities following BP Deepwater Horizon oil spill. PLoS ONE 7(3): e32735. doi:10.1371/journal.pone.0032735.

McDermott, J., J.D. Willians, and C.B. Boyko. 2010. The unwanted guests of hermits: A global review of die diversity and natural history of hermit crab parasites. Journal of Experimental Marine Biology and Ecology 394: 2-44.

Milner, R., T Detto, M.D. Jennions, and PR. Backwell. 2010. Hunting and predation in a fiddler crab. Journal of Ethology 28: 171-173.

Milner R., M.D. Jennions, and PR. Backwell. 2010. Safe sex: Male-female coalitions and pre-copulatory mare-guarding in a fiddler crab. Biology Letters 6: 180-182.

Owen, J. 2003. Eat the invading alien crabs, urge UK scientists. National Geographic News. http://news.nationalgeographic.com/news/2003/11/1113_031113_mittencrabs.html.

Ries, J.B., AL. Cohen, and D.C. McCorkle. 2009. Marine calcifiers exhibit mixed responses to C02-induced ocean acidification. Geology 37: 1131-1134.

Rossong, M., PA Quijón, RV Snelgrove, T.J. Barrett, C.H. McKenzie, and A. Locke. 2012. Regional differences in foraging behaviour of invasive green crab (*Carcinus maenas*) populations in Atlantic Canada, Biological Invasions 14: 659-669.

Rossong, M., P.A. Quijón, P.J. Williams, and EV. Snelgrove. 2011. Foraging and shelter behavior of juvenile American lobster (*Homarus americanus*): The influence of a non- indigenous crab. Journal of Experimental Marine Biology and Ecology 43: 75-80.

Schlacher, T.A., and S. Lucrezi. 2010. Compression of home ranges in ghost crabs on sandy beaches impacted by vehicle traffic. Marine Biology 157: 2467-2474.

Steinberg, M.K., and C.E. Epifanio. 2011. Three›s a crowd: Space competition among three species of interridal shore crabs in the genus *Hemigrapsus*. Journal of Experimental Marine Biology and Ecology 404: 57-62.

Trottier, O., D. Walker, and A.G. Jells. 2012. Impact of the parasitic pea crab *Pinnotheres novaezelandiae* on aquaculcured New Zealand green-lipped mussels, *Perna canaliculus. Aquaculture, in press.* http:/Idx.doi.org/10.1016/j.aquaculture.2012.02.031.

8　カニ漁

Blankenship, K. 2010. Maryland considers «catch share» program for blue crab fishery. Chesapeake Bay journal 20: 6-7.

Blankenship, IC 2010. Watermen pull 10,500 derelict crab pots from Bay, rivers. Chesapeake Bay Journal 20: 7.

Bliss, D.E., ed. 1983. The biology of crustacea. Vol. 10, Economic aspects: Fisheries and culture, ed. A.J. Provenzano. Academic Press, New York.

Blue Ventures. 2010. Community festivals celebrate coastal conservation. Blue Ventures Research Update 31. http://blueventures.org/images/stories/bv/research/resupdates/Research_update_Autumn_2010 final_sml.pdf.

Cumberlidge, N., P.K.L. Ng, D.C.J. Yea, C. Magalhães, M.R. Campos, E Alvarez, T. Naruse, et al. 2009. Freshwater crabs and the biodiversiry crisis: Importance, threats, status, and conservation challenges. Biological Conservation 142: 1665-1673.

Davis, G.E., D.S. Baughman, J.D. Chapman, D. MacArthur, and A.C. Pierce. 1978. Mortality associated with declawing stone crabs, *Menippe mercenaria*. South Florida Research Center Report T-522.

Diele, K., and V. Koch. 2010. Growth and mortality of the exploited mangrove crab *Ucides cordatus*

(Ucididae) in N. Brazil. Journal of Experimental Marine Biology and Ecology 395: 171-180.

Friederich, S. 2010. «He's not just the crab guy.» Daily World (Aberdeen, WA), November 28, C1.

Johnson, E., A.C. Young, A.H. Hines, M.A. Kramer, M. Bademan, M.R. Goodison, and R Aguilar. 2011. Field comparison of survival and growth of hatchery-reared versus wild blue crabs, *Callinectes sapidus* Rathbun. Journal of Experimental Marine Biology and Ecology 402: 35-42.

Kramer, D., H. Herter, and A. Stoner. Handling of fresh crabs and crabmear. Sea-Gram. Alaska Sea Grant Marine Advisory Program, Univ. of Alaska. doi:10.4027/hfcc.2009.

Parkes, L., E.T. Quinitio, and L. LeVay. 2011. Phenotypic differences between hatcheryreared and wild mud crabs, *Scylla serrata*, and the effects of conditioning. Aquaculture International 19: 361-380.

Safety in Dungeness fleet. 2011. Pacific Fishing, February.

Shanks, A.L., and G.C. Roegner. 2007. Recruitment-limitation in Dungeness crab populations is driven by temporal variation in atmospheric forcing. Ecology 88:1726-1737.

Sheehan, E.V., R.A. Coleman, R.C. Thompson, and M.J. Atrrill. 2010. Crab-tiling reduces the diversity of estuarine infauna. Marine Ecology Progress Series 411: 137-148.

Stevens, B.G., ed. 2006. Alaska crab stock enhancement and rehabilitation. Workshop Proceedings. Alaska Sea Grant College Program AK-SG-04. Univ. of Alaska. doi: 10.4027/acser.2006.

Winger, PD., and P. Walsh. 2011. Selectivity, efficiency, and underwater observations of modified trap designs for the snow crab (*Chionoecetes opilio*) fishery in Newfoundland and Labrador. Fisheries Research 109: 107-113.

Zheng, J., C.Y. Lee, and D. Warson. 2006. Molecular cloning of a putative receptor guanylyl cydase from Y-organs of the blue crab, *Callinectes sapidus*. General and Comparative Endocrinology 146:329-336.

Zohar, Y., A.H. Hines, 0. Zmora, E.G. Johnson, R.N. Lipcius, R.D. Seitz, D.B. Eggleston, et al. 2008. The Chesapeake Bay blue crab (*Callinectes sapidus*): A multidisciplinary approach to responsible stock replenishment. Reviews in Fisheries Science 16: 241-34.

9　カニを食べる

Stoner, AW, C.S. Rose, J.E. Munk, C.F. Hammond, and M.W Davis. 2008. An assessment of discard mortality for two Alaskan crab species, Tanner crab (*Chionoecetes bairdi*) and snow crab (*C. opilio*), based on reflex impairment. Fishery Bulletin 106: 337-347.

10　カニと人間

Bliss, D.E., ed. 1983. The biology of crustacea. 10 vols. Academic Press, New York.

McLaughlin, RA, and S. Gilchrist. 1993. Women›s contributions to carcinology. In History of carcinology, Crustacean Issues 8, ed. F. Truesdale, 165-206. A.A. Balkema, Rotterdam.

Wolff, T. 2000. Fiddler crabs through customs. Ecdysiast 19 (2): 9.